한옥 짓는 법

한옥 짓는 법
한옥시공 길라잡이

2011년 11월 14일 초판 1쇄 발행
2023년 6월 10일 초판 8쇄 발행

지은이　김종남

펴낸이　한철희
펴낸곳　주식회사 돌베개
등록　1979년 8월 25일 제406-2003-000018호
주소　(10881) 경기도 파주시 회동길 77-20 (문발동)
전화　(031) 955-5020
팩스　(031) 955-5050
홈페이지　www.dolbegae.co.kr
전자우편　book@dolbegae.co.kr
블로그　blog.naver.com/imdol79
트위터　@Dolbegae79

책임편집　좌세훈·김진구·이현화
표지디자인　민진기
본문디자인　이은정·박정영
제작·관리　윤국중·이수민
마케팅　심찬식·고운성·조원형
인쇄·제본　영신사

ⓒ 김종남, 2011

ISBN 978-89-7199-451-1 03540

이 책에 실린 글과 사진의 무단 전재와 복제를 금합니다. 책값은 뒤표지에 있습니다.

이 도서의 국립중앙도서관 출판시도서목록(CIP)은 e-CIP홈페이지(http://www.nl.go.kr/ecip)와 국가자료공동목록시스템(http://www.nl.go.kr/kolisnet)에서 이용하실 수 있습니다.
(CIP제어번호: CIP2011004690)

한옥 짓는 법

한옥시공 길라잡이

김종남 지음

돌베개

책머리에

10년차 현장 기사,
한옥 짓는 법에 대해 쓰다

한옥에 반해 한옥 일을 배웠다. 한옥을 짓는 일은 매력적이었지만 어려운 일도 많았다. 그중 하나는 한옥시공을 공부하기가 어렵다는 것이었다. 한국건축사, 한옥 용어를 설명하는 책, 한옥건축기, 한옥의 특징에 대한 책, 그리고 한옥 관련 각종 논문들……. 이런 여러 가지 도서와 자료들을 찾아 읽어가면서 시공을 해야 했다. 이런 것들이 큰 도움이 되었지만, 당장 시공현장에서 벌어지는 문제에 충분한 답을 주기에는 좀 추상적이었다.

일을 배우기 시작한 지 10여 년이 되어 그럭저럭 앞가림을 겨우 하게 되니까(사실은 이조차도 '충분히' 하는 것은 아니지만), 이제는 후배들이 한 명 두 명 생긴다. 대학에서 건축 공부를 했어도 현장에서 할 수 있는 일이 별로 없다. 산수만 잘해도 되는 목재주문, 기와주문도 하지 못한다. 대학에서 한옥에 대해서는 배운 것이 거의 없으니 당연한 일인지도 모르겠다. 한참을 작업공정에 대해서, 수량 산출에 대해서, 법식과 디테일에 대해서 설명을 해주어야 한다. 나 자신도 잘 모르면서 꾸역꾸역 설명을 하려니까 그것도 고역이었다. 시공 중에 자주 발생하는 하자들이 내가 일하는 현장뿐 아니라 다른 현장에서 똑같이 반복되는 현실도 답답하기만 했다.

한옥이 일 년에 몇 채나 지어지는지는 알 수 없지만, 확실한 것은, 한옥은 아주 조금 지어지는 집이라는 사실이다. 그래서인지 한옥 일반론을 다룬 책은 많으면서도 한옥에 대한 실제적인 문제를 다룬 책은 별로 없다. 한옥은 원래 몸으로 배우는 거라고 선배들로부터 들었고, 후배들한테도 종종 그렇게 말했던 기억이 있다. '현장'은 일정 부분 몸으로 배우고, 경험으로 축적해야 한다. 하지만 이런 경험은, 철학자 베이컨의 비유를 빌리자면, 개미가 일하는 방식과 같은 것이다. 뼈대가 될 만한 '한옥시공 이론'이 필요하다. 이런 이론들은 현실적이고 실물을 구체적으로 다루는 것이어야 한다.

한옥시공 현장에서 벌어지는 구체적인 내용들을 정리해보자는 생각이 들었다. 공부가 짧은 나로서는 역부족이라는 의심이 들지만, 거창하게 말고, 한옥 현장 10년차 기사가 현장을 배우기 시작하는 후배한테 그리고 자신의 집을 한옥으로 지으려는 사람들한테 해주고 싶은 이런저런 얘기들을 그냥 적어보자는 생각이었다. 기본적인 한옥의 기법과 체크리스트들, 공정의 선후관계와 그에 따른 준비, 일을 진행하면서 빼먹기 쉬운 것들, 현장에서 현장기사로서의 자세와 처신들……. 이런 것들을 정리하면 좀 현장감 있는 책이 한 권 될 것도 같았다. 늘 일터에서 하는 일이니 어렵더라도 못할 일은 아니라는 생각도 들었다. 하지만 작업을 시작하고 욕심을 내어 틀을 잡다보니 작업 범위가 내가 아는 것을 넘어서고 있었다. 그동안 알고 있다고 생각했던 상당수의 자료는 그 정확성에 의심이 들었다. 솔직히 나는 대학교재로 사용하는 건축시공학 같은 책들이 자료만 나열한 좀 단순한 책인 줄로 알고 있었다. 그러나 건축시공학이라는 밋밋한 교재가 하루아침에 만들어진 책이 아니라는 것을 깨닫고부터 상당한 스트레스가 되었다. 처음에는 '한옥시공학' 정도로 책 제목을 잡고 필요한 자료에 설명을 좀 달면 되겠지 하는 생각을 했는데, 결국 그 '필요한 자료에 어느 정도 설명'이라는 것이 가장 어렵다는 걸 알아버린 것이다. 내가 가진 자료들이 정확한 것이 아닐 수도 있다는 생각이 드니, 한옥에 대한 기본 연구가 시급하다는 생각도 들었다. 정확한 자료라는 벽이 너무 내리눌러서 얼마간은 거의 포기상태나 마찬가지였다. 그런데 좀 잊고 지내다가 보니 '그래도 시작은 했는데 뭔가 결론은 있어야지' 하는 또 다른 스트레스가 나를 내리눌렀다. 이런저런 고민 끝에 이 책의 가제였던 '한옥시공학'을 이렇게 바꿔보았다.

한옥 짓는 법

이러고 나니 이상하게 마음이 편안해졌다. 한옥 짓는 법은 여러 가지로 할 수 있으니 딴죽 걸 사람 없잖아! 이런 막무가내식 생각으로 이 책이 마무리되었다. 보충해야 할 부분도 있고 잘못된 내용도 있을 것이다. 하지만 내 컴퓨터에서 잠자고 있으면 누군가 나한테 '어디는 공부가 더 필요하고 어디는 잘못되었더라' 하는 얘기도 해줄 수 없고, 그럼 결국 제자리다. 그래서 좀 뻔뻔해지기로 작정을 했다. 책을 보면서 틀린 것이 있으면 필자의 블로그(http://blog.naver.com/kjn3814)로 알려주면 좋겠다. 문제는 서로 공유해야 한다는 생각이다. 많은 관심과 질정을 부탁드린다.

일터에서 부족한 사람을 가르쳐주시고 격려해주신 이상해 교수님, 김영일 회장님, 윤철중 사장님 그리고 고인이 되신 조희환 도편수께 감사드린다. 이광복 도편수, 김도경 교수, 정연상 교수, 양재영 박사, 강현관, 이대근, 김성철, 남상규, 김진용, 김상일, 이정원은 귀한 사진자료를 아낌없이 제공해주었다. 감사의 마음을 글 몇 줄로 표현하기가 부족하다. 오랫동안 작업에 빠져 있어 집안일을 제쳐놓고 있었다. 부모형제와

동기간에는 죄송한 마음이다. 특히 밤늦게 들어가고 주말마다 카메라 들고 나가는 남편에게 별 불평 없이 옆에서 묵묵히 응원해준 아내 김소영에게 감사한다. 마지막으로 이 책의 출판을 맡아준 돌베개에 심심한 감사의 마음을 전한다.

2011년 11월
김종남

차 례

책머리에 10년차 현장 기사, 한옥 짓는 법에 대해 쓰다 _4

제1부 | 한옥시공의 이해 _12
1. 한옥시공의 계획 _15   2. 한옥의 설계 _27
3. 시공계획 검토 시에 필요한 관리 _31   4. 집주인이 주관하는 시공행사 _35

■ 기초공사·석공사

제2부 | 기초공사 _40
1. 집터의 확인과 정리 _43   2. 땅에 관한 기본개념 _47
3. 기초의 이해 _51   Special Box 생석회의 사용 _56

제3부 | 기단 _58
1. 기단의 구실 _61   2. 기단의 종류 _65
3. 기단의 설치 시기 _72

제4부 | 초석 _74
1. 초석의 구실 _77   2. 초석의 종류 _82
3. 초석의 계획과 주문 _90   4. 초석의 설치 _96

제5부 | **석공사** _100

1. 석축의 구성 _103 2. 측압에 대한 대비 _107
3. 석축의 모서리 처리 _110 4. 석재의 가공과정 _114
Special Box 산지별 화강석 _120

■ **목공사**

제6부 | **한옥 목재의 이해** _122

1. 전통적인 도량형 _125 2. 목재의 분류 _130
3. 한옥에 쓰이는 소나무 목재 _140 4. 목재의 성질 _147
5. 목재를 다루는 일반원칙 _157 6. 목재의 치수 _162
Special Box 치목의 우리말 용어 _166

제7부 | **축부재** – 기둥·창방·보·도리·장혀·대공 _170

1. 기둥 _173   Special Box 그레질에 필요한 연장, 그레자 _187
2. 창방 _201   Special Box 비계 매기 _205 3. 보 _208
4. 가구의 형식 _219 5. 도리 _223 6. 장혀 _229 7. 대공 _233

제8부 | 지붕부재 ─ 처마·서까래·추녀·선자서까래 _236

1. 지붕부재 3지점의 해석방법 _239   2. 서까래 _245
3. 추녀 _260   4. 선자서까래 _276

제9부 | 수장재·마루·난간 _298

1. 수장재 _301   Special Box 인방 _303
2. 마루 _314   3. 난간 _319

■ 지붕공사

제10부 | 지붕공사 _322

1. 지붕공사의 공정 _325   2. 산자 엮기 _329
3. 알매흙 깔기(진새 받기) _333   Special Box 김홍도 〈기와 이기〉 _335
4. 개판 설치 _336   5. 적심과 덧서까래 놓기 _340
6. 보토 채우기와 강회다짐 _342   7. 기와의 분류 _345
8. 암키와 겹쳐 이기의 방식 _348   Special Box 기와의 적산 _352
9. 연함 설치와 기와 나누기 _356   10. 암키와 이기 _358
11. 수키와 이기 _360   12. 회첨골 기와 마감 _364
13. 마루기와 이기 _366   14. 기와 청소 및 마무리 _369

■ 마감

제11부 | **미장공사** _370

1. 미장 계획 _373   2. 외엮기 _377
3. 초벌벽(초벽·맞벽) _380   4. 재벌벽과 정벌벽 _383
5. 화방벽 _386   Special Box 미장 보강재료-삼여물과 해초풀 _390

제12부 | **창호공사** _392

1. 창호의 분류 _395   2. 창호 너비 나누기 _413
3. 개구부 단면의 검토 _417   4. 창호철물 _421
5. 창호공사의 검토와 진행 _427   Special Box 창호의 제작과정 _430

제13부 | **마감공사** _432

1. 실마감표 _435   2. 기름칠 _437
3. 도배지와 장판지 바르기 _447   Special Box 천장 반자틀 _452

맺음말 한옥을 유지 관리하기 위한 몇 가지 조언 _460
부록 | 한옥 이해에 도움이 되는 용어해설 _466
　　　참고문헌 _475   찾아보기 _478

제**1**부
한옥시공의 이해

'한옥을 짓는 일'과 '문화재를 보수하는 일'은 물리적인 작업 면에서 거의 비슷하다. 하지만 목표는 많이 다르다. 문화재 보수에서 가장 중요한 목표는 '원형 유지'다. 원형 유지는 '변화'를 원천적으로 배제하는 개념이다. 문화재를 보수하면서 임의로 '변형'을 가하면 그것이 가진 역사적 흔적과 정보가 왜곡되기 때문에 문화재 보수를 하면서 가장 중요한 목표가 원형 유지라는 것은 너무도 당연한 얘기다. 하지만 한옥을 신축하는 것은 새 집을 짓는 일이고, 집은 시대와 환경의 요구에 따라 끝없이 변한다. 그런 만큼 사람이 사는 한옥을 짓는 일은 지독히도 창조적인 작업일 수밖에 없다.

이처럼 한옥시공과 문화재 보수가 추구하는 목표는 전혀 다르다. 의외로 한옥을 짓는 일터에서 이를 분명하게 인식하고 있는 사람은 많지 않다. 그래서 새 한옥을 지으면서조차도 전통적인 기법인지 아닌지 하는 논쟁들이 이어지고 있다. 한옥을 신축하는 과정에서 이 사실만 분명하게 인식해도 더 많은 에너지를 더 새로운 한옥을 짓는 데 집중할 수 있을 것이다.

한옥을 짓는 일은 일반적인 건축행위와 크게 다르지 않은데도 불구하고 많은 오해가 있다. 특히 한옥을 지을 때는 (건축가, 설계도면, 건설회사도 없이) 모든 일을 도편수가 도맡아 하는 것으로 생각하는 사람들이 의외로 많다. 한옥을 짓는 데 도편수의 역할이 중요하긴 하지만, 기획과 설계부터 마감공사까지 모든 과정을 도편수가 총괄하는 것은 아니다.

한옥 한 채가 지어지기 위해서는 (어떤 집을 지을지에 대한) 기획과정을 거치고, 설계도면도 그려야 한다. 설계가 완성되면 알맞은 시공회사를 정하고, 시공회사에서는 적합한 장인(대목장, 와장, 미장, 창호장, 야장 등등)을 선정해서 일을 진행하게 된다.

여기서는 한옥이 생산되는 체계와, 한옥 생산에 관여하는 주체들에 대해 정리해본다. 아울러 그 과정에서 전통적으로 행한 행사들에 대해서도 알아본다.

1 한옥시공의 계획

한옥을 짓는 일도 '집'을 짓는 일인 터라 한옥이 생산되는 과정 또한 일반 건축물이 생산되는 과정과 크게 다르지 않다. 사람이 태어나서 성장하고 활동하고 죽음을 맞이하는 생애가 있듯이 건축물도 비슷한 생애를 거치는데, 이를 건축물의 생애주기라 한다.

| 한옥의 생산체계

건축물의 생애주기는 일반적으로 '기획→설계→시공→유지 관리→해체'로 설명된다. 여기서 중요한 사실은 '기획과 설계 단계'에서는 품질을 높이고 비용을 줄일 여지가 많은 데 반해 후속과정으로 진행할수록 이런 가능성이 줄어든다는 점이다.

건축 생산과정에서 '시공'이 중요한 구실을 한다는 것은 두말할 필요도 없다. 하지만 시공에서 한계도 분명한데 그것은 시공이 도면에 의해 구속되는 작업이라는 사실이다. 아무리 훌륭한 시공자라도 설계도면과 다른 집을 지을 수는 없는 법이며, 따라서 시공과정에서 결정할 수 있

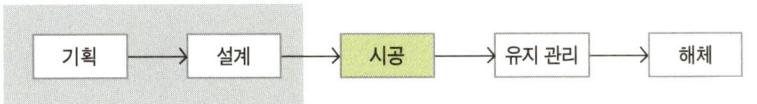

건축물의 생애주기

는 것은 매우 제한적이다. 특히 한옥은 도면 없이 짓는다고 오해하는 사람이 많아서, 기획과 설계 단계가 부실한 경우가 많다. 거듭 강조하지만, 기획과 설계 단계에서 좀더 주의를 기울여야 한다.

한옥의 생산주체

건축주는 집을 짓는 목적과 의도를 설계자에게 설명하고, 설계자는 설계를 진행한다. 설계도서가 완성되면 건축주는 다시 적당한 시공자를 선정한다. 선정된 시공자는 자재와 인력을 조달해서 도면에 따라 집을 짓는다. 집을 짓는 과정에서 건축주, 설계자, 시공자, 전문기능인, 자재업자(한옥재료를 생산하고 공급하는 업자) 등이 일에 직간접적으로 관여하게 되며, 이들을 한옥 생산의 주체라고 할 수 있다. 한옥 생산주체에는 각각의 위치에 맞는 역할이 있고, 서로 그 역할에 최선을 다할 때 좋은 한옥이 지어질 수 있다.

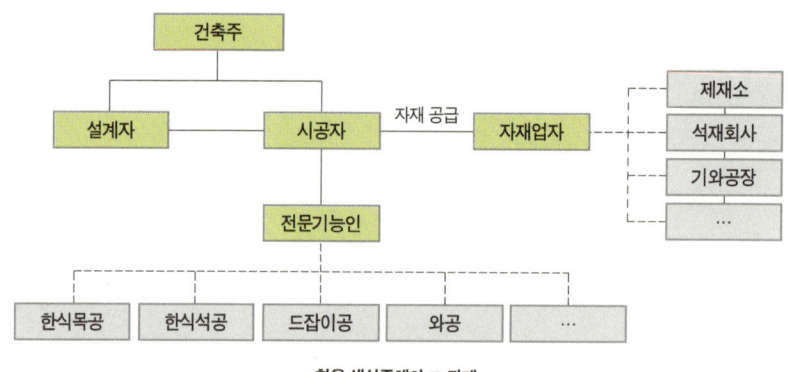

한옥 생산주체와 그 관계

- **건축주**(발주자)

건축주는, 작은 규모의 공사에서는 개인으로서 집주인을 말하지만 규모가 큰 공사에서는 기업이나 단체 또는 국가가 될 수도 있다. 건축주는 단순히 '집주인'이나 '돈 대는 사람'으로 인식되는 경향이 많다. 하지만 한옥이 생산되는 과정에서 건축주의 가장 중요한 역할은 '기획'이다.

건축에서 기획은 건축가의 영역으로 생각될 수도 있지만 정확하게 말하면 건축주의 영역이다. 건축가는 발주자의 기획의도를 증폭하고 기술적으로 구체화하는 역할을 하는 주체다. 건축주의 의도와 안목에 따라 결과는 천차만별할 수 있다. '좋은 한옥이 지어지느냐, 어설픈 한옥이 지어지느냐'의 갈림길에 건축주가 있다. 건축주는 가장 중요한 생산주체다.

- **설계자**(설계사무소)

한옥을 짓는 과정에서 '한옥은 도편수 머릿속에서 나오는 집'으로 생각하는 사람이 많다. 하지만 여러 옛 문헌과 자료를 찾아보면, 예전에도 치밀한 계획이 선행되고 작업이 진행되었다는 것을 알 수 있다. 요즘은 더 정교한 도면을 만들어서 작업을 진행한다.

작은 집을 한 채 지을 때, 도면 없이 집을 짓는 일이 불가능한 것은 아니다. 하지만 설계도가 있고 또 잘되어 있으면 여러 가지로 이롭다. 어떤 설계가 잘된 설계인지 규정하기는 어렵지만, 설계가 잘되면 건축주의 기획의도를 충분히 살릴 수 있고, 생산성과 품질을 높일 수 있을 뿐만 아니라 건축 공정을 안정되게 할 수 있고, 유지관리비 또한 줄일 수 있다.

대개 건축주는 설계비를 아까워하는 경향이 있다. 설계도서設計圖書를 '관청에서 건축 허가를 받기 위한 구비서류' 정도로 생각하기도 한다. 그런 이유로 싼값에 도면을 그려주는 곳을 찾는 건축주가 많다. 하지만 설계비를 아끼면 말할 수 없이 많은 문제가 발생한다. 건축주의 의도가 충분히 반영되지 못한 도면으로 집을 지으면, 집 짓는 모든 과정에서 다툼이 생기고, 집을 다 지은 뒤에도 충분히 만족하지 못하고, 이런저런 사소한 것들을 고치게 되면서 유지관리비가 계속 발생한다. 또한 부실한 도면은 전체적인 건축 생산에서 더 많은 비용을 요구한다.

설계행위는 중요하다. 어떤 설계사무소에 맡길지를 신중하게 결정해서 건축의도를 충분히 설명하고 설계를 진행할 것을 권한다. 신축 한옥의 설계는 어느 설계사무소나 할 수 있지만, 실제로 좋은 한옥을 설계할 역량이 있는 곳은 흔치 않다. '문화재실측설계업'으로 등록된 설계사무소는 문화재실측설계 경험을 바탕으로 좋은 한옥을 설계할 수 있는 역량을 갖춘 곳이다. 문화재실측설계업체는 문화재청이나 각 도청·시청 홈페이지에서 '문화재수리업자 등록현황'을 검색하면 쉽게 찾을 수 있다.

• 시공자(건설업자)

건물은 누가 지을까? 물론 건설업자가 짓는다. 한옥은 누가 지을까? 한옥도 건설업자가 짓는다. 사실, 반드시 건설업자가 지어야 하는 것은 아니다. 삼풍백화점 붕괴사고에서 볼 수 있듯이, 규모가 큰 건축물을 부실하게 지으면 공공의 안전이 위협받을 수 있는데, 법은 이런 경우에만 건축행위를 제한한다.

건설산업기본법 제41조에서는, 연면적이 661제곱미터(200평)가 넘는 주거용 건축물과 연면적이 495제곱미터(150평)가 넘는 주거용 외의 건축물은 '반드시' 건설업자가 짓도록 규정하고 있다.(건설산업기본법 제41조[건설공사 시공자의 제한] 제1항 참조) 하지만 한옥이 연면적 661제곱미터를 넘는 경우는 거의 없기 때문에 건축주(집주인)가 지어도 법적으로는 문제가 없다. 그래서 한옥은 건축주가 직접 전문기능인들을 고용해서 짓는 경우도 많다. 그 과정이 건축주에게는 좋은 경험이 될 수도 있지만, 건축주가 직접 시공을 하면 난생 처음 하는 일이라 시행착오가 일어날 확률이 높다. 시행착오가 많이 발생하면 결과적으로는 건축비용이 증가하고, 결과물의 질은 떨어진다. 경험 많고 역량 있는 건설업자에 시공을 맡기는 것이 비용을 줄이고 품질을 높이는 방법이다.

그러나 모든 시공자(건설업자)가 한옥을 잘 지을 수 있는 역량을 갖추고 있는 것은 아니다. 문화재실측설계업처럼 '문화재보수단청업' 면허를 가진 회사가 있는데, 문화재 보수 경험을 바탕으로 한옥을 짓는 역량을 쌓아온 건설업자들이다. 물론 문화재보수단청업 면허가 있다고 해서 모두 충분한 역량을 갖춘 업자라 단언할 수는 없다. 그 업체가 시공한 한옥을 눈으로 확인하고, 집 짓는 과정에서부터 지금은 어떤지를 거주자와 직접 얘기해 보는 것이 가장 좋은 방법이다.

• **전문기능인**

한옥을 짓는 데 관여하는 전문기능인은 다양하다. 공사 내용에 따라 조금씩 다르겠지만, '문화재수리 등에 관한 법률 시행령'에서 규정하는 '문화재수리기능자의 종류 및 업무범위'를 참조하면 대체로 어떤 사람들이 한옥을 짓는 데 관여하는지 알 수 있다. 열거해보면, 한식목공(대목수·소목수), 한식석공(가공석공·쌓기석공), 드잡이공, 와공(번와와공·제작와공), 한식미장공, 철물공, 조각공(목조각공·석조각공), 칠공, 도금공, 표구공, 조경공, 세척공, 보존과학공(훈증공·보존처리공), 식물보호공, 실측설계사보, 박제 및 표본제작공, 모사공, 온돌공 등이다.

이렇게 분류된 모든 전문기능인들이 한옥을 짓는 데 반드시 필요한 것은 아니다. 이 중에는 문화재를 보수하는 특수한 일을 하는 사람들도 포함되어 있다. 대표적인 한옥 전문기능인은 한식목공, 한식석공, 와공(번와와공·제작와공), 한식미장공, 철물공 등이다.

대목의 작업(ⓒ이광복)　　　　소목의 작업(ⓒ이대근)

한식목공　우리가 일상에서 이야기하는 목수를 말한다. 목수를 한식목공이라 이름 하는 것은 콘크리트집을 짓는 요즘의 형틀목공(콘크리트를 붓기 위한 거푸집을 짜는 목수)과 구분하기 위해서다. 한식목공은 대목과 소목으로 나뉜다. 대목은 집의 전체 골격이 되는 부재部材들을 치목治木(재목을 다듬고 손질함. 마름질)하고 조립하는 사람이고, 소목은 집의 세부적이고 손이 많이 가는 부분들—예를 들어, 수장修粧(집이나 가구 따위를 손질하고 꾸밈)을 드리고, 창호를 짜고, 가구를 만드는—을 치목하고 조립하는 사람이다. 대목은 힘이 좋고 작업규모가 큰 반면에 소목은 가공이 섬세하다.

　대목과 소목은 개념적으로 이렇게 나뉘지만, 실제로 '작업이 섬세하다 아니다'로 구분되지는 않는다. 대목은 한옥시공에서 대부분의 목공사를 담당하는 사람이고, 소목은 창호를 만드는 창호공방이나 가구를 만드는 가구공방 같은 일종의 회사다. 좀 느리지만 섬세하고 정교한 작업이 성격에 맞는 사람도 있고, 굵직굵직한 일이 맞는 사람도 있다. 이런 구분은 상대적이다. 같은 대목 사이에서도 굵직한 부재를 잘 다루는 사람과 섬세한 일을 잘하는 사람이 있어서 구조체를 다루는 대목과 수장 일을 전담하는 대목이 구분되어 있는 목수 팀도 있으니, 그 경계가 분명한 것은 아니다.

가공석공　　　　　　　　　쌓기석공(ⓒ강현관)

한식석공　석공은 돌을 다루는 사람이다. 요즘은 현대적인 건물 공사에 판석板石을 붙이는 작업을 하는 석공들이 많아서, 문화재와 한옥에 관련된 작업을 하는 사람들은 한식석공으로 따로 구분한다. 한식석공은 가공석공과 쌓기석공으로 나뉜다. 가공석공은 석재를 모양에 맞추어 가공하는 사람을, 쌓기석공은 가공된 석재를 쌓아서 설치하는 사람을 말한다.

　　석공을 가공석공과 쌓기석공으로 구분하는 것은 화강석을 가공하고 설치하는 일에서는 유효한 방법이다. 하지만 현장 작업에서는 화강석을 가공하고 설치하는 일과, 자연석으로 구조물을 만드는 일로 구분하는 것이 더 분명하다. 실제로 일을 맡길 때도 화강석을 가공하는 일과 쌓는 일은 서로 분리하지 않는다. 화강석을 가공해서 쌓는 구조물인지, 자연석을 이용해서 쌓는 구조물인지가 더 중요한 구분이 된다.

　　가공석공과 비슷한 일을 하는 사람이 있다. 조각공 중에서 석재로 조각을 하는 석조각공이다. 석조각공과 가공석공의 차이는 조금 불분명한데, 석조각공은 집을 짓는 영역에 있는 기능인이라기보다는 석불과 같은 일종의 예술작품을 만드는 사람들이기에 개념적으로 따로 구분하는 것이다.

드잡이공　중량물을 이동하거나 기울어진 집을 바로잡는 일을 전문으로 하는 사람이다. 구조적인 감각, 근력과 팀워크가 좋은 경우가 많다. 요즘

와공 번와와공(ⓒ이대근)

에는 중장비가 발달해서 사람이 직접 이런 일을 하는 경우는 찾아보기 어렵다. 기울어진 집을 바로잡기 위해 드잡이 작업을 할 때가 있는데, 요즘은 목수들이 처리하는 경우가 대부분이다. 드잡이 기능공은 이론적으로는 있어야 하지만 현실적으로는 시장에서 도태된 직업이라 할 수 있다.

와공 기와에 관련된 일을 하는 사람이다. 기와를 이는 번와와공과 기와를 만드는 제작와공으로 나뉘지만, 일반적으로 와공이라 하면 번와와공을 말한다. 예전에는 큰 공사가 있으면 기와장이가 직접 현장에 가서 가마를 만들고 기와를 굽기도 했다. 하지만 가마를 만들거나 기와 제작에 적당한 흙을 갈무리하는 작업은 떠돌면서 아무 데서나 할 수 있는 일이 아니어서, 제작와공은 일정한 장소에서 전문적으로 기와를 제작하는 기와생산업체로 발전했다. 요즘은 기와를 공산품처럼 구입해서 사용한다.

이러한 전문기능인 외에도, 한옥 한 채가 지어지기 위해서는 미장공, 철물공 등 더 많은 기능인들이 필요하다. 그리고 한옥이 현대화하면서 일반건축과 마찬가지로 비계飛階(높은 곳에서 공사를 할 수 있도록 임시로 설치한 가설물), 전기, 설비, 타일, 내장, 도배, 도장 등 더 많은 전문기능인들이 한옥시공에 관여하게 되었다.

- **자재업자**

한옥의 주요 자재는 목재와 기와 등이다. 따라서 한옥 자재를 공급하는

제재소 토담목재

목재의 제재 제재과정에 대목이 직접 참여하면 곡재曲材의 맛을 살릴 수 있다.

주요 자재업자로는 제재소, 화강석을 가공하고 공급하는 석재회사, 기와 공장 등을 들 수 있다. 한옥을 짓는 데는 흙이나 자연석 같은 재료도 많이 필요하지만 이런 자재는 지역의 중장비회사를 통해 공급받는 것이 일반적이라서, 이들을 특별히 자재업자로 구분하지는 않는다.

제재소 원목原木을 구입하고 필요한 크기로 제재해서 공급하는 자재업체이다. 목재의 쓰임이 다양한 만큼 제재소도 다양하다. 이 중에는 특별히 한옥용 목재를 전문으로 취급하는 제재소가 있다. 이런 제재소는 양질의 육송陸松(소나무)을 많이 확보하고 있고, 한옥용 목재를 제재하는 기술도 좋다.

목재 주문은 '목재물목'을 만들고 이를 제재소에 보내 가격을 흥정한 뒤에 이루어진다. 목재물목은 각 부재의 '단면 크기'와 '길이', '수량' 등을 적은 표다. 제재소에서는 이 표를 보고 목재를 제재한다. 하지만 목재물목이라는 몇 장의 표로써 그 집에 어울리는 각각의 부재를 다 설명하기에는 조금 부족하다. 그런 만큼 한옥용 목재를 제재해보지 않은 제재소에서는 목재물목에 맞추어 제재하기가 쉽지 않다. 한옥을 짓다 보면 부재마다 다양한 요구가 있기 마련이다. 이런 세세하고 복잡한 요구들을 다 이해하고 소화할 수 있는 제재소라야 같이 일하는 데 무리가 없다.

일반적으로 한옥은 현장에서 치목하는 것이 일반적이지만, 요즘은 제재소에서 치목하는 예도 늘어나고 있다. 제재소에서 치목하는 경우, 현장감이 떨어질 수 있는 단점이 있는 반면에 목재를 선택하는 과정에서 장점도 있다.

예전에는 대들보, 추녀, 선자서까래(扇子椽: 추녀 위에 부챗살 모양으로 배치한 서까래) 같은 부재는 도편수가 직접 골랐다. 하지만 제재소에 목재물목을 보내고 제재소에서 제재한 목재를 현장에서 받아 치목하면서부터는 목재 선별이 도편수의 안목으로만 이루어지기는 힘든 상황이 되었다. 도편수가 목재를 직접 고를 수 없기 때문에 자연스럽게 휜 목재를 사용하기도 어렵다.

한편으로 제재소에는 원목이 산더미처럼 쌓여 있어서 제재소에서 치목을 하면 추녀나 대들보, 툇보, 충량衝樑, 선자서까래 같은, 도편수의 안목이 필요한 부재들은 도편수가 직접 고를 수 있다는 장점이 있다. 목재의 제재과정에서도 대목들의 의견이 직접 전달될 수 있기 때문에 치목의 효율을 높일 수 있다. 그러나 대목들이 제재소에서 치목을 하는 것이 모든 면에서 장점은 아니다. 치목을 하는 제재소와 현장이 멀면 멀수록 현장소장과의 세세한 일에 대한 협의는 그만큼 힘들어지는 등 다른 문제들이 생기는 것도 분명한 사실이다.

석재회사 우리 민족은 전통적으로 화강석을 가공하는 기술이 우수했다. 동양 삼국의 탑을 이야기할 때, 중국은 전탑塼塔, 일본은 목탑, 한국은 석탑을 들 정도로 우리의 화강석 가공 기술은 예로부터 탁월했다. 그만큼 한옥에서 화강석이 사용될 때의 기법도 다양하다. 초석의 가공부터가 단순하지 않고, 표면 마감이나 돌을 다루는 방식 또한 다양하다.

하지만 요즘 철근콘크리트 구조로 지어지는 건축에는 자재를 가볍

한옥에서의 화강석 보탑사(제일석재 작업)　　　기와의 동파 홍주성 안회당

게 써야 하기 때문에 화강석도 판석 형태로 사용되는 경우가 일반적이다. 그래서 대부분의 석재회사들은 판석을 사용해서 외벽을 붙이거나 바닥재를 까는 공법들에 익숙하다. 하지만 덩어리돌을 사용해서 구조물을 구축하는 전통적인 기법에 대해 깊이 이해하고 있는 석재회사는 흔치 않다.

한옥 건축에서는 화강석과 관련한 주문이 일반 건축에 비해 상대적으로 복잡한 편이다. 상황과 위치에 따라 모양과 가공법이 다를 수 있기 때문이다. 한옥에 대해 충분히 이해하고 있는 석재회사와 일을 해야 작업이 제대로 되기 마련인데, '한옥시공 전문 석재사'라 이름 붙이는 것도 아니니 안성맞춤인 석재회사를 찾기란 생각만큼 쉽지 않다. 결국은 그 석재회사에서 관여한 일을 직접 확인해보고 선택하는 수밖에 없다.

기와공장　기와는 벽돌처럼 공산품화 되어 있다. 한식기와를 만들고 공급하는 업체는 현재 10여 군데가 있는데 각 공장마다 제품에 특징이 있다.

기와는 흡수율이 낮고, 강도가 높으며, 가벼운 것이 좋다. 또 변형이 없어야 하고, 겨울에 동파되지 말아야 한다. 하지만 이런 조건들을 모두 만족시키기는 어렵다. 흡수율과 강도가 우수하지만 무거워서 목구조에 부담이 되는 기와도 있고, 변형이 적고 가볍지만 동파가 염려스러운 기와도 있다.

흙으로 고온소성燒成 하는 재료는 '소성온도와 품질'에 재미있는 딜레마가 있다. 높은 온도에서 소성하면 흡수율이 낮아지고 강도가 높아진다. 하지만 변형이 심하다. 낮은 온도에서 소성하면 모양의 변화는 적지만, 흡수율이 높아지고 강도가 떨어진다. 기와공장마다 생산하는 방식이 조금씩 달라서인지, 이처럼 모든 기와제품에는 강도·변형에 관한 딜레마가 존재한다. 집의 구조와 상황에 맞춰 적절한 판단이 필요하다.

요즘 기와는 흡수율과 강도 면에서 품질이 좋아지고 쉽게 동파하지도 않지만 옛날 기와에 비해 무거워졌다. 한옥의 구조는 과거와 비교해 크게 달라지지 않았는데 기와만 무거워졌으니 문제인 것이다. 좀더 가벼운 기와를 만들려는 노력이 필요하다.

2 한옥의 설계

집을 짓는 엔지니어가 아니면 보통은 설계도서와 설계도면을 잘 구분하지 않는다. 설계도서와 설계도면은 의미가 약간 다르다. 집을 짓기 위해 배치도, 평면도, 단면도, 입면도, 부분상세도 등을 그려놓은 것이 설계도면이다. 설계도면은 집 짓는 데 필수적이다. 하지만 이런 도면만으로는 집을 지을 수 없다. 도면에 담을 수 있는 내용은 제한적이기 때문이다. 그래서 필요한 다른 내용을 담은 서류들이 도면과 함께 만들어진다.

설계도서

건축법 제2조에서는 '설계도서'를 "건축물의 건축 등에 관한 공사용 도면, 구조계산서, 시방서示方書, 그밖에 국토해양부령으로 정하는 공사에 필요한 서류"로 규정하고 있다. 설계도면은 설계도서를 구성하는 여러 문서 중 하나다. 실제로 완성된 설계도서를 보면 아주 복잡하다. 설계도서는 크게 설계설명서(건축가의 설계의도를 설명한 문서)와 시방서(도면으로 나타낼 수 없는 사항을 규정한 문서), 구조계산서, 설계도면 등과 같이 집을 구축하는 내용이 한 축을 이루고, 공사원가계산서, 일위대가표一位對價表(필요한 자재와 인력에 드는 비용을 단위당으로 적용한 표), 단가조사표, 수량산출서 등 집이 지어지는 데 드는 비용을 계산한 서류들이 다른 한 축을 이룬다.

설계도면(한옥도면)

한옥시공에는 다른 건축과 구별되는 독특한 특성이 있다. 한옥도면도 마찬가지다. 하지만 아직 한옥을 짓는 데 최적화한 도면체계는 없다.

경복궁 홍례문을 지으면서 말이 많았던 '추녀곡 사건'(신응수, 『천년 궁궐을 짓는다』, 김영사, 2002, 14쪽. 저자의 표현을 인용)이 이러한 우리의 현실을 말해주는 대표적인 일화다. '추녀곡 사건'은 홍례문 추녀곡이 너무 커서 그 건물을 잘 지은 것인지 잘 못 지은 것인지가 일반인들에게도 관심이 되었던 문제인데, 정작 '추녀곡'이 도면에서 무엇을 말하는지를 아는 사람은 거의 없다. 추녀곡이 일반인들에게도 관심이 있을 정도면서도 도면에 추녀곡이 표현되지 않는다는 것은 이상한 일이다. 생각해보면 '홍례문 추녀곡 사건'은 우리에게 제대로 된 한옥도면 체계가 없다는 증거다. 추녀곡이 너무 들려 보인다면 먼저 시공이 도면대로 되었는지를 따져야 하고, 도면대로 시공되었음에도 추녀곡이 이상해 보인다면 설계사무소에 따질 일인데, 도면에 추녀곡이 뭔지를 표시하지 않으니 문제가 분명하게 해결되지 않는 것이다.

한옥을 짓는 데 도면 같은 것은 없는 것으로 아는 사람들이 많다. 도면 대신 도편수의 머릿속에 한옥이 몇 채 들어앉아 있어서 말만 하면 척척 집을 짓는 걸로 생각한다. 설령 도편수 머릿속에 집이 몇 채 들어앉아 있다 하더라도 도면은 필요하다. 건축주마다 구상하고 있는 집이 다 다른데, 도면 없이 어떻게 건축주와 의사소통을 하겠는가. 그리고 한옥 한 채를 짓는 데도 수십 명이나 되는 목수들이 함께 일을 하는데, 어떻게 그 많은 목수들이 도편수의 머릿속을 헤아려 일을 할 수 있겠는가. 최소한 목수들 서로 간에 소통하기 위해서라도 약속된 도면체계는 당연히 있어야 한다.

1

한옥시공의 이해

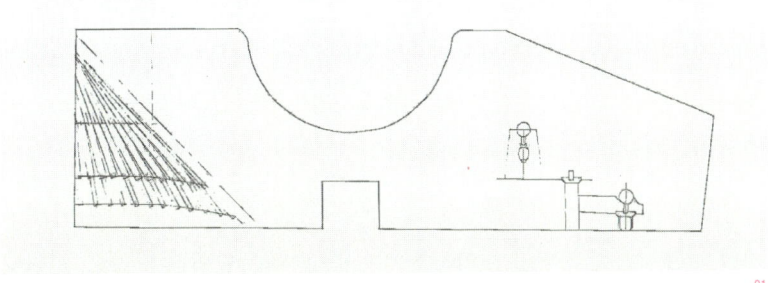

01 경복궁 근정전 승두에 그려진 그림 「경복궁 수리보고서」, 문화재청.
02 근정전 머름에 그려진 그림 「근정전 수리보고서」, 문화재청.

　　과거 한옥시공에 적당한 도면체계가 있었는지는 아직 정확하게 규명되지는 않았다. 현재 남아 있는 도면은 의궤儀軌(나라에서 큰일을 치를 때 후세에 참고토록 하기 위해 그 일의 처음부터 끝까지의 경과를 자세하게 적은 책)에 기록된 그림 정도다. 의궤에 실린 그림은 시공이 아니라 보고나 기록용으로 만들어진 것이다. 당시에 시공용 도면체계가 있었다고 분명하게 규명되어 있지는 않지만, 집을 짓기 위해 그려진 조각조각의 도면들은 눈에 띈다. 위의 도판은 경복궁 근정전을 해체수리 하면서 조사된 선자도扇子圖와 단면도(가구도架構圖) 일부, 공포栱包 부분의 단면도 등이다. 여러 사람이 참여하는 대규모 공사에서는 이처럼 간결하면서 작업자 간에 정보를 나눌 수 있어야 하니 의궤에 그려진 그림 외에 작업용 도면이 있었을 것이라는 추측만 있고, 분명한 증거는 없는 실정이다.

현대건축에서 '철골구조도'는 직사각형에 몇 가지 기호만을 표기하지만 철골시공에 적합하고 알아보기도 쉽다. 한옥도면은 평면도, 입면도(정면도, 배면도, 측면도), 단면도(종단면도, 횡단면도), 앙시도仰視圖, 와복도瓦伏圖, 창호도窓戶圖 등으로 구성된다. 하지만 이러한 도면 구성은 한옥시공에 꼭 필요한 것이라기보다 '구색을 맞추는' 듯한 느낌이 든다. 예를 들어 입면도는 수평으로 투영된 건물의 전후좌우를 그린 도면인데, 실제 시공을 위해 입면도에서 읽어내는 정보는 창호의 모양과 위치, 수장재의 구성, 기둥머리 부분의 입면 처리 방법 등이다. 하지만 요즘의 입면도는 불필요한 기와 모양만 정성 들여 그려놓고 정작 필요한 기둥머리의 입면 처리 부분은 기와지붕 모양에 가려져 있는 경우가 많다. 한옥의 처마 곡선을 계획하는 데에는 추녀도와 선자도 같은 한옥 특유의 도면이 꼭 필요하지만, 이런 종류의 도면이 설계서에 포함되는 일은 거의 없다. 목재가 결구되는 부분도, 모두 세밀하게 그릴 수는 없겠지만 중요한 부분들은 꼭 필요한데 도면에는 대체로 빠져 있다. 원래 도면에서 빠져 있으니 도편수의 재량에 의지하는 경우가 대부분이다.

현재 사용되는 한옥도면으로는 목재를 치목하고 조립하는 한옥 특유의 시공법을 설명하고 표현하기가 조금 부족하다. 이른 시일 내에 더 실제적이면서도 그리기 쉽고, 간결한 한옥도면 체계가 구축되기를 기대한다.

3　시공계획 검토 시에 필요한 관리

집을 짓기에 앞서, 현장 엔지니어는 설계도서를 검토하고 시공계획을 세워야 한다. 한참 집을 짓다가 설계도서에 문제가 있다고 하면 건축주, 설계사무소, 시공회사가 서로 문제가 될 뿐만 아니라 책임 한계 또한 불분명해진다.

　따라서 설계도서 검토는 빠르게 그리고 꼼꼼하게 해야 할 일이다. 하지만 며칠 밤을 새운다고 해서 면밀한 검토가 이루어지는 것은 아니다. 몇 가지 뚜렷한 목표를 갖고 설계도서를 살펴봐야 한다. 건축시공의 세 가지 축인 품질관리, 자금관리, 공정관리의 관점에서 설계도서를 검토하는 것이 좋다.

| 품질관리

설계도서의 검토는 기술적인 관점에서 '도면에 문제가 없는가?', '구조가 안전하고 마감이 깔끔한가?' 등을 살펴보는 일이 첫째일 것이다. 사실 엔지니어로서 가장 신경 써서 검토해야 할 것이 이런 내용이다. 설계도서의 검토라고 하면 대부분 이런 내용을 살피는 것이다. 그리고 이런 사항을 검토하는 수준에 따라 엔지니어의 실력을 평가할 수도 있다.

　규모가 일상적인 수준을 벗어나거나 현장소장의 능력만으로 검토가 어려운 건물이 종종 있다. 일반건축 공사라면 구조계산서를 꼼꼼히 살펴

한옥의 구조 검토 도편수와 함께 하는 것이 좋다.

보면 되겠지만 '한옥시공'에서는 이런 일도 마땅치 않다.

한옥시공에서 건물의 구조를 검토하는 가장 좋은 방법은 도편수와 함께하는 것이다. 한옥의 구조에 대한 아직 분명한 연구가 부족한 것이 현실이라면, 도편수의 오랜 경험은 매우 중요한 지침이 될 수 있기 때문이다.

| 자금관리

자금관리 측면에서 설계도서를 검토하는 것은 일종의 실행예산을 수립하는 작업이다. 먼저 수량산출서와 일위대가표에는 문제가 없는지, 그래서 공사내역서와 원가계산서에는 문제가 없는지를 살펴보아야 한다. 설계도 사람이 하는 일이라 설계도서에서 몇 가지 오류는 언제나 있기 마련이다. 무시하고 넘길 수 있는 오류도 있지만 어떤 것들은 문제가 커지기도 한다. 실행예산 수립은 공정을 전체적으로 보면서 투입될 자금을

예상하는 중요한 작업이다.

자기가 아니라 남이 살 집을 지어주는 것은 한편으로는 '적정한 이익'을 얻기 위해서 하는 일이다. 어떤 사람들은 간혹 자신이 손해를 보면서도 돈 아끼지 않고 남의 집을 지었다고 얘기하기도 하는데, 이런 말을 들으면 왠지 공감하기가 어렵다. 돈을 많이 들여 지은 집이 있고, 돈을 적게 들인 집도 있다. 공사비를 많이 들여 지은 집이 물론 품질은 좋겠지만, '건축시공'의 관점에서 보면 무조건 '잘 지은 집'이라고 할 수만은 없을 것 같다.

돈을 많이 들여 지은 집이 그 가격에 못 미치는 것보다는 돈을 적게 들이더라도 그 실행예산 범위 내에서 최선의 결과를 만들어냈다면, 그것이 더 잘된 '시공'이다. 결국 엔지니어는 '힘 조절'을 잘해야 한다. 돈 많은 발주자를 만나는 것은 '운'일 수도 있지만 예산 범위 내에서 최선의 결과를 만들어내는 것은 '실력'이다. 공사비관리는 엔지니어에게 너무나 당연하고 중요한 일이다.

공정관리

시간 내에 시공이 가능한가? 시간이 모자라다면 공기工期 단축을 위해 취해야 할 조치는 무엇인가? 이런 문제점을 찾아내는 작업이 공정관리 측면에서 가장 중점적인 내용이다.

한옥은 나무나 흙 같은 자연재료로 짓는 집이라서 계절과 기후에 영향을 많이 받는다. 먼저, 목재는 늦가을 산판山坂이 시작되어야 양질의 자재를 구하기 쉽다. 여름이 지나고 초가을이 되면 묵은 나무밖에 구할 수 없는데, 특히 서까래용 목재 같은 것들은 청태가 까맣게 올라서 좋은 목재를 구하기도 쉽지 않고 값싸게 구하기도 어렵다. 육송을 구입하는 데는 1년을 주기로 이런 과정이 반복된다.

　장마철에 지붕공사를 하는 경우는 거의 없다. 장마가 시작되기 전에 공사를 끝내든가 아니면 장마철 이후로 공사를 미루는 게 보통이다. 장마철이나 습도가 높을 때는 치목하지 않는 것이 좋고 목재관리에도 신경을 더 써야 한다. 흙과 물을 쓰는 미장일이나 지붕일은 0℃ 이하에서는 작업할 수 없기 때문에 이런 것들도 공정계획에서 중요한 고려사항이 된다. 한옥을 지을 때는 이처럼 계절과 날씨에 관련된 세세한 사항까지 고려해서 공정계획을 세워야 한다.

4 집주인이 주관하는 시공행사

전통적으로, 집 짓는 동안 집주인이 주관하는 중요한 행사들이 있다. 집 짓는 일이 요즘처럼 쉽지 않던 시절에는 작업과정마다 의식을 치르면서 삼가고 조심했던 것 같다. 현대에도 이런 행사들을 모두 빠짐없이 치러야 하는 건 아니지만 알아둘 필요는 있다. 대체로 개토제→정초식→입주식→상량식→집들이 순서다.

개토제(고유제)

요즘에는 공사를 시작할 때 치르는 행사를 '기공식'이라고 하지만, 예전에는 땅을 열기 전에 올리는 제사라는 뜻에서 '개토제' 開土祭 또는 일을 벌이는 이유를 고하는 제사라는 의미로 '고유제' 告由祭라고 했다. 개토제나 고유제는 거의 같이 쓰이지만, 뜻을 보면 고유제가 훨씬 의미가 넓다. '신축공사'의 기공식이라면 개토제나 고유제나 크게 차이가 없지만, 오래된 집을 보수할 때는 땅을 연다는 의미의 개토제보다는 이유를 고한다는 고유제가 더 적합하다.

토신土神이나 신명神明에 제

개토제 고유제와 거의 같은 말이지만, 고유제가 더 폭넓은 의미를 지니고 있다.

사 지낸다고 해도 종교적인 의식과는 거리가 멀다. 그 터에서 오래 살았던 땅을 사서 처음 집을 지으려고 하든, 건축공사를 하면 그 주변에 사는 사람들에게 민폐를 끼치게 된다. 갖가지 건축자재가 대형 차량으로 현장에 운반되고, 아직 수도와 전기가 시설되지 않은 곳이라면 공사기간 동안 이웃집에서 임시로 빌려 쓰기도 해야 한다. 이런 점에서 개토제와 고유제는 피해를 끼치거나 또는 도움을 구해야 하는 동네 주민들에게 공사의 시작을 알리는 인사와 같은 것이다.

요즘은 이런저런 말 다 빼고 '안전기원제'를 지내기도 한다. 개토제나 고유제가 주위 이웃들에게 공사를 알리는 인사라면, 안전기원제는 현장 내부적으로 안전을 기원하고 결속을 다지는 행사로 그 의도가 조금 다르다. 개토제나 고유제가 조금은 법석거리면서 주변 이웃을 불러내어 먹이고 웃고 인사하는 것이라면, 현장 식구와 관계자들끼리 치르는 안전기원제는 일종의 '단합대회' 같은 것이다.

개토제는 공사 중 이웃에게 싫은 소리 덜 듣고 도움 좀 받자고 치르는 행사가 아니라 평생 이웃하고 살 사람들에게 정성 들여 하는 인사와 같다. 그래서 개토제를 주관하는 사람은 시공회사의 현장소장이 아니라 집주인인 것이다.

| 정초식

인터넷에서 '정초식定礎式'을 검색해보면 '건축공사에서 기초공사를 마쳤을 때, 기초의 모퉁이에 머릿돌을 설치해 공사 착수를 기념하는 서양식 의식'이라고 나온다. '서양식 의식'이라는 말이 다소 낯설다. 자료를 찾아보면, 정초식은 중세 서양에서 교회를 지으면서 돌을 가공하기 시작한 날을 새기고 미사를 집전한 데서 유래했다고 한다. 요즘 건물에서 볼

패철佩鐵 집터나 묏자리를 정할 때 지관이 사용하는 일종의 나침반이다. 독립기념관.

수 있는 '머릿돌'의 출발점이다. 이는 '서양의 정초식'을 설명하는 것이다. 요즘에는 새로 짓는 건물마다 머릿돌을 하나씩 박아 넣는데, 이런 행사를 '정초식'이라 부른다.

　전통건축에서 정초식은 주춧돌을 놓을 때 치르는 의식이다. 초석을 튼튼하게 설치하는 것도 중요하지만 집의 좌향坐向을 결정하는 일이 한옥을 짓는 데는 중요하다. 좌향이라는 말은 '어디에 앉아서 어디를 봄'이라는 뜻이다. 이 말에서 볼 수 있듯이, 전통건축에서 우리가 중요하게 생각했던 것은 집 자체가 아니라 거기서 살 사람이었다.

　과거, 정초식은 명망 있는 지관地官이 참석하는 중요한 행사였을 것이다. 집을 허허벌판에 짓는다면 중요하겠지만 도심 한가운데 빡빡한 터에 짓는 경우에는 정초의 의미가 상당히 축소될 수밖에 없다. 그래서 요즘은 정초식을 크게 하지는 않는다.

입주식과 상량식

입주식立柱式은 기둥을 세울 때 치르는 행사다. 치목은 오래전부터 해왔지만, 집 짓는 과정은 건축 전문가가 아닌 집주인에게는 눈에 띄지도 않고 지루하기만 한 작업이었을 것이다. 이런 집주인에게 입주식은 본격적

01 상량식 보탑사 적조전 02 상량문 국신사(지금의 귀신사) 명부전(ⓒ남상규) 03 상량문 기름 먹이기 04 상량함

으로 집이 서는 것을 눈으로 볼 수 있는 공사의 시작인 셈이다. 이때부터는 무거운 부재들을 들어 올리는 위험한 일들이 많아서 목수들도 긴장해야 한다. 입주식은 기둥을 세우면서 무탈을 기원하는 제를 올리고 목수들을 격려하는 행사다. 한옥은 '아침에 입주하고 저녁에 상량한다'는 말이 있을 정도로 조립이 빠르게 진행되는 만큼 요즘에는 입주식을 크게 열지는 않는다.

한옥을 지으면서 치르는 가장 큰 행사는 상량식上樑式이다. 상량식 치를 때쯤 되면 집주인의 눈에도 집의 골격이 뚜렷이 보이고, 목수들도 위험한 중량의 부재들을 다 조립한 뒤다. 아무런 사고 없이 공사가 여기까지 진행된 것을 감사하는 마음으로 상량식을 연다.

이런 행사들은 모두 다 일하는 사람들의 노고를 치하하는 성격이 강하다. 일하는 사람들에게 정성 들여 집 잘 지어달라는 나름의 '부탁'이자, 한 상 차려냈으니 집 잘 지으라는 은근한 '압력'이기도 하다. 아울러 상량식을 할 때쯤이면 집주인이 아는 사람들을 불러서 집 자랑을 할 때가 된 것이기도 하다.

  상량문에는 집의 좌향과, 개토·입주·상량 날짜와 시각, 집주인의 기원 내용 등을 적는 것이 일반적이다. 시대 흐름에 맞추어, 특별히 어떤 형식을 따르기보다는 후대에 보게 될 사람들에게 전하고 싶은 말을 쉽게 한글로 남겨도 무방하다는 게 개인적인 생각이다.

  그렇다면 상량문은 집 어디에 보관할까? 거꾸로, 상량문이 발견되는 자리를 보면 알 수 있다. 문화재로 지정된 옛집을 보수하다 보면 대부분은 정칸正間 종도리(마룻대) 장혀(도리 밑에서 도리를 받치는 길고 모진 나무. 장여라고도 함)에 상량문이 있다. 이곳에 상량문을 넣는 것은, 장여가 집에서 차지하는 위계적인 이유도 있고, 최소한 지붕을 완전히 해체하는 대공사를 할 때 상량문을 펴보라는 의미도 있는 것으로 보인다. 어떤 집에서는 후손들이 집 고치는 데 쓰라고 넣어둔 금붙이 같은 것이 발견되기도 했다.

  언제 열어보게 될지 모를 상량문은 오래 보관할 방법 또한 강구해야 한다. 예전에는 한지에 먹으로 글을 쓰고 기름을 먹여서 보관했다. 한지는 닥나무 껍질 따위를 원료로 만든 중성지여서 산화되지 않고 보존성이 뛰어나다. 반면, 요즘의 일반적인 종이는 산성지여서 오래 보관하기엔 문제가 있다. 벌레가 침범하지 못하도록 상량함을 향나무로 짜고 여분의 공간에 담뱃잎을 넣기도 한다. 요즘 나오는 비닐팩에 진공포장 하는 것도 좋은 방법이라 생각한다. CD나 다른 저장장치도 검토해볼 필요가 있다.

▪ 기초공사 · 석공사

제2부
기 초 공 사

표토 위에 아무런 조치 없이 그냥 집을 지으면 땅이 침하하면서 집에 문제가 생긴다. 땅이 가라앉지 않게 하려면 땅을 깊이 파고 구조물을 만들거나 지반을 단단하게 다져야 한다. 이런 일련의 공정을 기초공사라 할 수 있다.

요즘은 기계장비가 좋아져서 땅을 깊이 파는 것도, 파일을 박거나 철근콘크리트로 구조물을 만드는 작업도 그리 어려운 일이 아니다. 도리어 작업이 쉬워지는 만큼 '기초공사'의 중요성을 점점 더 소홀히 하는 것은 아닌가 하는 생각이다. 건축사적으로 고대건축일수록 기초공사에 더 충실했다는 사실이 간접적이나마 이를 잘 말해준다.

장비와 기술이 좋아진 요즘에도 전통적인 기초법基礎法의 모든 것이 우리에게 유효한 지식일지 한번 생각해볼 필요는 있다. 그렇다면 우리가 전통적인 기초법에서 배워야 할 것은 무엇일까? 바로, 큰 장비가 없었음에도 적은 힘을 들여서 단단한 지반과 구조물을 만든 기술이다. 선조들이 기초를 한 방법은 다양했지만, 그중 흙과 돌을 아주 얇게 수십 수백 켜로 다져 올리는 방법이 가장 일반적이었다. 인내심이 필요한 반복적인 작업이지만 매우 효과적인 방법이었다. 전통적인 흙다짐의 지혜는 몇몇 대규모 공사를 제외하면 대부분의 현대 건축공사에서 아직까지도 유효하고 중요하다.

1 집터의 확인과 정리

2 기초공사

▍경계측량

경계측량은 대지의 경계선을 확인하기 위해 실시하는 측량이다. 집을 짓기 전에는 대지경계선을 분명히 할 필요가 있는 만큼 반드시 경계측량을 해야 한다. 측량 신청은 시·군·구청 민원실의 측량 접수 창구나 대한지적공사 각 지사에 의뢰하면 된다. 경계측량을 신청하면 전화로 경계측량을 할 날짜와 시간을 알려준다. 신청인은 인접 토지 소유자의 입회하에 대지경계에 말뚝을 박으면서 경계를 정확하게 확인할 수 있다. 경계측량은 간단한 일이다.

그런데 요즘은 집을 지으면서 경계측량을 생략하려는 사람들이 의외로 많다. 건축주(집주인) 입장에서는 집 지을 터가 대략 어디서부터 어디까지라는 것을 알고 있으니 경계측량으로 괜한 시간과 돈을 쓴다고 생각

경계측량 소홀히 할 경우 분쟁이 생기거나, 사후에 문제가 발생할 수 있다.(ⓒ황준원)

할 수도 있다. 하지만 건축주가 알고 있는 '어디서부터 어디까지'란 모호하고 부정확해서 이런 어림짐작만으로 공사를 시작하는 것은 좀 위험하다. 공사 중에 인접 대지의 소유자와 분쟁이 생기거나, 공사가 끝나고 '사용승인'을 받을 때 문제가 발생하는 경우가 많기 때문이다. 집 짓는 과정에서 가장 처음 해야 할 일은 대지의 경계를 분명히 하는 것이다.

| 대지정리

대지의 경계를 확인했다면 땅을 고르게 해서 집을 지을 수 있게 만들어야 한다. 우리 민족은, 사람은 산천정기를 타고나기 때문에 지기地氣를 손상해서는 안 된다고 믿었다.(신영훈, 『우리가 정말 알아야 할 우리 한옥』, 현암사, 2005, 58쪽) 그래서 땅에 손을 댈 때는 신중하고 조심스러웠다. 사실 이런 지기에 대한 믿음도 중요했지만 땅을 건드리는 작업이 힘에 부치고 돈이 많이 드는 일이기도 했을 것이다.

    기계장비가 좋아졌다는 것은 어찌 보면 우리에게 주체 못 할 힘이 생긴 것이라고도 할 수 있다. 힘이 세지면 머리는 덜 쓰고 어떻게든 힘으로 밀어붙이려는 경향이 생기는가 보다. 요즘에는 평지건 경사지건 가리지 않고 일단 대지 전체를 판판하게 만들어놓고 공사를 시작하려 든다. 판판하게 만든 대지 위에 판에 박은 듯한 기단基壇을 쌓고 집을 올린다. 그래서인지 요즘 신축 한옥은 너무 밋밋하고 단순하다.

    답사를 다니면서 어떤 집이 매력 있게 느껴진다면 그 집을 지을 때 땅을 다룬 방식을 찬찬히 살펴볼 필요가 있다. 대체로 그런 집은 힘을 적게 들이면서도 땅이 지닌 성격을 고스란히 살려낸 경우다. 반면에 일단 밀어내고 뭉갠 땅 위에 나 보란 듯이 집을 짓게 되면 그 땅이 지닌 매력은 사라지고 만다. 설계가 확정되면 시공단계에서는 어찌해 볼 도리가 없는

01 **봉정사 영산암의 대지정리** 대지를 그대로 두고 대지에 맞추어 건물의 층수를 조절함으로써 공간감을 극대화했다.
02 **추사고택의 대지정리** 대지를 그대로 둠으로써 건물 간의 위계를 적절히 살릴 수 있었다.

만큼 땅을 만지는 계획은 설계단계서부터 신중해야 한다.

집을 지을 때 대지정리를 하는 것은 도시를 조성하기 위한 기반공사를 하는 것과 비슷하다. 그래서 대지정리 작업은 우선 대지경계점을 확인하고 석축 같은 토목공사를 먼저 끝내도록 공정을 계획해야 한다. 집중호우에도 문제가 없게 건수乾水처리 계획도 검토해야 한다. 상하수도와 정화조, 전기·통신에 관련된 시설을 운용하기 위한 통로에도 신경을 써야 한다. 그뿐만 아니라 시공 중에 필요한 가설건물과 작업동선, 자재 적치 장소 같은 자잘한 사항까지도 염두에 두고 대지정리 작업을 계획하는 것이 바람직하다.

2 땅에 관한 기본개념

▎하중과 반력

집의 하중은 기둥과 초석을 통해 땅으로 전달된다. 따라서 땅은 하중을 견딜 만큼 단단해야 한다. 그렇지 못하면 집은 침하될 수밖에 없다. 무거운 집이 땅 위에 가만히 서 있을 수 있는 것은 땅에 반력反力이 있기 때문이다. 반력을 공학적으로 정의하면 '고정단固定端에 발생하는 힘'이다. 하중과 반력은 일치해야 한다. 하중보다 반력이 작으면 집이 가라앉고, 반력이 크면 집이 떠오른다. 집이 떠오른다고 하면 거짓말 같겠지만 호숫가에 지하층이 있는 집이 실제로 떠오르는 경우는 종종 있다.

하중과 반력 크레인 작업과 같이 일상생활에서도 하중과 반력의 관계를 쉽게 접할 수 있다.

하중과 반력을 나타낸 도식

암반 시질토 지반 점성토 지반

　땅의 반력은 지내력地耐力이라고 따로 부르기도 한다. 여기서 지내력은 지반地盤이 구조물의 압력을 견디는 정도를 말한다. 땅을 파보면 각각의 땅이 모두 다른 것을 알 수 있다. 이처럼 땅이 다르면 그 땅이 지닌 지내력도 다르다. 일반적으로 한옥을 지을 때는, 지내력에 관계없이 생땅과 동결선凍結線을 확보하면 별문제가 생기지 않는다. 단 일반적인 살림집 크기를 벗어난 대규모의 한옥을 지을 때나, 하천 등을 메운 땅과 같이 지반이 눈에 띄게 취약한 경우에는 따로 구조검토를 해야 한다.

표토와 생땅

표토表土는 지구의 껍데기 땅을 말한다. 사전에서는 표토를 '풍화가 진행되고, 암색暗色을 띠며, 유기물이 풍부하여 토양미생물이 많고, 식물의 양분과 수분 공급원이 되는 토양'이라 설명하고 있다. 모든 생명의 근원이 되는 표토는 지구에 사는 생명체에 매우 중요한 땅이다. 식물의 뿌리와 지렁이, 곤충 같은 작은 생명체들에 의해 수많은 숨구멍 같은 것이 생기며, 스펀지처럼 약간 물렁물렁한 상태로 존재한다. 그래서 표토는 집을 짓는 데는 취약한 토양이다.

표토와 생땅이 드러난 단면

생땅은 지구가 생긴 이래 한 번도 파헤쳐진 적이 없는 땅을 말한다. 땅을 파보면 흙의 색깔이나 유기물 함량 정도를 보면 금방 알 수 있다. 한 번도 파헤쳐진 적이 없는 만큼 생땅은 안정된 상태다. 때문에 선배 엔지니어들은 기초를 할 때는 반드시 생땅까지 파도록 권하고 있다.

| 동결선

동결선은 '영구동토永久凍土의 하한선'이라고 어렵게 표현하기도 하는데, 겨울에 땅이 얼어붙는 최대 깊이를 말한다. 공학적으로 계산하는 방법이 있지만, 같은 지역이라도 일조량이나 토질, 배수 조건 등의 변수가 있어서 계산이 간단하지 않다. 이런 계산법은 동결심도를 계산하고 정하는 공학도에게만 중요하다. 집을 짓는 데 중요한 것은 이런 공식이 아니라 대체적인 결과값(우리나라 지역별 동결심도: 강릉 70.3, 울산 57.8, 춘천 140.7, 충주 98.3, 서울 123.2, 광주 58.8, 청주 107.7, 괴산 107.7, 인천 103.8, 부산 25.0, 속초 48.4, 홍성 81.7, 포항 51.7,

목포 29.2, 대전 80.0, 부여 72.1, 대구 76.6, 여수 23.5, 진주 64.7, 남원 64.7, 전주 75.0, 수원 113.5, 삼척 43.1, 순천 22.1, 안동 83.3, 김천 68.1, 밀양 60.3, 경주 47.4〔단위: cm, 장기인, 『건축시공학』, 보성각, 2004, 57쪽〕)이다.

    동결선 이내에 있는 땅은 해마다 겨울에 얼었다 녹았다를 반복한다. 물은 얼음이 될 때 부피가 늘어나는데, 동결선 이내의 땅은 겨울에 부풀었다가 봄이 되면 가라앉기를 반복하게 된다. 기초가 동결선을 확보하지 못하면 동결융해를 거치면서 이완되고 결국에는 침하한다. 따라서 기초를 할 때는 기초의 저면이 동결선 밑이 되도록 해야 한다.

3 기초의 이해

❘ 지정

표토는 물렁하다. 큰 빌딩을 짓는 데는 구조 계산을 하고 거기에 따라서 특별한 기초를 하겠지만, 한옥을 짓는 데 거창한 기초구조물은 사실 필요가 없다. 표토를 걷어내고 생땅까지 그리고 동결선 이하까지 파낸 다음 생땅에서부터 단단하게 만드는 정도면 충분하다. 이처럼 건물의 기초를 안정되게 지탱시키기 위해 지반을 단단하게 만드는 일을 '지정'地定이라 한다. 요즘은 적절한 모양의 거푸집을 만들고 콘크리트를 부어 넣기도 한다. 그렇다면 옛날에는 어떤 방법으로 단단한 지하구조물을 만들었을까?

- **장대석 지정**

단단한 지반까지 땅을 파고 커다란 돌 한 덩어리를 네모지게 깎아서 놓는다고 상상해보자. 이렇게 하면 건물을 짓기 위한 단단한 기초를 마련할 수 있을 것이다. 하지만 그렇게 커다란 돌덩어리를 떠내고, 움직이고, 설치하는 일은 어렵고, 그래서 비용도 많이 들어간다. 좀더 쉽고 경제적인 방법이 필요하다.

장정 서넛이 움직일 수 있을 만한 크기로 가공해서 쌓아 올리면 작업은 쉬우면서도 비슷하게 단단한 기초를 마련할 수 있다. 그래서 장대석長臺石(섬돌 층계나 축대 등을 쌓는 데 쓰는, 길게 다듬어 만든 돌)을 '井'자 모양으로 쌓아 올리는데, 이를 '장대석 지정'이라 한다. 하지만 반드시 '井'자로 쌓아 올릴 필요는 없다. 다리의 교각 같은 곳에서는 물살을 고려하는 등 필요에 따라 쌓는 모양을 달리하면 된다. 중요한 것은 '작업이 가능한 크기'의 석재를 효율적으로 쌓는 일이다.

- **적심석 지정**

장대석 지정처럼 석재를 상황에 맞게 가공해 쌓으면 기초의 안전성에서 더 바랄 것이 없지만, 여기에는 엄청난 노력이 필요하다. 땅속에 묻히는 돌까지 정성스럽게 가공해서 쌓는 기초법은 특별한 경우다. 일반적인 건물의 기초에는 보통 주변에서 구하기 쉬운 돌을 펴 깔고 다진다. 돌과 돌의 공극(틈)에는 흙을 채워 넣고 다시 다진다. 그리고 이런 '다지기'를 켜

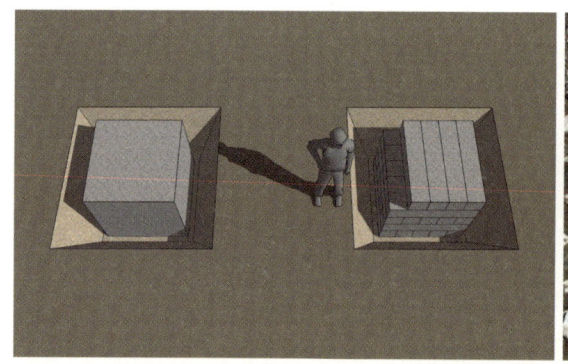

01·02 장대석 지정   03·04 적심석 지정   「회암사 7·8단지 발굴조사보고서」, 경기도박물관, 2003.

켜이 반복한다. 이를 '적심석積心石(돌 따위를 쌓을 때 안쪽에 심을 박아 쌓는 돌) 지정'이라고 한다. 우리나라의 여건에서는 가장 일반적인 방법이다. 주변에서 잔돌을 찾기 힘든 곳에서는 흙만 켜켜이 판축版築하기도 하지만, 우리나라에서는 이런 돌들이 흔해 쉽게 구할 수 있다.

• 생석회 잡석지정

예전에는 생석회가 귀해서 보통 서민들이 집을 짓는 데 기초를 하거나 미장을 하면서 쉽게 사용할 수는 없었다. 흥선대원군이 자기 아버지인 남연군南延君의 묘를 조성할 때 생석회 300포를 흙에 섞어 사용해서 오페르트가 도굴에 실패했다는 이야기는 유명하다. 하지만 요즘은 석회가 흔해서 대부분 석회를 섞어 다진다. 잡석雜石을 펴 깔고 그 사이사이를 사질토(마사토, 백토)에 석회를 섞어 다지는 작업이 '생석회 잡석지정'이다.

지정 직후에는 석회를 섞은 것과 섞지 않은 것이 별반 다르지 않다. 생석회 잡석지정은 석회가 천천히 경화하면서 시간이 많이 흐른 뒤에야 강도가 발현된다. 소석회消石灰는 공기 중의 이산화탄소와 반응해서 경화하는 재료라서 단단해지는 데 시간이 많이 걸린다. 집을 지을 때의 기초는 지붕에 하중이 실리는 순간부터 강도가 발현되어야 하기 때문에 석회가 경화하는 것과는 관계없이 다지는 작업을 신중하게 해야 한다.

생석회 잡석지정(ⓒ이대근)

다짐

일반인들에게 '다짐'이란 큰 힘으로 땅을 두드려서 단단하게 만드는 작업으로 인식된다. 대체로 맞는 말이지만, 다짐을 공학적으로 정의하면 단순히 위에서 땅을 두드리고 누르는 작업은 아니다. 다짐은 흙 속의 공기를 빼는 작업이다. 물이 잘 빠지는 사질토에는 물다짐을 한다. 이는 사질토에 물을 부어 땅을 가라앉히는 작업이다. 땅을 두들기지도 않는 '물다짐'을 '다짐'이라 표현하는 것이 조금 이상하게 들릴 수도 있지만, 흙 속에 있는 공기를 효율적으로 빼는 작업이라는 점에서 '물다짐'은 '다짐'이라는 의미에 충실한 용어다. 물다짐을 할 때는 막대기로 땅을 쑤시는데, 이는 땅을 단단하게 하기 위해서가 아니라 흙 속의 공기를 올라오게 하기 위함이다. 단, 투수성透水性이 높은 흙에만 사용할 수 있다.

점성토에 포함된 수분은 아주 천천히 빠져나가면서 부피가 줄어드는데, 이것을 '압밀'壓密이라 한다. 부피가 줄어들면서 단단해지는 것은 같지만 다짐과 압밀을 굳이 구분하는 이유는 사질토와 점성토가 성질이 크게 다르기 때문이다. 이런 점성토는 기초다짐을 할 때에는 잘 사용하지 않는다.

동다짐공법 무거운 추를 크레인 등의 특별장비를 이용해 높은 곳에서 자유낙하시켜 지반에 충격에너지를 주어 지반을 단단하게 만드는 공법(ⓒ동남산업개발, http://www.dnind.co.kr)

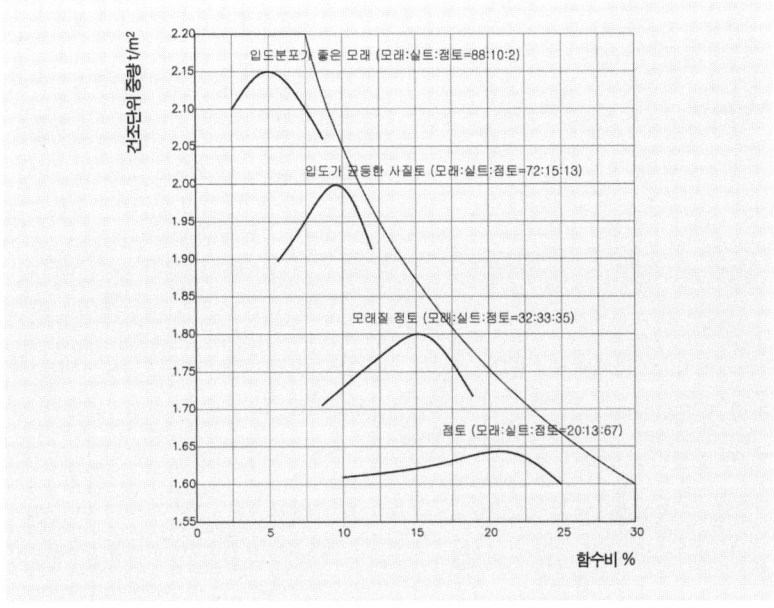

다짐곡선 흙다짐 정도는 건조단위 중량으로 표현되는데 함수비와 입도비에 의해 결정된다.

일반적으로 흙은 켜켜이 다진다. 흙을 두껍게 깔아놓고 다지면 표면은 잘 다져진 것 같지만 깊은 곳은 다져지지 않는다. 다지는 작업에서 다짐두께는 중요한 요소이다. 조선 후기 실학자 서유구가 쓴 『임원경제지』林園經濟志를 보면, 반길 깊이에서 예닐곱 번 다질 것을 권하고 있다. 대략 한 번에 5치(15cm)에서 7치(21cm) 정도의 두께를 다지는 것이다.

다져진 흙의 강도는 흙의 입도粒度와 함수율에 의해 결정된다. 입자가 큰 것과 작은 것이 어느 한쪽으로 편중되지 않고 골고루 섞여 있는 흙이 다지기에 좋다. 물기가 많은 흙은 질척질척해서 다질 수 없고, 바싹 마른 흙도 부스러지기 쉬워 잘 다져지지 않는다. 대체로 사질토는 함수율이 10% 내외이고 점성토는 15% 내외인데, 만져보면 촉촉한 정도다. 그래서 너무 마른 흙은 물을 뿌려가면서 다진다.

Special Box

생석회의 사용

한옥이나 문화재 관련 일을 할 때는 생석회(강회)를 많이 접하고 사용하게 된다. 생석회, 즉 강회 剛灰는 산화칼슘(CaO)이다. 잘 모르는 물질에 대해 알고 싶을 때는 '한국산업안전보건공단' '안전보건정보' 서비스에서 MSDS(Material Safety Data Sheets, 물질안전보건자료)를 찾아보는 것이 좋다. MSDS에는 물질의 성분뿐만 아니라 그 물질의 보관법, 취급 시의 안전조치 사항에 대한 정보가 잘 정리되어 있다.

강회는 석회석을 가열해서 만든다. 석회석은 제천, 단양, 영월 지역의 노천에서 쉽게 채굴되는 암석으로 탄산칼슘($CaCO_3$)이 주성분이다. 탄산칼슘을 900℃ 이상 가열하면 탄산칼슘에서 이산화탄소가 분리되면서 강회가 만들어진다. 예전에는 석회석을 고온 가열해서 강회를 만드는 일이 쉽지 않았고, 그래서 강회는 매우 귀한 자재였다.

강회는 물과 만나면 열을 내면서 소석회(수산화칼슘, $Ca(OH)_2$)로 변한다. 그리고 다시 소석회는 공기 중의 이산화탄소와 결합해서 석회석이 된다. 즉 석회석에 열을 가해 강회를 만들고, 강회에 물을 부어 소석회를 만들고, 소석회는 공기 중의 이산화탄소와 결합해서 다시 딱딱하고 안정된 원래의 석회석으로 돌아가는 것이다. 석회석→강회→소석회의 변화 원리 때문에 강회가 경화재로 사용되는 것

생석회(ⓒ김상일)

생석회의 소화(ⓒ이대근)

이다. 석회석, 강회, 소석회의 변화를 화학식으로 적으면 아래와 같다.

(석회석의 열분해 반응) $CaCO_3 + 열(900℃ 이상) \rightarrow CaO + CO_2$
(강회의 소화) $CaO + H_2O \rightarrow Ca(OH)_2$
(소석회의 경화 반응) $Ca(OH)_2 + CO_2 \rightarrow CaCO_3 + H_2O$

요즘은 현장에서 석회석을 구워 강회로 만들지는 않는다. 보통은 인근 건재상에 주문하는데, 대량으로 구할 때는 영월·제천·단양 같은 석회석 산지에 직접 주문한다. 현장에서 생석회(강회)를 기초공사나 미장재료로 사용하기 위해서는 우선 소석회로 만들어야 한다. 일반적으로는 구덩이를 파서 생석회를 퍼 놓고 물을 붓는다. 생석회의 소화는 발열을 동반하는 과정으로, 호스 같은 것으로 물을 뿌리듯 하면 소화과정이 원활하지 못하다. 가능하다면 커다란 통에 물을 받아두었다가 한꺼번에 붓는 것이 좋다.
생석회는 물과 반응하면 강력한 열을 발산하기 때문에 보관에도 주의해야 한다. 자료를 찾다보면, 생석회와 짚을 섞어놓고 물을 부었을 때 얼마나 빨리 화재가 일어나는지를 소방서에서 실험한 동영상을 볼 수 있다. 생석회는 사용하기 일주일 전쯤 물에 피워서 충분히 소화되도록 하는 것이 좋다. 특히 미장을 하는 경우에는 미장면을 바른 후에도 소화반응을 일으켜 미장일을 망치는 예가 종종 생기기 때문에 시간을 충분히 두는 것이 바람직하다.
시멘트나 석고는 물을 뿌리면서 보양保養하는데, 이는 시멘트나 석고가 물과 반응하는 수경성水硬性 재료이기 때문이다. 그러나 소석회는 물을 뿌려 보양하지 않는다. 소석회는 공기 중의 이산화탄소와 결합해서 석회석이 되는 기경성氣硬性 재료이기 때문이다. 땅에 묻힌 소석회는 이산화탄소와 반응할 수 없어서 경화가 매우 느린 속도로 진행된다. 생석회 잡석지정 같은 기초를 할 때는 아직 소석회의 경화가 진행 중인 때이므로, 다져진 흙 자체로 강도를 확보할 수 있게 시공해야 한다.

■ 기초공사 · 석공사

제**3**부

기 단

기단基壇은 건물 밑에 주변보다 높게 만든 단을 말한다. 기단의 기基는 기초나 토대를 말하는데 '자리를 잡아 단단하게 한다'는 속뜻을 지니고 있다. 단壇은 주변보다 높게 만들어놓은 자리로 물리적 공간의 높이를 말한다. 집을 지을 때, 기초공사와 기단공사는 분명하게 구분하기 어렵다. 땅을 단단하게 하는 '기초공사'는 앞에서 얘기했으니 여기서는 주변보다 높은 자리로서의 기단에 대해서만 설명하도록 한다.

　　한옥에서 기단은 이 땅의 기후에 맞게 효율적으로 발달했고, 더구나 좌식생활과도 궁합이 잘 맞아떨어지는 시설이다. 기단은 과거 한옥뿐만 아니라 현대건축에서도 여전히 유용한 시설이다. 그러나 요즘은 교외에 전원주택을 지으면서도 기단에 준하는 시설을 잘 만들지 않는다. 기단 같은 건축적 지혜들이 소홀하게 취급되는 요즘, 기단의 구실과 종류에 대해 다시 한번 곰곰 생각해볼 필요가 있다. 예전처럼 기단 위에 목재로 집을 짓지 않더라도, 기단을 만들면서 기대했던 습도 조절과 시선의 높이 차에 대한 해결, 간접조명 등의 효과들을 되새겨볼 만하기 때문이다.

　　여기에서는 기단을 만드는 목적과 기단의 종류에 대해 알아보고 설치 시기도 고민해본다.

1 기단의 구실

기단은 집을 마당보다 높게 짓기 위한 장치다. 한옥의 기단은 일본이나 중국 가옥의 기단에 비해 높은 편이다.(김왕직, 『알기 쉬운 한국건축 용어사전』, 동녘, 2007, 55쪽) 그 이유는 무엇일까?

습도 조절

한반도는 여름에는 고온다습하고 겨울에는 한랭건조하다. 여름에는 덥고 습하며 겨울에는 춥고 건조하다는 것이 사람 살기에 그다지 쾌적한 환경은 아니다. 한옥은 땅을 파고 들어간 움집에서 지상으로, 그리고 기단을 쌓으면서 점점 땅 위로 올라온 건축 형태다. 움집처럼 땅을 파고 들어가 살면 겨울나기는 수월하지만 여름을 지내기가 힘들다. 난방이 발달하면서 여름을 나기 쉽도록 땅 위에 집을 짓기 시작한 것이다. 한옥 마당에 잔디를 심는 것이 좋지 않은 것

기단 종묘 향대청

도 같은 이유에서다. 잔디는 일종의 습기를 보존하는 장치다. 우리나라의 기후에서 마당에 잔디를 심으면 여름에 집이 너무 습해진다. 마당에 잔디를 깔고 분수를 만드는 것은 건조한 기후에서 습기를 보존하려는 방법이다.

기단은 여름의 고온다습한 기후에 적응하려는 노력의 결과물이다. 그래서 당연하게도 기단은 처마 끝에서 낙숫물이 떨어지는 범위 안쪽에 있어야 한다. 습기를 피하기 위해 높인 기단에 낙숫물이 떨어지게 할 수는 없기 때문이다.

| 시선높이 차이의 해결

난방은 그 방식에 따라 크게 대류난방과 복사난방으로 나눌 수 있다. 대류난방은 공기를 직접적으로 데워서 난방하는 방식이고, 복사난방은 방바닥이나 벽 등의 구조체를 따뜻하게 만들어서 그 복사열로 난방하는 방식이다. 복사난방이 대류난방에 비해 훨씬 쾌적한 방식이다. 한옥의 구들은 대표적인 복사난방 장치다.

우수한 난방방식인 온돌은 좌식생활과 결부된다. 요즘은 좌식생활을 뭔가 뒤처진 생활방식으로 보는 경향이 있는데, 좌식생활은 구들이 가진 복

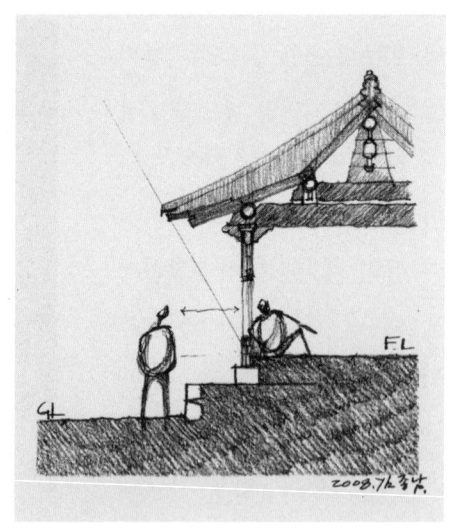

좌식생활과 시선높이

사난방의 장점뿐만 아니라 침대 놓고 카펫 깔고 사는 입식생활에 비해 먼지 같은 부유물 또한 적다.

좌식생활은 쾌적하다는 장점이 있지만, 거주자가 집 안에 앉아 창을 통해 바라보았을 때 외부에 서 있는 사람과의 시선의 높이 차이가 문제가 된다. 서 있는 사람과 바닥에 앉아 있는 사람은 그만큼의 시선높이 차이가 생긴다. 본래 시선의 높이 차는 신분과 관련이 있지만 신분제도가 없어진 오늘날에도 중요하게 고려해야 할 문제다. 마당에 외부자가 서 있고 실내에 거주자가 앉아 있는 것을 전제로, 마당과 방바닥은 90cm 이상의 높이 차이를 유지하는 것이 바람직하다.

간접조명

한옥은 처마가 깊다. 한옥뿐만 아니라 목조주택은 처마가 비교적 깊은 것이 좋다. 왜냐하면 목조건축은 비가 들이치면 썩기 쉽기 때문이다. 하지만 처마가 깊으면 낮이라도 실내가 상대적으로 어둡다. 처마가 깊은 집 안을 밝게 하는 방법은 마당에서 반사되는 빛을 실내로 최대한 끌어들이는 것이다. 한옥이 적정한 높이의 기단 위에 세워지는 이유 중에는 이런 간접조명의 효과도 빼놓을 수 없다.

한옥에서 간접조명이 중요하다는 증거로 우리 불상의 조각을 보면 짐작할 수 있는데, 야외에 조성

서산 마애삼존불과 조명(ⓒ김진용)

된 서산 마애삼존불과 실내에 모신 불상 대부분의 조각 기법이 다르다는 것이다. 이는 직사광과 반사광의 차이 때문이다. 직사광선에 노출된 야외의 조각은 눈·코·입을 분명하게 드러내야 아름답다. 하지만, 실내의 불상을 이렇게 조각하면 불상 아래에서 비치는 빛 때문에 이상한 얼굴이 되기 십상이다.

한옥의 마당은 간접조명 효과를 높이기 위해 백토를 깔끔하게 다져서 마무리한다. 앞서도 말했듯이, 한옥 마당에 잔디를 심으면 여름에 습도가 높아 꿉꿉할 뿐만 아니라 집이 전체적으로 어둡고 칙칙해진다.

2 기단의 종류

기단은 재료에 따라 분류할 수 있는데, 자연석 기단, 가공석 기단(가구식 기단, 장대석 기단), 토축 기단, 전축博築 기단, 와적瓦積 기단 등이 그것이다. 토축 기단, 전축 기단, 와적 기단은 신축 한옥에서는 거의 채택되지 않으며, 과거에 사용되었던 유구로만 남아 있을 뿐이다. 신축 한옥에서 선택할 수 있는 기단은 자연석 기단과 가공석 기단 정도다.

자연석 기단

한옥시공에서 자연석 기단이라 함은 자연석으로 쌓은 기단을 말한다. 그런데 여기서 '자연석'이란 것을 정의하기가 그리 간단하지 않다. 자연석은 글자 그대로 가공하지 않은 자연상태의 돌이다. 자연석은 우리 주변에 여러 형태로 존재한다. 물에 쓸리고 구르면서 마모되어 둥글둥글해진 돌을 '강돌', '호박돌'이라고 하며, 산이나 들에서 찾아볼 수 있는 마모가 적은 돌을 '산석'山石이라고 한다. 강돌과 산석은 모두 자연석이지만, 한옥을 지을 때의 자연석은 산석만을 가리킨다.

석산에서의 자연석 선별작업(ⓒ황준원)

자연석 기단 맹사성고택

　한옥을 지을 때는 강돌을 쓰지 않는다. 시멘트 같은 재료가 없던 시절에는 강돌을 쓰고 싶어도 안정감 있게 쌓기가 어려워 쓸 수가 없었다. 조선시대에는 평민들이 다듬은 돌(숙석熟石)을 사용하는 것을 엄격히 규제했다. 반면에 요즘은 자연석을 함부로 채취하는 행위를 규제한다. 그렇다면 오늘날에는 무엇으로 자연석 기단을 쌓고 자연석 석축을 할까?

　자연석은 도로공사장이나 큰 공장 부지를 조성하는 공사현장 같은 곳에서 합법적으로 구할 수 있는데 이는 운이 좋은 경우이고, 일반적으로는 채석장에서 구입한다. 오늘날에는 자연석이라는 용어를 사용하기가 조금 난감해졌다. 엄밀히 말하면 자연석이 아니라 채석장에서 캐낸 돌이기 때문이다.

　채석장에서라도 아무 돌이나 사면 '자연석의 맛'을 낼 수 없다. 산석은 자연상태에서 자연적으로 마모되고 나이를 먹은 돌이다. 강돌처럼 둥글둥글하지는 않지만 모서리가 자연스럽게 죽어 있으면서 거무튀튀하거나 누르스름한 빛을 띤다. 한옥을 지을 때 필요한 돌이 바로 이런 돌이다.

채석장에서 채석을 할 때 제일 바깥층의 돌을 '겉돌'이라 부른다. 강도도 약하고 색도 얼룩이 져서 석재로서 가치는 떨어지지만 한옥을 짓는 사람들에게는 귀한 돌이다. 어느 정도 각이 있어 쌓기에 용이하고 색이 자연스러운 겉돌을 구해 사용하는 것이 좋다.

기단은 높은 구조물이 아니기 때문에 쌓을 때 특별히 주의를 기울여야 할 점은 별로 없다. 최대한 보기 좋고 자연스럽게 쌓으면 된다. 자연스럽게 보이려면 노출되는 석재면을 건드리지 않는 것이 바람직하다. 노출되는 석재 면을 현장에서는 '이마'를 뜻하는 속어인 '마빡'이라 일컫는다. 석재면을 너무 다듬지 말라는 뜻으로 석공들에게 '마빡을 너무 날리지 말라'고 말하기도 한다.

가공석 기단

석재를 정밀하게 가공해서 쌓은 기단을 통틀어 가공석 기단이라 부른다. 이러한 가공석 기단은 크게 가구식 기단과 장대석 기단으로 분류할 수 있다.

• 가구식 기단

땅에 지대석址臺石을 놓고 기둥돌을 세운 뒤 그 사이에 면석面石을 끼워 뚜껑돌을 덮은 기단이 가구식架構式 기단이다. 일반적으로 가구식 기단은 최고급 기단이라 일컬어진다. 하지만 조선시대 궁궐의 정전正殿도 가구식 기단으로 조성되진 않았으니, 단순히 고급 기단이라고 하기보다는 돌을 대하는 방식이 조금 달랐다고 보는 것이 나을 듯하다.

가구식 기단을 가장 쉽게 볼 수 있는 것은 석탑이다. 석탑은 기단을 이루는 부분과 집의 모양을 본뜬 탑신 그리고 상륜부로 구성되는데, 대부분의 석탑은 기단부를 가구식 기단으로 조성한다. 일반적으로 석탑에서는 기단이 강조되어서 옥개屋蓋 밖으로 돌출된 것들이 많다. 목탑의 기단은 낙숫물이 떨어지는 범위 밖으로 돌출되어선 안 되지만 석탑은 돌로 만든 것이라서 상관이 없는 것이다.

많은 사람들이 석탑의 층수를 잘 구별하지 못한다. 대부분의 사람들은 불국사 삼층석탑을 4층으로 본다. 나 역시 한옥을 지으면서 기단이 무엇이고 집의 몸체(옥신)와 지붕(옥개)이 무엇인지 알기 전에는 잘 이해하기가 어려웠다. 이는 석탑의 기단이 과장되어 있어서 기단도 한 개의 층수로 보이기 때문이다. 석탑의 기단은 대부분 가구식 기단으로 과장되게 만들어지는 만큼 가구식 기단을 이해하려면 석탑의 기단을 보면 이해가 빠르다.

실제로 가구식 기단은 기둥돌 사이에 면석을 끼워 넣고 그 위에 뚜껑돌(갑석甲石)을 덮은 것이 아니다. 석재는 목재와 재료적 성질이 많이 달라서 나무로 집을 짓듯 가늘고 길쭉한 돌을 기둥처럼 세우기에 적합하지 않다. 대신, 기둥과 면석을 한 덩어리 돌로 만든다. 석탑의 가구식 기단은 큰 돌에 요철을 두어 기둥돌에 면석을 끼운 것처럼 보이게 하는 일종의 눈속임인 것이다. 원래 돌은 가늘고 긴 부재를 엮어 만들기에 적합한 재료가 아니다.

가구식 기단은 지대석 위에 놓인다. 기단의 기둥돌에는 두 종류가 있는데 우주隅柱와 탱주撐柱다. '우'隅는 '모퉁이'라는 뜻으로, 우주는 모서리에 세우는 기둥을 말한다. '탱'撐은 '지탱한다'는 의미로, 탱주는 하중을 버티도록 설치한 기둥으로 이해해야겠지만, 보통은 모서리 기둥인

01 **석탑의 가구식 기단** 불국사 삼층석탑 02 **목탑의 가구식 기단** 황룡사 목탑 모형 03 **지대석 위에 놓인 가구식 기단** 중앙탑. 보수하다가 잘못된 듯, 탱주가 하나 빠졌다. 04 **수덕사 대웅전 앞의 축대** 이러한 석축 기단은 가구식 기단과 장대석 기단 중간 정도의 성격이다.

우주를 제외한 모든 기둥을 말한다.

    가구식 기단은 부재 하나하나에 신경을 많이 써야 하며, 정확한 도면이 있어야 가공이 가능한 일종의 맞춤생산이다. 한편으로, 건축기술은 예술작품 작업과는 달리 고민하고 신경 써야 할 부분을 점점 줄이는 방향으로 발전한 측면도 있다. 그래서인지 조선시대로 넘어오면 가구식 기단은 거의 채택되지 않는다.

• **장대석 기단**

화강석을 길게 다듬어 만든 돌을 장대석(와臥장대석)이라 하고, 이 장대석을 눕혀서 쌓아 만든 기단을 장대석 기단이라고 한다. 장대석은 어느 정도 규격화한 석재를 떠내고 가공해서 현장에 반입할 수 있다. 장대석 기단은 석재 하나하나에 대한 가공이 가구식 기단에 비해 단순하고, 그래서 대량생산이 가능한 방식이다. 지대석과 갑석을 고려해서 만든 장대석 기단도 있기는 하지만 이는 몇몇 중요한 건물에서나 볼 수 있고, 장대석 기단 대부분은 지대석과 갑석의 구분조차 없다. 그저 규격화한 장대석을 한 단(외벌대), 두 단(두벌대), 세 단(세벌대), 그 외에 지형과 상황에 따라 더 높게 쌓아 올린다.

01 **장대석 기단** 경복궁 천추전
02 **석전 혼용 기단** 가구식 기단의 구조적 특징을 닮았다. 화성 방화수류정.
03 **석전 혼용 기단** 화성 행궁

장대석과 전돌을 섞어 사용한 예도 있다. 이런 석전石塼 혼용 기단은 면석 대신 전돌을 쌓은 것으로, 개념적으로는 가구식 기단에 가깝다. 화성 방화수류정과 행궁 낙남헌 등에서 볼 수 있는데, 널리 사용된 방법은 아니다.

3 기단의 설치 시기

기단은 언제 설치하는 것이 좋을까? 예전에는 기단의 설치를 기초작업과 병행해서 진행했다. 모든 집이 기단을 먼저 조성한 다음 초석을 놓고 기둥을 세웠다고 단언할 수는 없지만 대부분은 그러했을 것이다.

전통적인 관점에서 기단은 기초를 하는 작업의 일부분으로, 기단 전체를 연립 기초로 해석하는 것이 일반적이다.(김동현, 『한국 목조건축의 기법』, 발언, 1995, 103쪽) 흙을 지면보다 더 높게 다져 올리기 위해서는 흙을 막아주는 흙막이 구실을 할 시설이 필요했던 것이다. 눈으로 보아 조성의 선후관계를 확인할 수 있는 기단도 있다. 초석이 기단 장대석 위에 올라앉은 형

기단 조성의 선후관계 기단 위에 초석이 올라탔다. 이런 경우는 선후를 따질 필요도 없다. 창덕궁 대조전 일곽.

3
기단

기단의 설치 시기 복잡한 배관·배선이 없다면 기단을 먼저 쌓는 것이 나을 수도 있지만, 최근에는 공사의 마무리단계에서 설치하는 경우가 더 많다. 해미읍성 옥사.(ⓒ이대근)

태도 쉽게 찾아볼 수 있는데, 이런 경우에는 기단이 직접 집의 하중을 받는다. 기단을 설치하고 나서 초석을 놓고 기둥을 세운 순서를 눈으로 확인할 수 있다.

그렇다면 요즘에도 기단공사를 공사 초반에 기초작업과 병행할까? 최근에는 공사의 마무리단계에서 기단을 설치하는 예가 더 많다. 콘크리트 같은 재료로 기초작업을 하기 때문에 구태여 기단을 먼저 설치할 필요가 없는 것이다. 기단을 먼저 설치하면, 후속작업에 의해 기단이 훼손될 가능성이 있다. 하지만 더욱 중요한 이유는 전기나 통신, 가스, 보안시설, 상·하수도 같은 시설들이 집 안팎으로 연결되어야 하기 때문이다. 공사 초반에 이미 계획된 시설도 있지만 공사가 진행되면서 추가되는 시설도 많다. 공사 초반에 이런 사항들을 전부 염두에 두고 기단을 설치하기에는 조금 무리가 있다.

■ 기초공사 · 석공사

제 **4** 부

초 석

초석礎石은 우리말로 주춧돌이라고 하는데, 기둥 밑에 기초로 받쳐놓는 돌이다. 초석을 현대건축의 기초법과 대응해보면 기초 판의 구실을 한다고 볼 수 있지만, 초석은 시각적으로 노출되는 만큼 고려할 점이 좀더 많아서 구분해 생각할 필요가 있다. 석조건축에서도 초석이 사용되기는 하지만 목조건축에서 초석의 구실이 더 분명하게 드러난다. 초석은 하중을 지면으로 분산시켜 전달하는 기능이 있고 특히 목조건축에서 지면의 습기를 차단하는 구실을 한다.

초석은 건물의 설계의도에 따라 다양한 모양으로 변한다. 특히 한옥에서는 내부를 좌식으로 할지 입식으로 할지에 따라 초석의 높이와 디자인이 확연히 달라진다. 내부마감에 따른 초석의 변화를 생각하면서 초석의 재료, 석재의 가공 정도, 형태에 따라 초석을 분류해볼 필요가 있다.

여기에서는 초석의 구실과 종류, 초석의 계획과 주문, 설치를 중심으로 알아본다.

1 초석의 구실

초석은 '기둥 밑에 기초로 받쳐놓는 돌'로 정의할 수 있다. 석재로만 구축된 이집트 신전이나 아테네 신전에도 초석이 설치되어 있기는 하지만, 일반적으로 초석은 목재 기둥 하부에 설치되어 기둥을 통해 내려오는 집의 하중을 지반으로 분산시키고, 지면의 습기를 차단해 목재 기둥의 부식을 방지하는 구실을 한다.

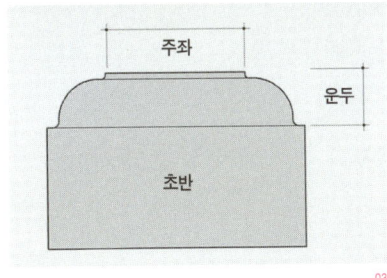

01 굴립주掘立柱 기초를 놓지 않고 기둥을 땅에 직접 박아 세운 기둥을 말한다.(ⓒ이정원)
02 굴립주 상세(ⓒ이정원)
03 초석의 각부 명칭

| 습기 차단

인류가 움집을 짓고 살 때는 기둥을 땅에 묻어 세웠다. 기둥을 땅에 묻으니 기둥뿌리가 빨리 썩는다. 그래서 기둥뿌리가 습한 땅에 닿지 않게끔 땅에 돌을 놓고 그 위에 기둥을 세웠다. 돌 위에 나무기둥을 세우는 일이 쉽지 않고 불안정해서 기둥뿌리를 박아 넣을 수 있도록 초석에 구멍을 뚫기도 했다. 그런데도 여전히 기둥뿌리는 빨리 썩었다. 언제인지는 확실하지 않지만, 초석에 구멍을 뚫어 박아 넣지 않아도 네 개 이상의 기둥을 서로 잘 결구하면 기둥이 쓰러지지 않는다는 것을 알게 된 이후로 초석에서 구멍은 점차 없어졌다. 홍살문처럼 특수한 경우에는 아직도 구멍 있는 초석을 사용한다. 홍살문은 능·원·묘·대궐·관아 등의 정면에 세우는 붉은 칠을 한 문으로, 둥근 기둥 두 개를 세우고 위에는 지붕 없이 붉은 살을 세우는데, 기둥 두 개만 나란히 서 있어서 그 자체로는 구조가 불안하다. 홍살문은 기둥뿌리를 초석에 박아 넣어야 안전하다. 결국 기둥뿌리가 썩는 문제는 그대로 남아 있다. 기둥뿌리에 있는 습기를 배출시키기 위해 홍살문을 받치는 초석에는 반드시 옆에 구멍이 하나씩 있다. 물 빠지는 구멍이다.

석재는 습한 땅으로부터 습기를 차단한다. 동네 공원에 있는 '퍼걸러'(pergola, 파고라: 뜰이나 편평한 지붕 위에 나무를 가로세로로 얹어놓고 등나무 따위의 덩굴식물을 올려 만든 서양식 정자나 길. 장식이나 차양의 역할을 함)를 보면 기둥 하부에 철로 만든 '기둥받침'이 있는데, 이러한 철제 기둥받침도 습기를 차단하는 장치다. 구조물을 짓는 원리는 거의 비슷하다.

초석 상부에 물이 고이면 기둥 하부가 쉽게 썩는다. 초석 윗면이 건조한 상태를 유지하려면 빗물이 잘 빠져야 한다. 가공한 초석에는 인위적으로 미세한 물매를 만든다. 자연석 초석도 물 빠짐을 고려해서 모양

01 **구멍이 있는 초석** 감은사지 02 **동구릉 건원릉의 초석** 03 **종묘의 초석** 윗면은 물 빠짐이 좋게 물매를 두어 가공한다.
04 **퍼걸러 기둥받침** 목재 기둥이 있는 구조물에서는 습기 차단이 중요하다. 05·06 **네모난 초석과 주좌** 국립공주박물관

과 방향을 결정한다. '주좌'柱座 같은 더 적극적인 디자인도 필요하다. 주좌란 비와 습기로부터 기둥을 보호하기 위해 기둥 앉는 자리를 조금 높여 만든 것을 말한다. 주좌를 만들면 습기는 어느 정도 차단할 수 있지만 다른 문제가 발생할 수 있다. 79쪽 5·6번 사진은 국립공주박물관에서 촬영한 것으로 네모난 초석에 주좌를 만든 예이다. 오래된 초석이지만 윗

운현궁 노안당 초석 네모난 기둥은 기둥의 변형이 눈에 잘 띈다. 여기에 주좌를 만들면 그 변형이 더 잘 보일 것이다.

면을 도도록하게 만들어서 물 빠짐이 좋게끔 했다. 그런데 언젠가부터 네모난 초석에는 주좌를 만들지 않게 되었다. 그 이유는 다음과 같다. 나무기둥의 경우는, 목재의 성질과 건조상태에 따라서 차이는 있지만, 기둥이 마르면서 변형이 생긴다. 현장의 목수들은 이 현상을 '기둥이 돈다'고 한다. 원형 기둥은 좀 돌아가도 눈에 잘 안 띄지만, 위의 사진처럼 네모난 기둥을 세우면서 초석 윗면에 주좌를 만들면 기둥의 변형이 잘 보인다. 그 때문에, 언제부터인지는 정확하지 않지만 선배 엔지니어들은 오래전부터 네모난 기둥을 받치는 초석에는 주좌를 만들지 않았다. 하지만, 원형 기둥을 세운다면 주좌는 아직도 그 의장이나 기능 면에서 모두 유효한 방법으로 생각된다.

| 하중 분산

초석은 집의 하중을 전달받아 땅으로 분산하는 구실을 한다. '하중 전

4
초석

초석의 하중 분산 아산 영인면 여민루

달'이라는 관점에서만 보면, 땅과 만나는 초석면은 최대한 넓은 것이 좋다. 하지만 초석면이 지나치게 넓으면 기둥과 접하는 초석 윗면에 물이 고일 수 있고, 옆으로 툭 튀어나와 기단 위 동선에도 방해가 된다. 그래서 초석은 대체적으로 '기둥과 만나는 면'은 좁고, '땅과 만나는 면'은 넓다. 원형 초석은 기둥보다 한두 치 더 넓은 크기로 주좌를 만들고 아래로 갈수록 운두에서 넓어지고 더 넓은 초반을 볼 수 있다. 방형 초석은 얼핏 보아서는 기둥 크기보다 초반이 그리 넓지 않은 것으로 보이지만 실제로 속을 파서 보면 넓은 초반이 드러나는 경우가 많다. 중국 북송 시대의 건축기술서인 『영조법식』營造法式에 '초석 하부 면의 너비는 기둥 지름의 두 배'라는 내용이 나오지만, 지반의 강도와 기초 방법, 집의 하중을 고려해서 결정해야 할 사항이지 초석의 너비가 반드시 기둥 지름의 두 배가 되어야 하는 것은 아니다.

2 초석의 종류

초석은 크게 자연석 초석과 가공 초석으로 분류할 수 있다. 자연석 초석은 자연석을 그대로 사용한 초석이고, 가공 초석은 석재를 필요한 모양으로 가공한 초석이다. 개념상으로는 가공을 하고 안 하고가 분명한 것 같지만 현실적으로는 83쪽의 사진처럼 구별하기가 모호하다.

| 자연석 초석과 가공 초석

초석용 석재의 대부분은 산에서 떠낸 후 운반되고 적당한 크기로 할석 割石하면서 많든 적든 가공을 한다. 우리가 자연석 초석이라고 부르는 것들도 쇠메 같은 연장으로 깨내는 작업을 거치는 경우가 많다. 초석으로 쓰기 위해서는 석재를 어느 정도 가공해야 하는 것이다. 83쪽의 사진처럼 자연석에 주좌만 가공한 초석을 자연석 초석인지 가공 초석인

자연석 초석 삼척 죽서루

가공초석 창덕궁 인정전

서산 개심사의 초석 자연석에 주좌만 가공했다.

지 구별하기는 쉽지 않고, 사실 힘들여 구분할 필요도 없다. 가공 초석은 화강석을 필요한 모양으로 가공한 것, 자연석 초석은 별다른 인위적인 가공 없이 돌을 자연상태 그대로 사용한 것 정도로만 구분해도 충분하다.

| 가공 초석 분류의 기준

한옥에서 가공 초석이라고 하면 일반적으로 화강석을 가공한 것을 말한다. 다른 예는 그리 흔하지 않다. 중국에서는 석회석을 많이 사용한다. 석회석은 화강석에 비해 연한 석재다. 가공이 쉬운 편이라 좀더 화려한 모양을 만들 수 있지만 내구성은 떨어진다. 반면 화강석은 단단한 결정질이어서 디자인은 간결한 편이다. 화강석 가공 초석은 형태에 따라 원형 초석, 방형 초석, 팔각 초석, 사다리형 초석, 장초석, 고막이 초석 등으로 분류한다.

둥근 기둥을 받치는, 평면상으로 둥근 초석을 모두 원형 초석이라고 일컫는다. 이러한 분류는 너무 포괄적이다. 원형 초석으로 분류되는 초

01 · 02 · 03 · 04 **초석** 법천사지, 수덕사 대웅전, 동구릉, 강릉 칠사당

석들을 살펴보면 종류가 많다. 초석으로는 아주 유명한 법천사지 초석은 원형 초석으로 분류한다. 수덕사 대웅전의 초석은 둥근 주좌가 없기 때문에 방형 초석으로 분류한다. 그런데 두 초석을 자세히 보면, 주좌가 있고 없고의 차이를 빼면 거의 같은 모양이다. 원형 초석으로 분류되는 것 중에는 사발을 엎어놓은 모양의 초석도 있고(동구릉 초석), 원통형으로 생긴 초석(강릉 칠사당 초석)도 있다. 칠사당 초석과 법천사지 초석은 원형 초석으로 분류되는 반면, 수덕사 초석은 방형 초석으로 분류된다. 원형 초석이라는 분류가 너무 포괄적이고 불명확한 이유는 가공 초석을 형태별로 분류할 때 중요한 사항을 간과했기 때문이다.

초석을 분류할 때 중요한 것은 좌식생활을 위한 높은 바닥인지 입식

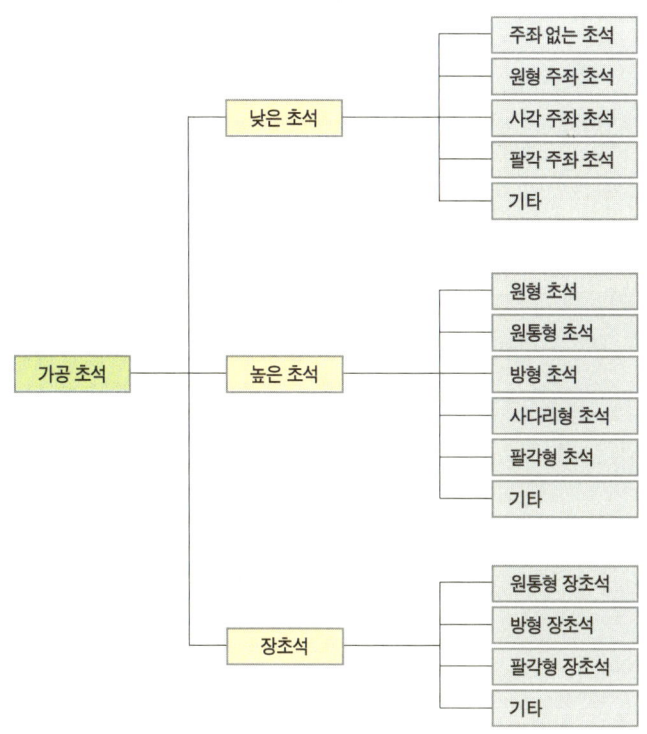

가공 초석의 개념적·형태적 분류

생활을 위한 낮은 바닥인지의 여부다. 고려시대에 지어진 집에는 낮은 초석이 사용되었다. 그 이유는 실내 바닥의 마감과 관계가 있다. 낮은 초석이 사용되던 당시에는 한옥에 온돌과 마루가 충분히 정착하지 않았다. 실내는 전돌이나 이에 준하는 마감이었고, 당시 생활 또한 입식생활이었을 것으로 추정된다.

초석은 온돌과 마루가 실내의 전형적인 마감이 되면서부터 높아졌다. 마루를 놓거나 구들을 드리기 위한 공간이 필요했기 때문이다. 여기서 낮은 초석과 높은 초석의 근본적인 차이를 분명하게 인식할 필요가 있다. 요즘 신발을 신은 채 들어가서 관람하는 전시관으로 설계된 한옥이 많이 지어지는데, 도면을 보면 마루 놓고 온돌 설치하던 조선시대 살림집 초석으로 설계된 경우가 많다. 낮은 초석에 마루를 설계한 도면도 종종 있다. 이는 내부마감과 초석의 높이가 밀접한 관계에 있다는 것을 간과한 때문으로 보인다. 낮은 초석과 높은 초석을 구분할 때, 초석이 몇 센티미터 이상이면 높은 초석이고 그 이하면 낮은 초석이라는 것은 아니다. 낮은 초석과 높은 초석은 내부공간을 어떻게 사용할지에 대한 개념적인 구분이다.

가공 초석을 형태적으로 분류할 때에는 우선 낮은 초석과 높은 초석 그리고 장초석 정도를 먼저 구분해놓고 나서 기둥이나 주좌의 모양에 따라 세부적으로 나누는 것이 바람직해 보인다.

가공 초석의 형태상 분류

- **원형 초석**

한옥의 경우, 원형 기둥을 사용하면서 마루를 설치할 때에는 초석 모양을 결정하기가 쉽지 않다. 일반적으로 사발을 엎어놓은 모양의 초석을 많이 사용하지만, 이는 마루를 드리기에는 조금 낮다. 그렇다고 충분한 운두雲頭를 확보하기 위해서 사발의 모양을 크게 만들면 초석이 엄청나게 커진다(87쪽 2·3번 화령전 사진 참조). 원통형으로 만들어진 초석도 있기는 하지만 사례도 적을 뿐더러 주변과 자연스럽게 어울리기가 쉽지 않다. 이런 점 때문에 원형 기둥을 사용하면서 마루와 구들을 드린 한옥에서는 그냥 네모난 초석을 사용한 사례가 훨씬 많고, 꼭 필요하면 팔각형으로 가공해서 초석을 만들었다.

- **방형 초석과 사다리형 초석**

마루와 구들 드린 집에서 네모난 기둥을 사용할 때는 (높은) 방형 초석이

01 **초석** 창경궁 명정문
02·03 **초석** 화성 행궁 화령전
04 **방형 초석** 창덕궁 대조전 앞 선평문
05 **방형 초석** 운현궁 노안당
06·07 **사다리형 초석** 예산 추사고택 안채

초석 경복궁 경회루·경복궁 자경전

나 사다리형 초석을 사용한다. 방형 초석과 사다리형 초석은 사실 모양이 거의 비슷하다. 흘림이 전혀 없으면 방형 초석이라 하고 흘림이 조금 있으면 사다리형 초석이라 해야겠지만, 어떤 초석은 흘림이 아주 미세해서 방형 초석인지 사다리형 초석인지 구분하기가 어렵다.

방형 초석은 살림집 한옥에서는 사례가 적고 궁궐에서 흔히 볼 수 있는 유형이다. 방형 초석이 사용된 집을 보면 전체적인 느낌이 매우 정갈하다. 방형 초석은 고막이 처리도 원활하고, 각진 기단과의 관계도 조화롭다. 요즘은 한옥을 새로 지을 때 으레 살림집 초석은 사다리형 초석이어야 한다는 선입관이 있어서 의외로 방형 초석은 거의 거론조차 되지 않는다. 좀 의외의 현상이다. 이런 현상은 초석을 분류할 때 방형 초석에 비해 사다리형 초석이 많이 부각되는 때문으로 보인다.

• 장초석

장초석은 말 그대로 '긴 초석'이다. '길다', '짧다'라는 것은 실내 바닥 높이에 따른 상대적인 개념이라서 몇 센티미터 이상을 장초석이라 규정할 수는 없다. 하지만 일반적으로 다락처럼 높게 만든 누마루가 조성되는 곳에 사용되는, 석주石柱에 가까운 초석을 장초석이라 구분한다.

장초석 중에서 가장 유명한 것은 경회루 초석일 것이다. 이쯤 되면 그냥 돌기둥이라고 불러도 상관없을 정도다. 장초석은 사각형과 팔각형이 있으며, 흘림을 두어 안정감이 들도록 한다.

3 초석의 계획과 주문

초석을 계획하는 데는 검토해야 할 사항이 있다. 초석은 기둥의 모양과 크기에 따라 대체적인 모양이 결정된다. 초석의 밑바닥 넓이는 곧 집의 하중을 땅으로 분산하는 면적이기 때문에 중요한 고려사항이다. 앞서 말했듯이 초석의 높이는 방바닥 높이와 관련이 있고, 그 외에 주변 상황에 따라 초석의 모양은 민감하게 변한다. 초석의 높이와 윗면과 아랫면의 모양과 면적, 주변 마감과의 관계 그리고 주문과 제작도에 대해 살펴보자.

초석의 높이

초석의 운두는 실내 바닥 높이와 관련이 깊다. 일반적으로 기단 바닥에서 초석 윗면과 초석 윗면에서 귀틀(마루를 놓기 위해 굵은 나무로 가로세로 짜놓은 틀. 또는 네모진 목재나 통나무 따위를 '井'자 모양으로 짠 틀) 춤을 더한 높이가 마룻바닥의 높이가 된다. 거꾸로 말하면, 계획된 마룻바닥 높이에서 귀틀의 두께를 뺀 위치까지 초석이 올라와야 좋다. 귀틀이 기둥에 결구되는 위치에 따라 높낮이가 약간 변하긴 하지만, 개념적으로는 '초석 높이+귀틀=마룻바닥 높이(방바닥 높이)'다.

오래된 초석은 운두가 낮다. 이렇게 운두가 낮은 초석을 사용한 집에는 온돌이나 마루를 드릴 수가 없다. 일반적으로 운두가 낮은 초석은 온돌과 마루가 한옥에 정착되기 전에 사용되었거나, 온돌과 마루가 충분

초석의 높이 강릉 칠사당의 초석

히 정착된 이후라도 내부 바닥을 전돌 같은 재료로 마감하면서 낮게 조성한 경우다. 요즘 한옥이 다시 관심을 끌면서 작은 공공건물이나 관람시설로 지어지는 예가 많아졌다. 기존의 한옥을 개조하는 것이라면 할 수 없지만, 신축 한옥이라면 초석에 대한 기본적인 개념을 갖고 설계해야 한다. 신발을 신고 들어가도록 계획된 한옥에도 높은 초석을 사용한 사례가 많은데, 내부 바닥 면이 기단 바닥 높이와 거의 비슷해서 내부에 고막이나 초석이 대책 없이 노출되는 사례를 많이 볼 수 있다. 천년 전의 입식생활 하던 한옥에서는 볼 수 없던 문제들이 요즘의 한옥에서 생기는 것은 어떻게 해석해야 할지 난감하다.

| 초석의 윗면

기둥의 단면 모양과 초석의 모양은 관련이 많다. 일반적으로 원주圓柱에는 원형 초석을 사용하고 각주角柱에는 방형 초석을 사용하지만, 반드시

01·02·03·04 **초석의 윗면** 홍성 안회당·홍주아문·추사고택·창경궁 환경전

그런 것은 아니다. 특히 원주에 방형 초석은 잘 어울리며 실제로도 많이 볼 수 있다. 초석의 평면적인 모양은 기둥의 모양에도 영향을 받지만 집 전체 평면의 일관성을 유지하는 것과도 관련 있기 때문으로 보인다.

초석 윗면의 넓이는 기둥의 굵기에 따라 검토해야 한다. 초석 윗면이 너무 넓으면 물 빠짐이 나빠질 수 있고, 좁게 계획되면 기둥이 돌면서 초석과 어그러질 수 있다. 디자인의 관점에서는, 초석 윗면이 넓으면 조금 여유 있어 보이고 좁으면 날렵해 보일 것이다. 기둥에서 초석의 여유치를 실측해보면 궁궐 건축은 약 4치 내외이고, 살림집은 약 2치 내외다.

초석의 아랫면(초반)

땅을 다지는 전통적인 방법으로 기초를 한다면, 기둥을 통해 전달되는 하중이 커질수록 초석 아랫면 넓이는 신중하게 계획해야 한다. 『영조법식』에서는 초석 아랫면의 한 변 너비를 기둥 직경의 두 배 정도로 규정하고 있다. 요즘은 기초를 할 때, 콘크리트 같은 단단한 재료를 사용해서인지 초석 아랫면 너비에 대한 고려는 거의 하지 않는 편이다. 초반礎盤의 높이도 기둥 직경 정도로 규정하고 있지만 실제로 지어진 건물의 초반

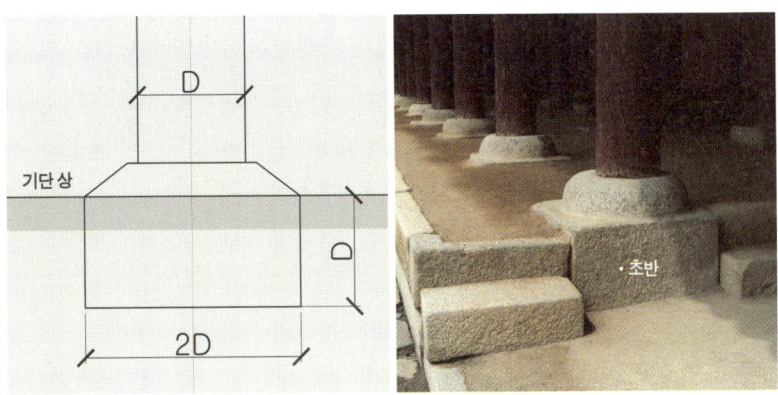

기둥과 초반의 관계   경복궁 근정전 회랑의 기둥과 초반

높이에서 일관된 규칙은 보이지 않는다. 우리가 주로 사용하는 화강석은 강도가 높은 석재라서 반드시 기둥 직경 이상의 높이를 초반 높이로 확보할 필요는 없다.

주변 마감과의 관계

초석의 모양은 주변의 마감과도 밀접한 관계에 있다. 초석을 계획하는 시점은 공사의 초반부이고 마감은 공사의 마지막이기 때문에, 마감을 충분히 검토해서 초석을 계획한다는 것은 생각보다 쉽지 않다. 예를 들어, 우선 초석은 고막이 처리 방식에 따라 모양이 달라질 수 있다. 고막이를 화강석으로 처리할 때, 고막이를 고려해서 초석에도 고막이를 붙이는 '고막이 초석'으로 만드는 것이다(94쪽 사진 1). 고막이 초석을 만들더라도 화방벽火防壁이 있으면 고막이 붙은 초석의 고막이 위치와 크기도 달라져야 한다(94쪽 사진 2). 연경당 장양문의 초석(94쪽 사진 3)을 보면 주변의 화방벽과 조화를 이루기 위해 초석을 크게 만들고, 그래서 기둥이 초석의 한가운데에 설치되지 않은 예도 볼 수 있다.

01 · 02 · 03 **초석**
법천사지 · 동구릉 수릉 · 연경당 장양문

| 초석의 주문과 제작도

화강석 초석은 작업하는 현장에서 가공하지 않고 돌공장(석재회사)에 주문하는 것이 일반적이다. 그런데 주문한 초석이 마음에 안 들게 가공되었다거나 문제가 생겨 다시 만들어야 한다면, 그것은 무조건 석재회사의 잘못일까. 물론 석재회사에서 실수를 하는 경우도 있겠지만, 대부분은 엔지니어의 '불확실한 주문' 때문이다. 아무리 실력이 어설픈 석재회사라 해도 '정확한 제작도'가 있다면 석재를 가공하면서 실수할 확률은 사실상 거의 없다.

주문은 엔지니어에게는 처음이자 끝이다. 엔지니어의 언어는 '도면'이다. 정확한 주문을 위해 제작도Working Drawing나 주문도Order Drawing를 제대로 작성해야 하는 것은 너무도 당연한 일이다. 정말 안타까운 일은, 문제가 반복되는데도 현장에서 정확한 제작도를 잘 그리지 않는다는 것이다. 초석의 도안과 주문은 공사 초기에 급하게 처리해야 하는 경우가 많기 때문에, 엔지니어들은 평소 이에 대한 생각을 많이 하고 그림도 많이 그려 보는 것이 좋다.

4 초석

4　초석의 설치

▎규준틀 설치

규준틀은 평면상의 (초석) 위치와 높이 등을 표시하기 위해 설치하는 틀을 말한다. 규준틀은 기초터파기 전에 설치하기도 하지만, 터파기와 기초 작업 과정에서 흐트러지는 경우가 많다. 기초공사 때는 대략적인 '실 띄우기'만 하고, 초석을 놓을 때 정확한 규준틀을 매는 것이 일반적이다.

규준틀의 설치 목적은 두 가지다. 첫째 평면적으로 정확한 초석의

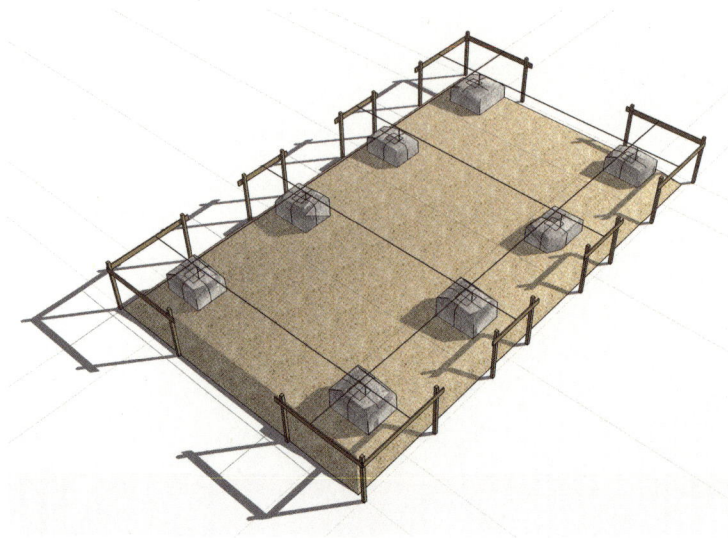

규준틀 귀규준틀과 평규준틀로 나뉜다.

위치를 표시하기 위함이고, 둘째 수직적으로 정확한 초석의 윗면 높이를 표시하기 위해서다. 일반 건축공사와 비교하면, 한옥 규준틀은 무엇보다 초석의 윗면 높이를 정확하게 표시하는 데 중점을 둔다.

적당한 위치에 말뚝을 박고 기준이 되는 말뚝에 계획된 초석의 높이를 표시한다. 그리고 이를 기준점으로 해서 같은 높이로 모든 말뚝에 물수평을 보는데, 오토레벨기나 광파기光波機 같은 기계장비를 사용해도 무방하다. 실제로 작업을 해보면 물수평만큼 싸고 간단하며 정확한 방법도 없다. 모든 말뚝에 수평을 보고 표시를 한 뒤 그 표시에 따라 가로로 띳장(널빤지를 이어 만든 울타리 등에 가로로 대는 띠 모양의 나무)을 댄다. 수평에 맞추어 띳장을 댔을 때 이 높이가 바로 초석의 높이다. 띳장은 실을 띄우기 위한 것으로, 치오푼(너비 약 4.5cm) 각목을 사용하면 말뚝 간격이 넓을 때 좀 처진다. 폭보다 춤이 큰 각재나 판재를 띳장으로 사용하는 것이 좋다.

실 띄우기

규준틀 설치가 끝나면 주춧돌을 대략적으로 배치하고 실을 띄운다. 이를 '청명 본다'고 하는데, 평면도에 따라 현장에서 1:1 평면을 뜨는 작업이다. 실 띄우기에서는 정확한 직각을 확인하는 것이 가장 중요하다. 요즘 현장에서는 합판을 사용한다. 특별한 이유가 있어서라기보다는 현장에서 가장 쉽게 구할 수 있는 것이 합판이기 때문인데, 예전에는 문짝을 미리 사 와서 사용했다고 한다. 합판이나 문짝의 직각에 의지해서 실을 띄웠을 때는 정확하게 되었는지 확인할 필요가 있다. 피타고라스의 정리에 따라 직각삼각형의 길이를 확인하면 되는데, 같은 뜻이라도 '피타고라스의 정리'보다는 '구고현법句股弦法'이라는 말이 한옥 짓는 사람에게는 더 잘 어울리는 것 같다.

신축공사의 실 띄우기 보탑사 적조전

　가장 일반적이고 쓰기 쉬운 구고현 비례는 3:4:5다. 직각으로 띄워 놓은 실의 각 변 3m, 4m 위치에 표시를 하고 그 빗변이 5m가 맞는지를 확인한다. 집이 커서 좀더 정확하게 확인하고 싶다면 6m, 8m 위치에 표시를 하고 그 빗변이 10m가 맞는지 확인하면 된다.

　초석 설치는 돌을 다루는 일이기 때문에 석공이 하기도 하지만 목수가 담당하는 경우가 많다. 초석을 설치한 후 그 위에 미리 치목해둔 부재들을 짜기 때문에 치수에 문제가 있을 수 있다. 대부분의 설계사무소에서는 1자(30.3cm)를 30cm로 가정하고 도면을 그리는데, 목수들은 1자가 30.3cm로 표시된 자로 치목을 하는 경우가 많기 때문이다(1자당 0.3cm의 오차). 정면이 40자라면 무려 12cm나 차이가 난다. 목수들은 치목 중에 편의를 위해 장척長尺을 만들어 쓰는데, 초석을 설치할 때도 이 장척을 사용해서 치목한 부재와 초석이 일치하도록 한다.

　실을 띄운 후, 자연석 초석의 경우는 적당한 높이로 조정해서 초석을 고정시킨다. 자연석 초석은 초석을 고정시킨 다음 중심먹을 놓지만, 가공 초석은 초석에 먼저 먹을 놓고 실에 맞춰 초석을 정확하게 설치해야 한다. 초석이 설치되면 각각의 초석에 그레발(기둥이나 재목에 그것이 놓일 자리의 바닥 높낮이를 그렸을 때, 자르거나 깎아 없애야 할 부분)을 실측하고 기록해둔다.

■ 기초공사 · 석공사

제 5 부
석 공 사

한옥에서 석공사는 집터를 정리할 때 돌을 쌓는 석축공사, 기단을 놓고 초석을 가공하는 공정, 그리고 집 주변에 담장을 쌓는 공사 정도를 말한다. 석공사는 지금까지 설명한 기단과 초석에서도 조금씩 설명이 필요한 부분인데, 대지를 정리하면서는 필수적인 공정이기 때문에 따로 구분해서 설명하도록 한다.

우리 민족은 석재, 특히 화강석을 다루는 기술이 남달랐다. 석공사는 우선적으로 석재라는 재료를 이해하는 것에서 출발해야 한다. 선조들이 석재를 다룬 지혜를 음미해보면, 요즘 만들어지는 석구조물이 왜 조잡한 느낌이 드는지를 확연하게 이해할 수 있다.

여기에서는 석재로 이루어진 구조물의 구성요소와 석축이 무너지는 이유 그리고 석재의 가공과정과 모서리 처리를 중심으로 정리해본다.

1 석축의 구성

지대석

모든 석조구조물의 맨 아래 즉 땅과 면하는 돌이 '지대석'址臺石이다. 한 영사전에서 지대석을 찾아보면 'foundation stones'라고 되어 있다. '기초가 되는 돌'이라는 뜻이다. 지대석의 기본적인 구실은 목구조에서 초석과 같은 하중 분산이다.

지대석은 가공한 돌을 사용하는 경우에는 면적이 넓은 석재를 써야 한다. 자연석일 때에도 마찬가지다. 상부가 흙으로 된 구조물에서 지대석은 초석과 마찬가지로 습기 차단의 구실을 한다. 담장과 같이 속을 흙으로 채운 구조물에는 지대석이 갖는 습기 차단의 구실이 특히 중요하기

예산 수덕사의 지대석 담장 같은 구조물에서 지대석이 없으면 구조물이 손상을 입는 경우가 많다.

바른층쌓기 해미읍성   **골쌓기** 맹씨행단 인근의 축대

때문에 지대석을 생략했다가는 문제가 생길 수 있다.

| 면석

석축에서 지대석과 갑석을 뺀 나머지 부재는 모두 면석面石이다. 가구식 석축에서는 기둥돌과 면석을 구분하지만, 일반적인 석축에서는 모두 면석이라 할 수 있다. 좀더 세밀하게는 면석과 심석心石으로 분류할 수 있다. 심석은 돌의 뒤뿌리가 면석에 비해 아주 긴 석재를 말한다. 측압側壓에 저항하는 중요한 장치다. 면석을 쌓을 때는, 땅에서 완전히 수직이 되도록 하지는 않는다. 조금씩 뒤로 물려 쌓아, 구조적으로 튼튼하면서 시각적으로도 안정감 있게 하는 것이다. 이처럼 석축을 조금씩 물려 쌓는 것을 '퇴물림'이라 한다.

바른층쌓기, 허튼층쌓기, 골쌓기 같은 쌓기의 방식은 모두 면석의 모양에 따른 것이다. 석축의 전체 외관을 결정한다는 점에서 면석을 쌓는 방식은 중요하다. 바른층쌓기는 돌의 면 높이를 같게 해서 가로줄이 일직선이 되도록 쌓는 방식이고, 허튼층쌓기는 크기가 다른 돌을 줄을

기단의 **갑석** 창덕궁 인정전 · 덕수궁 중화전

맞추지 않고 불규칙하게 쌓는 방식이며, 골쌓기는 큰 돌을 골과 골이 물리도록 쌓는 방식이다.

나라마다 고유한 문화가 있고 사물을 대하는 관점도 다르다. 마찬가지로, 돌을 대하는 시선이나 쌓는 방식 또한 다르다. 한국은 돌을 쌓을 때, 바른층과 허튼층을 구분하지 않고 돌을 수평으로 쌓아 올렸다. 반면에 일본은 마름모쌓기, 골쌓기가 일반적이었다고 한다. 어떤 방식이 더 좋고 나쁘고의 문제가 아니라 그 지역의 사정과 상황에 따라 적절한 방식을 채택한 결과일 것으로 보인다.

갑석

갑석甲石은 석축의 마무리돌, 즉 뚜껑돌이다. 갑석은 석축이 돋보이도록 얇고 가볍게 사용하거나, 돌을 모양내어 내쌓는 경우가 일반적이다. 갑석의 처리는 석축 디자인에서 중요한 요소가 된다. 장대석 기단에서는 주요 정전 건물을 제외하면 특별히 구분하지 않지만, 가구식 기단에서는 갑석이 중요한 디자인 요소로 취급된다. 성곽 같은 큰 구조물에서는 미석楣石(눈썹돌: 성벽 위쪽에 설치되어 빗물이 성벽을 타고 흐르지 않고 바로 떨어지게끔 처마 구실을 하는 눈썹 모양의 돌)을 설치하는 예가 많은데, 이런 미석도 석축에서 일종의 갑석 구실을 한다.

2 측압에 대한 대비

석축은 일부러 무너뜨리지 않는 한 무너지지 않아야 한다. 하지만 장마철 같은 때 종종 무너지곤 한다. 석축은 왜 무너질까? 석축 내부에서는 어떤 변화가 있었을까?

수분이 들어가면 흙은 물과 비슷한 성질을 갖는다. 물은 높은 곳에서 낮은 곳으로 흐르는데, 그 길을 막으면 낮은 곳으로 가려는 물의 성질이 옆으로 미는 압력 즉 측압으로 작용한다. 석축을 무너지게 하는 주된 원인이 바로 이 측압이다.

기초가 약해서 석축이 무너지기도 하지만, 무너진 성곽을 조사해보

무너진 성곽의 유구 조사 아산 신창 학성산성

면 지대석렬石列이 가지런한 것을 확인할 수 있다. 즉 기초가 침하하면서 석축이 무너지는 예는 별로 없다는 뜻이다. 측압은 매우 중요한 개념이어서 땅을 파 흙막이 공사를 하거나 거푸집에 콘크리트를 타설할 때도 신중하게 검토해야 한다.

　　석축을 무너지지 않게 하는 특별한 비법은 없다. 힘에 대한 기본 상식만으로도 충분하다. 측압을 줄이거나 측압에 견딜 수 있게 석축을 만들면 되는 것이다. 그렇다면 측압을 줄이거나 측압에 견디게 하는 방법에는 어떤 것들이 있을까?

| 뒤채움– 측압을 줄이는 법

높은 곳에서 낮은 곳으로 흐르려는 물은 애써 막기보다는 '자연스럽게' 흘려보내는 것이 좋다. 석축에서도 물의 흐름을 막으면 큰 압력으로 작용하기 때문에 물을 흘려보내는 것이 좋다. 석축에서 면석을 흐트러트리지 않으면서 측압을 받지 않도록 물을 흘려보내는 장치가 바로 '뒤채움'이다.

　　뒤채움돌은 면석과 서로 물려서 쌓는 것이 좋고, 횡으로 차곡차곡 쌓아 안정되게 해야 한다. 얼마나 많이 뒤채움을 해야 할지, 뒤채움돌을 어떻게 놓아야 할지를 정확하게 제시한 자료는 부족한 실정이다. 뒤채움이 잘되면, 면석이 무너져도 뒤채움돌은 튼튼하게 잘 서 있는 경우도 있다.

뒤채움돌 아산 신창 학성산성

심석 감은사지·불국사

심석 – 측압을 견디게 하는 법

뒤채움이 측압을 줄이는 장치라면, 심석은 측압에 저항하는 장치다. 이 역시 특별한 원리는 없다. 위 사진처럼 '돌 뿌리'가 깊은 것(돌의 뿌리가 긴 것)들을 설치하면 된다.

요즘 많이 시공되는 보강토옹벽補强土擁壁 공법(옹벽 뒤쪽에 흙을 쌓을 때 흙 사이사이에 그물망 따위를 넣어 옹벽이 무너지지 않게 지탱하도록 만드는 공법)을 보면 전통적인 석축과 구조적 개념은 같다는 것을 알 수 있다. 특히 '그리드'와 같은 장치들은 석축에서 측압에 견디는 심석의 구실을 하면서도 상대적으로 시공비가 저렴하다. 문화재 보수가 아닌 공사에서 높은 석축을 설치할 때 보강토옹벽의 그리드 같은 자재들은 검토해볼 만하다. 심석은 물리적으로 측압에 견디는 장치이기는 하지만, 디자인의 기능성도 있다. 불국사 석축을 보고 있으면 심석이 지닌 무한한 디자인의 가능성을 엿볼 수 있다. 그런데 요즘 지어지는 구조물을 보면 심석을 디자인의 요소로 충분히 활용하지 못하는 것 같다. 석축을 계획하면서 심석의 디자인 또한 깊이 고려할 필요가 있다.

3 석축의 모서리 처리

석축은 토사가 흘러내리지 않게끔 막아주는 구실을 하는 구조물이다. 이러한 석축은 측압을 받는데, 특히 모서리에 가장 큰 압력을 받는다. 때문에 석축의 모서리에는 면석에 비해 측압에 견딜 수 있는 조치를 취해야 한다. 하지만 모서리 부분에서 뿌리가 긴 심석을 사용하면 90도로 면하는 다른 면의 돌과 간섭이 된다. 따라서 모서리에는 모양이 90도로 잡힌 특별히 큰 돌을 골라서 사용한다. 공사현장에서는 일본어 계열의 속어로 '가도かど 돌'이라는 말을 쓰기도 하는데, 우리말로 순화하면 '모서리돌'이다. 모서리돌은 한 번씩 번갈아가며 서로 맞물리게 하는 것이 좋다.

모서리 처리 수원 화성 성곽·해미읍성 성곽

01 'ㄱ'자 모서리 처리 불국사
02·03 **모서리돌** 창덕궁 인정전 회랑 회첨 부분·동구릉

| 'ㄱ'자 모서리돌

가공한 화강석으로 석축을 쌓는 경우에도 모서리돌을 크게 하는 원칙에는 변함이 없다. 모서리에는 좀더 크고 묵직한 돌을 써야 한다. 하지만 정교하게 가공된 기단에서 모서리에만 큰 돌을 놓을 수는 없다. 큰 돌을 쓰면서도 무거워 보이지 않고, 디자인상에서도 일관되어 보이는 독특한 방법이 수천 년간 사용되어왔다. 바로 모서리를 'ㄱ'자 모양으로 만드는 방법이다.

이러한 'ㄱ'자 형태의 모서리 처리는 고구려 장군총에서부터 근래에 이르기까지 일관되게 사용되었다. 어디를 가나 석조구조물의 모서리에는 'ㄱ'자 모양으로 생긴 돌이 설치되어 있다. 처마가 'ㄱ'자로 꺾이는 회첨會檐 부분에서 거꾸로 된 모서리돌을 종종 볼 수 있는데(사진 2), 이는 가공은 어려운 반면에 구조적으로 특별한 의미는 없어 보인다.

모서리돌의 속 모양

모서리돌 겉으로 보기에 'ㄱ'자일 뿐 속까지 완전히 파낼 필요는 없다.

모서리돌의 속 모양

모서리돌이 'ㄱ'자처럼 생겼다고 하면, 돌을 파내거나 깎아서 완전히 'ㄱ'자로 만든 것이라고 생각하기 쉽다. 국립경주박물관 마당에서는 모양이 제각각인 모서리돌을 볼 수 있는데, 완전히 'ㄱ'자인 것도 있지만 대부분은 그렇지 않다. 'ㄱ'자 모서리돌은 겉보기에만 'ㄱ'자일 뿐이고 실상은 그냥 큼직한 돌이다. 강회다짐을 하든 전塼을 깔든, 보통은 마감할 수 있는 깊이까지만 가공한다. 'ㄱ'자 모서리돌을 쓰는 근본적인 이유는 석축 모서리에 크고 무거운 돌을 쓰기 위해서일 뿐이다. 그런 만큼 보이지 않는 속까지 'ㄱ'자일 필요는 없는 것이다.

재료에 대한 경험

우리가 전통건축에서 신경 써서 배워야 할 것 중 하나는 오랜 세월 실험되고 축적된 '재료에 대한 경험'이다. 선배 엔지니어들이 석축을 하면서 일반적으로 'ㄱ'자 모양의 모서리돌을 사용했다고는 하지만 예외도 있다. 우리가 앞선 사람들에게서 배울 수 있는 것은 반드시 잘된 사례를 통해서만이 아니다. 잘못된 사례를 보고 타산지석으로 삼을 수도 있다.

01 **모서리 처리** 연귀로 처리했지만 뾰족한 끝부분이 깨져버렸다. 서산 김기현가옥 사랑채 기단. 02·03 **연귀 형태의 모서리 처리** 서산 김기현가옥 04 **화강석 모서리 처리** 현명한 모서리 처리가 돋보인다. 국립부여박물관.

1~3번 사진들은 서산 김기현가옥에서 볼 수 있는 기단의 모서리 처리다. 김기현가옥은 사랑채에 차양이 설치되어 있는데, 이런 시설은 다른 곳에서는 좀처럼 볼 수 없기 때문에 더욱 유명한 사례이기도 하다. 어떤 이유에서인지 이 집의 기단은 모서리를 'ㄱ'자로 처리하지 않고 두 부재의 끝을 비스듬히 잘라 맞추는 연귀로 만들었다. 아마 더 보기 좋아서 그렇게 처리한 것 같은데, 지금은 모서리의 뾰족한 부분이 다 깨져 있다. 석재는 압축력에는 강하지만 인장력과 충격에는 약하다. 특히 날카롭게 돌출된 예각은 대단히 약해서 이런 식으로 처리하면 석재가 오래가지 못한다. 요즘에는 석조물의 모서리를 연귀로 처리하는 예가 많아서, 수천 년 이어져온 'ㄱ'자 모서리 처리 방식이 사라지는 것 같아 안타깝다.

4 석재의 가공과정

전통적인 석재 가공법은, 돌을 석산에서 채석한 뒤 할석하고, 크게 튀어나온 부분을 쇠메로 정리하는 혹두기, 전체적인 모양을 정chisel으로 정리하는 정다듬, 도드락망치로 으깨는 도드락다듬, 날망치로 잘게 찍어 곱게 다듬는 잔다듬, 석재의 거친 면을 매끄럽게 연마하는 물갈기의 과정을 거친다.

채석 → 할석 → 혹두기 → 정다듬 → 도드락다듬 → 잔다듬 → 물갈기

▎채석과 할석

채석採石은 석산에서 돌을 떼내는 작업이고, 할석割石은 크기에 맞게 돌을 분할하는 작업이다. 예전에는 정으로 구멍을 파고 거기에 잘 말린 밤나무 가지를 끼워 넣었다고 한다. 잘 말린 나뭇가지에 물을 부으면 목재가 불어나면서 돌이 쪼개진다. 예전에는 채석하고 할석할 때 이런 방법을 사용했다고 하는데 오늘날에는 찾아보기 어렵다. 하지만 답사를 다니다 보면 채석과 할석의 흔적을 만나볼 수 있다.

요즘은 장비가 워낙 좋아져서 채석하고 할석하는 모든 공정이 쉽고 빨라졌지만, 그 과정에서 돌의 결이 무시당하는 등의 문제도 생겼다. 돌이 가진 결을 고려하지 않고 다루면, 몇 년 지나지 않아 돌이 원래 가지고

01 공장 할석 커다란 돌톱을 이용해 필요한 크기로 잘라낸다. 제일석재. 02 할석하다가 중단된 돌 청계천 광통교.
03 할석 후 정으로 구멍을 팠던 흔적 얼핏 포클레인 이빨 자국처럼 보이기도 한다. 해미읍성 진남문.
04 현장 할석 요즘은 기계톱으로 자르는 것이 일반적이지만, 현장에서 기계 없이 할석하는 경우에는 예전과 마찬가지다. 석재의 결을 파악하고, 쐐기구멍을 판 후 '야'를 박아서 할석한다.

있던 결을 따라 금이 가는 예가 많다. 물론 요즘도 석공들 대부분이 돌의 결을 따져가며 작업을 하고 있다. 현장에서 직접 돌을 할석하는 일은 거의 없지만, 필요할 경우 8인치 돌톱으로 5cm 정도를 켜고 그 틈에 조그마한 철편을 박아 두드려서 하기도 하고, 그마저도 여의치 않으면 정으로 쐐기구멍을 파고 그 구멍에 '야'를 박아서 할석한다.

| 혹두기

혹두기는 쇠메로 치거나 손잡이가 달린 털이개로 거칠게 가공하는 작업이다. 현장에서는 흔히 일본어를 사용해서 쇠메를 '겐노'玄翁, 털이개를

01 쇠메치기 02 털이개 가공
03 보이는 부분과 보이지 않는 부분의 가공 차이
국립공주박물관 마당에 전시된 석탑의 일부로
그 차이가 확연하다.

'고야'(こやすけ, 고야스케)라고 부른다.

석재는 예각으로 뾰족하게 튀어나온 부분을 쇠메로 치면 잘 떨어지지만, 마모되어 둔각이 되면 아무리 쳐도 끄떡 않는다. 이때부터는 정으로 조금씩 떼어내야 한다. 실제로 혹두기 작업은 정다듬에 비한다면 아주 짧은 시간에 진행된다.

석재의 마감이 정다듬, 도드락다듬, 잔다듬으로 되어 있다 해도 보이지 않는 곳까지 아주 세밀하고 정교한 가공을 하지는 않는다. 보이지 않는 부분은 혹두기 과정에서 모두 정리하고 이후의 작업에서는 더 이상 가공하지 않는다.

정다듬

비교적 짧은 혹두기 과정을 거치고 나면 정으로 정확한 면을 잡는 작업

을 하는데 이 과정을 정다듬이
라 한다. 석재 가공의 대부분
은 지루하고 인내심이 필요한
이 정다듬 과정이다.

　정다듬에는 거친다듬, 중
다듬, 고운다듬이 있다. 거친
다듬은 6cm, 중다듬은 4.5cm,

정다듬

고운다듬은 3cm 간격으로 다듬게 되어 있는데, 실제로 이런 구분은 조금
모호하다.

도드락다듬과 잔다듬

정다듬을 하고 난 면에는 정 자국이 오돌토돌하게 나 있다. 그 면을 도드
락망치로 두드려서 잔잔한 면으로 만드는 작업을 도드락다듬이라 한다.
도드락망치는 고기 다지는 망치처럼 생겼다.

　건축공사표준시방서나 문화재수리표준시방서에는 도드락다듬을
25눈, 64눈, 100눈으로 구분한다. 일정한 크기의 도드락망치 면에 각각
25개(5×5), 64개(8×8), 100개(10×10)의 돌기가 튀어나온 것이다. 그러나 도
드락망치의 크기는 어느 시방서에도 규정되어 있지 않다. 석재 가공에
관한 자료를 뒤져봐도 도드락망치의 크기에 대한 언급은 별로 없다. 일
정한 크기를 기준으로 했을 때에야 25눈, 64눈, 100눈이 의미가 있는데,
석재가공 자료 중에서 도드락망치의 크기에 대한 것은 "도드락망치 날
은 5cm 각 정도가 표준이다. 이보다 큰 것도 있고 작은 것도 있다"(장기인,
『석조: 한국건축대계 7』, 보성각, 1997, 30쪽) 정도다. 그러나 여기에도 도드락망치의
크기에 관한 정확한 규정은 나와 있지 않다. 결국 25눈, 64눈, 100눈의 구

01·02 **도드락망치** 요즘은 도드락 날을 에어공구에 연결해서 쓴다. 03·04 **도드락다듬과 잔다듬의 결과** 화성 장안문 석루조(돌물받이)와 운현궁 초석

분은 그다지 의미가 없다. 실제 현장에서도 25눈 도드락마감과 100눈 도드락마감 정도가 특별히 구분되진 않는다. 실무와는 동떨어진 이런 의미 없는 수치보다는 시방서를 작성할 때 좀더 현장감 있는 정리가 필요하다.

잔다듬은 도드락다듬한 면을 날망치로 잘게 다듬는 작업이다. 책에는 "100mm에 15줄(7mm), 20줄(5mm), 30줄(3.3mm), 40줄(2.5mm)이 나오도록 다듬고, 1~5회 정도 서로 직교하는 빗방향으로 다듬는 것"(장기인, 위의 책, 31쪽)이라고 되어 있는데, 이 역시 조금 모호한 설명이다. 그냥 의미상으로 도드락다듬보다 좀더 고운 다듬 정도로 이해해도 좋을 듯하다.

물갈기

잔다듬한 면을 물주기를 하면서 숫돌에 갈아 광택을 내는 것을 물갈기라 한다. 요즘은 물갈기에 쓰는 전동공구가 크기별로 다양하다.

마감으로서의 석재 가공과정

요즘은 석재를 가공할 때 할석, 혹두기, 정다듬, 도드락다듬 같은 과정을 거치지 않는다. 채석된 돌은 석재가공 공장에서 커다란 돌톱으로 필요한 크기만큼 자른다. 일반적으로 많이 사용되는 마감은 물갈기, 버너 마감_(flame finish. 석재 표면을 고열 화염 처리한 마감. 광이 없고 미끄럽지 않아 외벽 마감이나 미끄럼 방지용으로 사용됨), 도드락다듬 정도다. 석재가공의 대부분을 기계로 하는 요즘에 정다듬과 같이 어중간하게 사람 손이 가야 하는 마감은 '비싸고 어려운 마감'이다.

'채석→할석→혹두기→정다듬→도드락다듬→잔다듬→물갈기'가 '과거의 기술'이라 지금은 필요 없어진 개념들처럼 보여도 잘 알고 있어야 한다. 왜냐하면 이제는 이런 과정이 순수하게 가공과정을 설명하는 것이 아니라 마감의 종류로 통용되기 때문이다. 거친정다듬, 도드락다듬, 잔다듬, 물갈기 같은 마감방식은 아직도 문화재 현장뿐만 아니라 현대건축에서도 석재 표면의 마감방식을 설명하는 용어로 두루 쓰이고 있다.

Special Box

산지별 화강석

화강석은 산지에 따라 색상이나 알갱이 크기 등이 조금씩 다르다. 그래서 화강석은 일반적으로 산지의 이름을 붙여서 부른다. 익산 황등 지역에서 생산되는 '황등석', 포천 지역에서 생산되는 '포천석', 문경 지역에서 생산되는 '문경석' 등이 대표적이다. 황등석은 밝은 회색에 결정이 고운 편이다. 포천석은 결정이 크며 약간 미색이 돌고, 문경석은 분홍색을 띤다. 화강석은 산지별로 특징이 조금씩 다르기 때문에 설계자는 설계의도에 따라 한 가지를 선택하거나 혹은 몇 가지를 조합해서 다양한 패턴를 만들어내기도 한다.

도면과 시방서에는 화강석의 산지가 명기된다. 예전에는 유명한 화강석 산지였지만 지금은 화강석을 채석하지 않는 곳도 있다. 그래서 도면에 산지가 명기되어 있다고 해서 오로지 그 돌을 써야 한다고 생각하면 실제 작업과정에서 곤란한 상황이 벌어지기도 한다. 무조건 도면에 적혀 있는 산지에서 생산된 화강석을 구하려고 애쓰기보다는 건축가가 그 돌을 선택한 의도를 이해할 필요가 있다.

한옥의 초석과 기단용 석재로는 포천석을 많이 사용한다. 색상이 한옥에 어울리고 자연스러운 장점도 있지만, 포천석을 사용하는 데는 더 중요한 이유가 있다. 집은 세월이 흐르면서 나이를 먹는다. 목재도 나이를 먹고, 기와도 나이를 먹고,

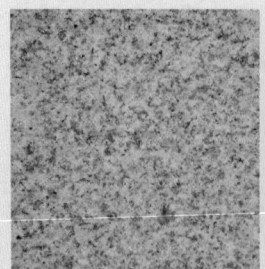
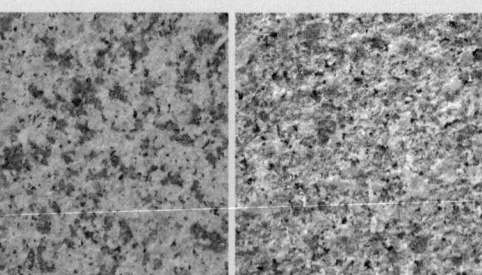

황등석   포천석   문경석

산지별 화강석 색깔과 결정의 차이

석재도 나이를 먹는다. 이런 각각의 재료들은 내구성에 따라 변하는 속도가 다 다르다. 특히 석재는 목재에 비해 나이를 더디 먹는다. 집 전체가 나이를 먹는 속도에 맞추어 석재도 같이 나이를 먹는다면 시각적으로 집이 균형도 맞고 이상적일 것이다. 포천석은 이러한 요구에 가장 가까운 돌이다.

일반적으로 질이 좋은 석재와 질이 나쁜 석재로 나누어 생각하기도 하지만, 좋은 돌의 조건은 사용 목적과 상관없이 절대적인 것은 아니다. 쓰임새에 가장 적합한 것이 곧 좋은 돌이다. 만약 비석과 같이 오래 보존되어야 하는 석조물이라면, 포천석은 황등석이나 상주석에 비해 좋지 못한 돌이라 할 수 있다. 하지만 한옥에는 포천석이 좋은 돌이다. 만약 포천석보다 더 빨리 다른 부재와 비슷한 속도로 나이를 먹는 석재가 있다면 그것을 사용해도 무방하다. 중요한 것은 '추구하는 목적'이다.

▪ 목공사

제**6**부
한 옥 목 재 의 이 해

한옥은 목재를 주재료로 사용해 짓는다. 그런데 이러한 목공사를 이야기하기 전에 알아두어야 할 사항이 많다. 우선 전통적으로 사용된 도량형의 단위계를 알아야 한다. 길이를 나타내는 척尺, 무게를 나타내는 근斤 또는 관貫을 기본으로 하는 척근(관)법(尺斤(貫)法)이다. 길이를 나타내는 자·치·푼뿐만 아니라 면적을 나타내는 평坪, 목재의 부피를 나타내는 재적材積 같은 단위도 알아야 한다. 집을 짓는 모든 작업에서 단위에 대한 이해는 기본적이고 또 절대적이기 때문이다. 나무를 주문하고 가격을 흥정하기 위해서는 목재를 분류하는 방법과 왜 그런 분류를 하는지에 대한 이해도 있어야 한다.

이외에도 목공사를 하기 위해서는 한옥에 사용되는 목재와 그 특징에 대한 지식이 필요하다. 목재의 건조와 방부, 치목 용어, 목재를 사용하는 일반적인 원칙, 도면에 표기된 치수의 의미 등 알아야 할 내용은 매우 광범위하다. 목공사에 관한 본격적인 이야기에 들어가기 전에 목재에 관한 내용들을 정리해보자.

1 전통적인 도량형

척근법尺斤法, 척관법尺貫法은 전통적인 도량형 단위계다. 옛날에는 길이의 단위로는 척尺(자), 무게의 단위로는 근斤, 양의 단위로는 승升(되)을 기본 단위 명칭으로 사용했다.

척(자)

척관법에서 길이를 나타내는 '尺'은 손을 펼쳐 물건을 재는 형상을 본뜬 상형문자다. 대체로 길이의 단위는 사람의 신체를 기준으로 해서 생겨났다. 사람 키에 해당하는 '한 길', 사람이 팔을 벌린 길이에 해당하는 '한 발' 등은 요즘도 개념적으로 사용하고 있다. 서양의 피트feet(30.48cm)도 사람의 발 크기에 해당하는 단위니, 척도가 사람의 신체를 기준으로 삼기는 동서양이 마찬가지다.

'척'의 경우, 실제로 한 뼘을 재보면 20cm 정도 된다. 주척周尺이 이와 비슷한 길이다. 주척은 중국 고대 주周 시대부터 사용된 척도로 동양에서 가장 전통적이고 그래서 척도의 기본이 된 단위다. 주척과 함께 다른 척도도 쓰였는데, 포백(베와 비단)을 재는 포백척布帛尺, 농지를 재는 양전척量田尺, 음계의 기본음을 산출하는 황종척黃鐘尺, 집 짓는 데 사용된 영조척營造尺 등이다.

영조척에 대해 좀더 알아보자. 영조척은 글자 그대로 집 짓는(營造)

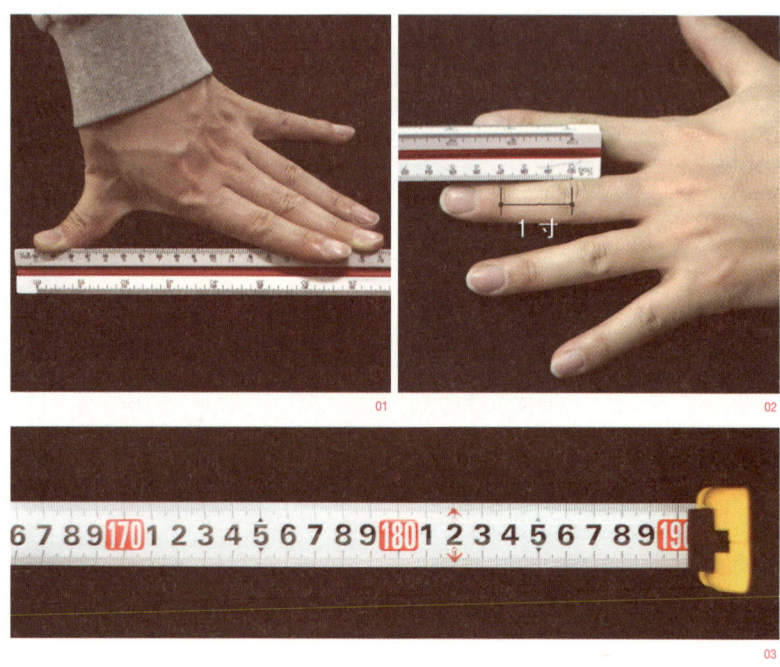

01 1척 '尺'이란 글자는 사람이 손을 펼쳐서 물건을 재는 형상이라고 한다. 02 1촌寸(치) 성인 손가락 한 마디 길이다.
03 6자=1.818m, 182cm 근처에 표시된 빨간색 표시 미터법으로 표시된 자에도 자(척) 단위를 표시해둔 것을 볼 수 있다.

데 사용하는 자다. 보통 30cm 내외인데 시대에 따라 조금씩 다르고(당척 29.08cm, 고(구)려척 35.6328cm, 고려시대 영조척 30.785cm~31.072cm, 조선시대 영조척 31cm. 윤홍로, 『전통건축의 수리와 정비』, 한국문화재보호재단, 2006, 15쪽 참조), 같은 시대에도 기준이 불분명했던 것으로 보인다. 도량형을 정비할 필요가 있었기에, 대한제국 시절인 1902년에는 도량형을 관장하는 관청인 평식원平式院을 세우고, 1905년에는 '대한제국 법률 제1호'로 도량형 규칙을 제정 공포했다. 이때부터 1자는 1미터를 3.3으로 나눈 길이로 통일되었다. 요즘 목수들이 사용하는 곡척曲尺(곱자)을 보면 1치에 '1/33m'라 표시된 것을 확인할 수 있다. 이는, 1치가 1미터를 33으로 나눈 길이라는 뜻이다. 일반적으로 요즘 사용하는 1자의 길이는 30.3cm로 알려져 있지만, 더 정확하게 말하면 30.303030303…cm다.

　단위는 관습이다. 어떤 사람의 허리둘레가 24인치라고 하면 날씬한 사람이라는 생각이 드는 데는 1초도 걸리지 않는다. 그런데 24인치를 센티미터로 환산해 60.96cm라고 하면 한참 생각해야 한다. 61cm라는 길이가 얼마나 되는지 몰라서가 아니라, 허리둘레를 인치가 아닌 센티미터로 표기하는 경우는 별로 없기 때문이다. 자에 익숙하지 않은 사람에게 허리가 2자쯤 된다고 하면 더욱 헷갈릴 것이다. 마찬가지로, 한옥 일을 처음 배우는 사람에게는 '자'라는 단위에 대한 감이 없다. 어느 정도 익숙해지고 나서야 '자'를 미터법으로 환산하지 않아도 그 자체만으로도 얼마만 한 길이인지에 대한 감이 올 것이다. 그리고 그 정도는 되어야 목수들과도 자연스럽게 소통할 수 있다.

평

평坪은 넓이를 표시하는 단위다. 1평은 사방이 6자인 정사각형의 넓이다. 6자는 미터법으로 환산하면 0.303×6=1.818m. 한 변이 6자인 정사각형의 면적을 계산하면, 1.818×1.818=3.305124m²다. 1평은 간단하게 3.3m²로 계산한다.

재

목재는 덩어리(부피)로 거래되며 재才라는 단위를 사용한다. 목재 1재는 '가로세로가 모두 1치이고 길이가 12자'인 목재의 부피를 말한다. '재'는 목재 거래의 기본 단위다. 일반적으로 현장에서는 1재를 '1사이'라고 부르는데, 이는 관행적으로 써온 일본어(さい, 才)로, '재'로 순화하는 게

바람직하다. 목재 거래뿐만 아니라 목공사를 진행할 때에는 대목들과 '재적材積당 치목비·조립비 얼마' 하는 식으로 계약이 이루어지기 때문에, '재'는 목공사 전반에서 매우 중요한 단위라 할 수 있다. 요즘은 목재의 재적도 미터법으로 표기하는 일이 많아져서, 1재가 얼마만 한 부피인지 계산할 필요가 있다.

$$1재 = 1치(0.0303) \times 1치(0.0303) \times 12자(12 \times 0.303) = 0.003338 m^3$$

1재는 미터법으로 계산했을 때 0.003338m^3인데 그 부피가 어느 정도인지 곧바로 파악하기가 힘들다. 그렇다면 거꾸로 1세제곱미터(m^3)는 몇 재인지 계산해보자.

$$1m^3 \div 0.003338m^3 = 299.58재 ≒ 300재$$

목재 1m^3는 299.58재(약 300재)가 된다. 1m^3가 약 300재라는 사실을 기억해두면 현장에서 유용하게 써먹을 수 있다. 재적을 계산할 때는 단면을 '치'(寸)로, 길이를 '자'(尺)로 계산하는 만큼 단위가 바뀌는 것에 주의해야 한다.

$$목재의 재적 = 가로(寸, 너비) \times 세로(寸, 춤) \times \frac{목재의 길이(尺)}{12}$$

$$= 가로(分, 너비) \times 세로(分, 춤) \times \frac{목재의 길이(尺)}{1,200}$$

원목原木은 둥글고 우둘투둘해서 정확한 재적을 구하기가 쉽지 않다. 현장에서도 두루뭉술하게 계산한다. 원목은 굵은 나무 밑동(밑동부리, 원구元口)과 가는 끝머리(끝동부리, 말구末口: 자른 통나무 위쪽 끄트머리 부분. 원목이 벌목 전 상태일 때 하늘을 향했던 끝의 부분을 말한다. 설계도면에서는 서까래 같은 부재의 치수를 설명하면서 '말구'와 '마구리'를 분명하게 구분하지 않는 경향이 많은데, 마구리는 길쭉한 부재의 양쪽 머리를 칭하는 것으로 구분할 필요가 있다)가 있다. 나무는 밑동이 굵고 말구는 가늘다. 원목의 재적은 말구 지름을 기준으로 계산한다. 밑동과 말구의 지름 차이만큼의 부피가, 밑동 쪽에서 깎아낸 죽데기(통나무의 표면에서 잘라낸 널조각. 주로 땔감으로 쓴다)의 부피와 비슷하다고 상정하는 것이다. 이런 계산방식은 현장에서 합의된 일종의 약속이라 할 수 있다.

2 목재의 분류

목재는 제재한 정도와 모양에 따라 원목原木과 제재목製材木(각재·판재)으로 분류한다. 목재는 클수록 귀하고 고가인데 그 정도에 따라 일반재·특수재·특대재特大材로 나눌 수 있다. 한옥을 지을 때는 부재의 쓰임과 치목의 난이도에 따라 축부재軸部材·포부재包部材·평연재平椽材·선연재扇椽材로 나눈다. 독특한 재료적 특징으로 인해 거래 시에는 정척물定尺物·난척물亂尺物·장척물長尺物로 구분하기도 한다. 이러한 분류에는 그에 따른 이유가 있기 때문에 각각을 알아둘 필요가 있다.

| 제재에 따른 분류

재종材種은 "목재 이용상 수종樹種·형량形量·품등品等"에 의하여 구분한 목재의 종류다. 목재는 원목과 제재로 구분하고, 원목은 다시 크게 통나무·조각재粗角材로 구분한다. 제재목은 판재류板材類·각재류角材類로 구분하고, 판재는 소폭판재小幅板材·판재·후판재厚板材로, 각재류는 소각재(小角材, 정소각재正小角材·평소각재平小角材)·각재(정각재·평각재)로 구분한다"라고 설명되어 있다.

    이 설명은 가장 일반적으로 사용되는 방법이지만, 오래되어서 현실감이 떨어지는 부분도 있다. 요즘은 조각재를 거의 찾아볼 수 없다. 인건비가 싸고 운반장비가 귀한 시절에는 산판 현장이나, 벌채목 또는 원목을 임시 저장하는 중토장에서 도끼나 자귀로 원목을 각목 형태로 거칠게 다듬는 작업을 했다. 그러면 목재의 부피와 무게를 줄일 수 있고 트럭에 목재를 싣기도 용이했다. 하지만 요즘은 인건비가 비싸고 운반장비가 발달해서 산판 현장에서 이런 조각재를 만들지 않는다. 게다가 이 분류는 한옥을 짓는 데 필요한 목재를 주문하고 거래하는 데도 적합하지 않다. 오늘날 한옥을 짓는 데 필요한 목재는 크게 원목과 제재목으로 구분하고, 다시 제재목은 양변만 제재한 것, 일반적인 각재, 원형 부재를 만들기 쉽도록 8각이나 16각으로 제재한 것으로 구분한다.

• **원목**

원목은 제재목과 대조를 이루는 개념으로, '가공하지 않은 나무'를 말한다. 반면 원목圓木은 둥근 나무를 이르며 네모난 나무(각목角木)와 대조를 이룬다. 기둥이나 도리, 예전 골목에 서 있던 나무전봇대처럼 둥글게 가공된 나무다. 이처럼 원목原木과 원목圓木은 전혀 다른 개념이다. 실제로 한옥을 지으면서 원목原木 상태로 구입하는 목재는 서까래용 하나뿐이다. 기둥이나 추녀, 보로 쓸 목재가 제재소에서 아무 가공 없이 원목 상태로 반입되기도 하지만, 그리 흔한 일은 아니다.

문화재공사 공사내역서와 목재수량산출서에는 원기둥과 둥글게 만든 굴도리 같은 부재가 '원목'으로 분류되어 있다. 그런데 여기서 말하는 원목이 '原木'인지 '圓木'인지는 분명하지 않다. 목재 단가가 매우 싸게 적용된 것으로 보아 '原木'이라 짐작할 뿐이다. 도리와 기둥감으로 둥글게 치목된 원목圓木을 원목原木으로 잘못 분류하는 것은 단순한 오류 같지만, 실제 현장에서 공사내역서에 반영된 목재의 가격과 차이가 나면 시공과정에서 문제가 발생할 수 있다.

'양면치기'는 추녀감이나 보감으로 쓸 목재를 주문할 때, 필요한 만

01 **원목原木** 토담목재 목재창고
02 **양면치기**
현장에서는 양볼떼기, 양볼 등으로 통한다.(ⓒ이대근)
03 **8각으로 제재된 부재의 치목**(ⓒ이광복)

큰 휘어진 원목原木을 양면만 켜서 보내달라고 할 때 사용하는 일종의 비공식 용어다. 목재물목을 작성할 때 비고란에 '양면치기'라고 써 보내면 된다. 이렇게 하지 않으면 제재소에서는 주문자가 뭘 원하는지 알 수가 없기 때문에 임의로 각재 처리를 해서 보낸다.

한옥을 지을 때는 휜 부재를 많이 사용한다. 어느 정도 휘어진 부재를 쓰면 자연스러운 한옥의 맛을 살릴 수 있고 구조적인 관점에서도 목재를 가장 효율적으로 사용할 수 있다. 휜 목재를 양면만 쳐서 보내게끔 제재소에 주문하는 것은 한옥 짓는 사람들에게 매우 중요한 일이다.

• 제재목

한옥시공에서 사용되는 제재목은 대부분 각재角材다. 각재는 단면의 크기와 길이별로 정리해서 목재물목을 작성한 뒤 주문한다. 제재의 관점에서는 톱이 좌우상하 네 번 지나간 부재를 말한다. 제재과정에서 톱이 네

번 지나가는 것으로는 또한 판재가 있다. 판재板材는 보통 판판하고 얇은 목재를 말하지만 이러한 설명은 분명하지 않다.

판재板材는 두께와 폭의 비례가 1:4(『문화재수리표준시방서』에는 1:3) 이상인 각재를 특별히 일컫는 명칭이다. 하지만 두께가 75mm 이상인 것은 두께와 폭의 비례에 상관없이 모두 각재다. 어찌 보면 상당히 도식적인 분류다.

판재는 비쌀 뿐만 아니라 옹이나 축 방향으로의 갈라짐 때문에 쉽게 손상되는 재료다. 때문에 판재는 재료 할증을 10%로 계산하고, 그 외의 각재는 5%로 계산한다. 설계도서에서는 각재와 판재를 구분하지만 실제로 목재를 주문할 때에는 둘을 구분할 필요가 없다.

8각 제재목은 기둥이나 도리처럼 둥글게 가공할 목재를 주문할 때에 한옥 짓는 사람들끼리 쓰는 비공식 용어다. 제재소에 보내는 주문서의 비고란에 '원주, 굴도리'라 적고 '8각'이라고 쓰면 된다. 제재소에 따라 8각이나 16각으로 제재해서 보내준다.

원목原木이 제재소에서 전혀 손을 안 댄 목재라면, 양면치기(양볼떼기)는 목재 좌우로 톱이 두 번 지나간 것, 각목은 좌우상하 네 번 지나간 것, 8각 제재목은 여덟 번 지나간 것, 16각 제재목은 열여섯 번 지나간 것이다. 8각 제재목, 16각 제재목은 제재가 복잡하기 때문에 그만큼 비싸다. 앞서도 얘기했듯이, 이런 목재가 설계도서에서는 원목原木으로 분류되고, 아주 싼 단가가 적용되는 것은 이해할 수 없는 일이다.

규격에 따른 분류

목재는 크기(단면 넓이와 길이)에 따라 일반재·특수재·특대재로 나눈다. 목재는 자연산 재료로서 부재 단면이 클수록 귀하다. 부재 단면이 크다는 것은 나무가 나이를 많이 먹었다는 뜻이다. 수종에 따라 빨리 자라는 나무가 있지만 여기서는 국내산 육송을 말한다.

　단면이 클수록 비싼 것과 마찬가지로 목재는 길이가 길수록 비싸진다. 목재가 길면 운반과 보관이 어렵기 때문이다. 목재를 크기에 따라 일반재·특수재·특대재로 분류하는 것은 가격 때문이다. 설계서의 원가계산서를 작성할 때, 일반재·특수재·특대재의 순서에 따라 높은 단가를 적용한다.

구 분	크 기
일반재	대각 1자 미만, 길이 12자 미만
특수재	대각 1자 이상 1자 5치 미만, 길이 12자 이상 20자 미만
특대재	대각 1자 5치 이상, 길이 20자 이상

규격에 따른 목재 분류

　얼핏 보기에 단순한 내용이지만 여기에도 쉽게 지나칠 수 없는 부분이 있다. 보통, '대각'對角이란 용어를 잘못 이해한 데서 많은 실수가 발생한다. 한 변 길이가 아닌 대각선 길이라는 것은 그 목재를 얼마만 한 크

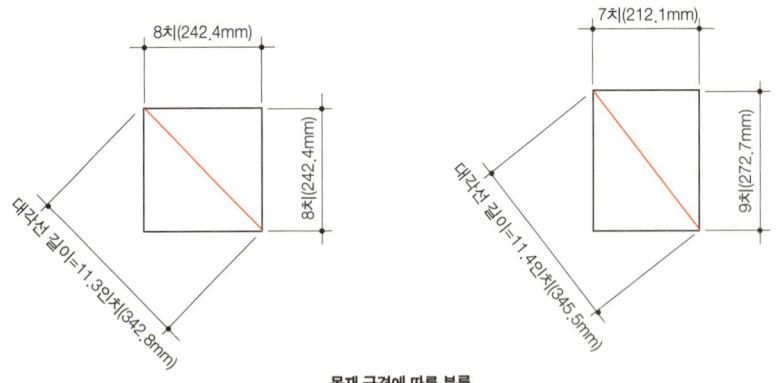

목재 규격에 따른 분류
8치 각기둥이나 7×9치인 납도리의 대각선 길이는 1자(10치)가 넘기 때문에(1자 5치 미만) 특수재로 분류한다.

기의 원목으로 제재했는지에 관련된 문제다. 일반적으로, 7치 각주角柱는 1자 원목으로 켜낸다. 그보다 더 큰 각재는 특수재다. 7치 기둥은 일반재에서 켜낼 수 있지만, 그 이상은 특수재에서 켜내야 한다는 뜻이다. 흔히 사용하는 8치 기둥이나 7×9치인 납도리(모나게 만든 도리)를 일반재로 분류하는 설계서가 많은데, 둘 다 대각의 길이가 1자가 넘기(1자 5치 미만) 때문에 특수재로 분류해야 한다. 아주 단순해 보이지만 실수가 계속 되풀이되는 부분이다.

가공의 난이도에 따른 분류

한옥에서는 각 부재의 가공방법이 모두 다 다르다. 세밀한 조각을 해야 하는 부재가 있는가 하면, 치목이 매우 간단한 부재도 있다. 가공 방법과 정도가 다르면 작업에 따르는 인건비도 달라진다. 기둥 하나를 치목하는 일과 소로小櫨(접시받침처럼 생긴 작은 한옥 부재) 180개를 만드는 일에 인건비가 같을 수는 없다. 그렇다고 각각의 부재별로 일위대가를 만들어서 적용할 수도 없다. 편의상 모든 부재를 다음과 같이 네 가지로 분류한다. 집의 축부를 이루는 부재를 축부재軸部材, 집의 공포를 이루는 부재를 포부재包部材, 평서까래(5량五梁 이상으로 지은 집의 맨 끝에 걸리는 서까래) 관련 부재를 평연재平椽材, 선자서까래 관련 부재를 선연재扇椽材라고 한다.

　이것은 말 그대로 편의상의 구별이다. 집을 이루는 부재를 네 가지로 나누다보면 어느 쪽에도 포함되지 않는 것들이 많이 발견된다. 이런 부재들은 가공의 난이도에 따라 적절하게 나누어야 한다. 『문화재수리 표준품셈 및 실무요약』(문화재관리국, 1998)을 살펴보면 아래와 같이 분류되어 있다.

분 류	해당 부재
축부재	기둥, 창방昌枋, 평방平枋, 보, 도리, 장여, 순각판楯桷板, 반자, 마루, 인방引枋, 벽선壁線 등
포부재	주두柱頭, 첨차檐遮, 촛가지, 소로, 보아지, 화반花盤, 운공雲空, 파련대공波蓮臺工, 익공翼工, 난간의 조각 부분 등
평연재	평서까래, 평고대平高臺, 부연附椽, 박공牔栱 등
선연재	선자서까래, 연함椽檻, 추녀, 사래 등

부재의 분류

표를 보면 파련대공이 왜 포부재인지, 연함이 왜 선연재인지 하는 의문이 생긴다. 물론, 파련대공은 포부재가 아니고 연함은 선연재가 아니다. 이 분류는 오직 작업의 난이도(일위대가)에 따른 것이다. 설계서에 포함되는 목공사 수량산출서를 작성할 때를 제외하면, 파련대공이나 난간의 조각을 절대 포부재로 분류하지 않는다. 이런 분류는 기본적인 부재 개념에 혼란을 일으킬 수도 있으므로, 가공과 조립에 드는 인건비를 기준으로 '가공이 복잡한 부재', '가공의 난이도가 중간 정도인 부재', '가공이 간단한 부재' 등으로 나눈다면 알기도 쉽고 혼란도 없을 것이다.

가공 난이도와 관련해서 정리하고 넘어가야 할 것이 또 하나 있다. 궁궐에 있는 전각과 시골 초가집을 짓는 데 쓰는 목재의 재적이 같다고 품이 똑같을까? 그렇지 않다. 전각이 '명품'이라면 시골 초가집은 '보급형'이다. 재료의 양이 같더라도, 초가집보다 전각을 짓는 일에 인건비가 더 많이 든다는 것은 누구나 알 수 있을 것이다.

집마다 들어가는 비용이 다르고, 집을 짓는 기법도 다르다. 수천 수만 채의 집이 모두 다르기 때문에 수많은 집을 짓고 고치는 데는 기준이 필요하다. 그런데 이렇게 기준을 세우다 보면 끝이 없을 정도라 오히려 매우 단순한 방식으로 분류하게 되었다. 일반적으로 포가 있는 집은 좀

더 엄정한 법식으로 지어지는 예가 많아서 크게 '포가 있는 집'과 '포가 없는 집' 두 가지로 분류된다. '포가 있는 집'은 '포가 없는 집'에 비해 좀 더 비싼 일위대가를 적용한다. 포가 있는 건물로는 출목 있는 익공집, 주심포집, 다포집 등이 있고, 포가 없는 건물로는 출목 없는 익공집과 그보다 단순한 구조 양식이 있다.

여기서 특이한 것은 출목出目(첨차가 기둥의 중심에서 나와 도리를 받치는 공포의 부재)이 있는 익공집부터 '포가 있는 건물'로 분류한 것인데, 그 내용을 자세히 보면 결국 출목도리가 있는 집부터 '포가 있는 건물'로 분류한 것과 다르지 않다. 이는 편의상의 구분으로, 출목이 없는 2익공집을 포가 있는 건물이라고 해도 큰 무리는 없다. 하지만 설계에서는 구별해야 한다. 적용되는 일위대가가 달라지기 때문이다.

포가 없는 집에도 포부재는 있다. 집을 포가 있는 건물과 포가 없는 기준으로 구분했다면, 그 집을 구성하는 부재들은 축부재·포부재·평연재·선연재로 구분한다. 물론 이런 분류로 인해 언어상의 모순이 생기기도 하고 혼란스러워지는 경우도 있다. 소로, 파련대공 같은 부재들은 포부재이지만, 포가 없는 집에도 있을 수 있다. 이런 부재들은 '포가 없는 집에 있는 포부재'다. 하지만 이런 논리적인 모순에 크게 신경 쓸 필요는 없어 보인다.

거래방식에 따른 분류

물건마다 그 재료의 특징과 쓰임, 관습에 따라 거래하는 방식이 다 다르다. 쌀은 한 가마(10말) 중에 9말만 팔고 1말을 남겨놨다가 다른 사람한테 팔아도 별문제가 없다. 그렇다면 목재는 어떨까?

재목상材木商은 산판에서 1.8m(6자), 2.7m(9자), 3.6m(12자)와 같이 3의

배수 단위로 원목을 사와서 목재창고에 쌓아놓는다. 그런데 어떤 사람이 2m 80cm 길이의 목재를 사고자 한다면 어떻게 해야 할까. 9자짜리는 조금 모자라고 12자짜리는 한참 남는다. 그렇다고 12자짜리를 2m 80cm 길이로 잘라서 팔면, 나머지 80cm는 쓸데가 있을까? 땔감으로 사용한다면 몰라도 건설현장에서는 토막으로 남은 나무는 아무런 쓸모가 없다. 정척, 난척은 이런 이유에서 생겨난 용어다.

목재가 6자·9자·12자 길이로 일정하게 된 것을 정척물定尺物, 12자보다 긴 것을 장척물長尺物(육송)이라 한다. 국내산 소나무(육송)는 정척으로 거래된다. 목재를 충분히 긴 상태에서 벌목하고 운반하고 보관하면 될 것 같은데, 아마도 그것이 어려운 작업인가 보다. 정척이 아닌 목재가 필요하면 3자 단위로 좀더 큰 것을 사서 잘라 써야 한다. 난척亂尺(부정척)으로 주문하면 잘라서 팔기도 하지만, 그렇게 하면 제재소에서는 목재의 재적당 단가를 조금 올려서 결국 같은 값을 받는다.

수입목은 정척으로 거래하지 않는다. 수입목은 약 40자(12m) 길이로 운반, 수입된다. 외국의 벌목현장이 대부분 평지이기 때문인지는 알 수 없지만, 애초에 큰 부재로 수입되어서 수입목에 정척물을 따지는 것은 그다지 의미가 없다. 때문에 제재소에 수입목을 주문하면 정확히 주문한 만큼을 잘라서 판다. 수입목재는 국내산 육송과 거래방식이 다른 것이다.

이 거래방식을 제재소 입장에서 생각해보자. 12m 길이의 수입목을 주문대로 2m 80cm 길이로 잘라서 팔고, 나머지 9m 20cm는 남겨놨다가 다른 사람에게 필요한 만큼 잘라서 팔면 되는 것이다. 이렇게 팔다 보면 마지막으로는 자투리 목재가 남겠지만, 국내산 육송에 비하면 재료의 손실이 훨씬 적다.

이유야 어찌 됐든, 국내산 육송은 정척으로 거래하고 수입목은 길이에 대해 비교적 자유롭게 거래되는 것이 현실이다. 정척·난척이라는 용어는 몰라도, 이런 목재 거래방식은 알고 있어야 나무를 계획의도에 맞게 주문할 수 있다.

3 한옥에 쓰이는 소나무 목재

소나무에 대한 우리 민족의 애착은 대단하다. 그래서인지 한옥을 짓는 데도 소나무가 가장 좋은 목재라는 생각이 일반적이다. 하지만 아주 옛날부터 소나무가 집 짓는 데 좋은 나무로 인식되어온 것은 아니다.

소나무가 많이 사용되는 이유

오래된 집 중에는 느티나무나 참나무가 사용된 예를 쉽게 찾아볼 수 있다. 느티나무(괴목槐木)나 참나무(진목眞木)는 소나무에 비해 강도와 내구성에서 훨씬 우수하다. 부석사 무량수전이나 수덕사 대웅전이 700년 이상 버틴 것은 느티나무나 참나무 같은 목재로 지어서인지도 모른다.

『삼국사기』 '옥사' 조에는 '5두품, 4두품 이하는 느릅나무를 써서는 안 된다'라는 규제조항이 보여 흥미롭다. 느릅나무는 무늬가 아름다우면서 단단하고 변형이 적으면서도 상대적으로 가공성이 좋아서 지금도 고급 가구재로 많이 사용된다. 그러나 가격이 만만치 않아서 건축재로는 사용하기 힘든 목재이기도 하다. 『삼국사기』를 통해, 삼국시대에 집을 고급으로 지을 때 건축재로 느릅나무를 사용했다는 것을 추측해볼 수 있다. 소나무가 최고의 한옥 재료로 떠오른 것은 대략 고려시대 말에서 조선시대 초로, 아마도 그때쯤 양질의 활엽수 계열 건축재가 거의 고갈된 것이 아닌가 생각된다. (박상진, 『역사가 새겨진 나무 이야기』, 김영사, 2004, 151쪽)

수덕사 대웅전 기둥 수종검사를 해보면 어떨지 모르겠지만 육안으로는 느티나무 기둥으로 보인다.   느티나무

소나무는 느티나무나 참나무에 비해 재질이 연하다. 치목의 관점에서 보면 가공성이 우수한 재료라 할 수 있다. 하지만 소나무가 내구성이나 구조적인 면에서도 최고라는 인식은 바로잡을 필요가 있다. 요즘은 소나무 외의 나무를 건축재로 구하기가 쉽지 않다. 어렵게 구했다 해도 가격이 만만치 않다.

위 오른쪽 사진은 느티나무를 취급하는 곳에서 찍은, 속이 꽉 찬 느티나무다. 말구가 2자 정도에 길이도 12자 이상이다. 이런 나무는 큰 집을 지을 때 기둥으로 쓰기에 맞춤하다. 그러나 한 덩어리는 대략 400만 원에서 500만 원을 호가한다. 1재당 무려 1만 원이 넘는 가격이다. 원목 상태에서 이 정도 가격이라면 제재하고 건조한 가격은 말할 것도 없다. 비싼 가격도 가격이지만, 같은 규격의 나무를 한꺼번에 수십 주 구하는 것도 쉬운 일이 아니다.

무조건 소나무를 고집할 필요는 없지만, 한옥을 짓는 데 소나무를 가장 많이 사용하는 것은 변함없는 사실이다. 한옥을 짓는 사람은 소나무와 또 그 사촌쯤 되는 나무들에 대해 상세히 알 필요가 있다. 여기서는 집을 짓는 데 쓰이는 소나무만을 몇 가지 언급하기로 한다.

소나무는 식물계-구과식물군-구과식물강-구과목-소나뭇과로 분류된다. 소나뭇과는 또다시 소나무아과·가문비나무아과·잎갈나무아과·전나무아과로 나뉜다. 이 중 소나무아과 나무로는 소나무·곰솔·잣나무·백송 등이 있다.

소나무 목재의 종류

• 소나무

우리에게 친숙한 소나무는 한자어로 송목松木이라 일컫는다. 소나무는 껍질이 붉은 편이라서 적송赤松이라 할 뿐 아니라 해송海松과 상대적인 개념으로 육송陸松이라 부르는데, 이런 이름들은 우리가 전통적으로 쓰던 명칭은 아니다. 특히 적송은 일제강점기부터 쓰기 시작한 이름이라 사용하기가 썩 내키지는 않는다.(박상진, 『궁궐의 우리 나무』, 눌와, 2001, 299쪽) 그러나 일반적으로 소나무라고 하면 곰솔이나 잣나무(홍송) 같은 소나뭇과를 모두 포함하기 때문에, 구분이 필요할 경우에는 '적송', '육송'으로 부르는 경우가 많다.

소나무의 기건비중氣乾比重은 0.53, 전건비중全乾比重은 0.48로 잣나무(전건비중 0.45)보다 무겁고 곰솔(전건비중 0.54)보다 가볍다. 휨강도(900kg/cm²)와 압축강도(450kg/cm²), 전단강도(剪斷强度, 95kg/cm²: 재료에 전단력[크기가 같고 방향이 서로 반대가 되도록 면을 따라 평행되게 작용하는 힘)을 가할 때 재료에 전단파괴가 일어나는 최대응력)는 보통이고, 인장강도(引張强度, 1,400kg/cm²)는 다소 약한 편이다. 심재心材의 내후성耐朽性은 보통이고 변재邊材는 청변靑變(소나무 따위에 특정 균류의 균사가 들어가, 나무 빛깔이 푸른색이나 검푸른색으로 바뀌는 현상)되기 쉬우며, 절삭성과 건조성은 양호하지만 휨가공성과 표면 마무리는 좋지 않다. 수지樹脂는 비교적 많은 편이어서, 미未건조재의 경우 수지가 침출하는 경우가 많다.(산림과학원 홈페이지 http://www.kfri.go.kr 참조)

　소나무에 관한 여러 객관적인 평가들을 고려해보면, 집을 짓는 데 썩 좋은 재료처럼 보이지는 않는다. 집을 짓는 목재로서 높이 평가받는 소나무는 금강소나무(강송剛松)이다. 금강소나무는 소나무의 변종인데, 그 밖에도 반송盤松, 처진소나무 같은 변종이 있다. 소나무의 변종이란, 독립된 종으로 볼 수 있을 만큼 유전적인 성질은 지니고 있지는 않지만 겉보기에 뚜렷한 특징이 있을 때 붙이는 용어다. 우량한 반송의 씨를 받아 심어도 똑같이 우량한 반송이 태어날 확률이 낮고, 미끈하게 생긴 강송의 씨를 받아 다른 지역에 심으면 보통의 소나무가 될 확률이 훨씬 높다. 분명히 반송·처진소나무·금강소나무로 구분되어도, 씨를 받아 심었을 때 그 성질이 유전되는 확률이 매우 낮은 경우를 가리켜 소나무의 변종이라고 말한다.

　반송은 땅과 가까운 곳에서 줄기가 여럿으로 나뉘는 소나무로, 모양이 예뻐 정원수로 많이 활용된다. 처진소나무는 버드나무처럼 가지가 축축 처지는 특성을 보이며, 금강소나무는 우리가 흔히 춘양목春陽木이라 부르는 나무다. 일제강점기, 경북 봉화 울진 지역에서 나는 소나무를 춘양역에 모아놓고 기차로 운반했다고 하여 붙은 이름이라는 것은 잘 알려진 사실이다. 강송은 심재의 비율이 높으며 나이테가 촘촘하고 곱다. 백두대간을 중심으로 동쪽 해발 500~600m 고지에서 자란 소나무는 나뭇결이 매우 치밀하고 고우면서도 생재生材상태에서 함수율이 낮고 변형이 적어 일반 소나무와는 구분된다.

소나무

잣나무

• 잣나무

잣나무는 한자어로 백자목 柏子木 또는 홍송 紅松이라고 한다. 소나무·잣나무로는 구분하기가 쉬운데, 적송·홍송이라는 이름으로는 구분하기가 쉽지 않다. 게다가 요즘 수입목 중에는 '홍송'이라는 이름이 많아서 더욱 혼란스럽다. 우리가 원래 홍송이라고 부르는 나무는 잣나무다. 잣나무의 학명은 'Pinus koraiensis'인데, 'koraiensis'는 한국산이라는 뜻이다. 잣나무의 영어 명칭도 'Korean pine'이다. 즉 잣나무는 한국 고유의 수종이자, 우리나라 중북부에서 시베리아까지 분포하는 한대수종 寒帶樹種이다. 삼국시대에 당나라에서는 잣나무를 '신라송'이라고 불렀다고 한다. 해인사 팔만대장경이 보관된 곳 가운데 하나인 수다라장 脩多羅藏의 기둥 중 상당수가 잣나무다.(『근정전 수리공사 및 실측조사보고서』, 문화재청, 2003. 12, 143쪽) 잣나무는 건축구조용재로도 사용되었지만, 결이 좋고 할렬 割裂(나무의 갈라짐 또는 터짐)이 적어서 창호재나 수장재로 많이 사용되었다.

홍송을 춘양목과 같은 나무로 오해하는 사람들이 있다. 그러나 홍송은 잣나무이고, 춘양목은 소나무의 변종인 강송이다. 남북분단 이후로 한대수종인 잣나무가 남한에서는 잘 사용되지 않아서인지 건축자재로서

곰솔   백송

잣나무에 대한 일반적 인식은 좋지 않은 편이다. 약한 나무, 무른 나무로만 인식되는 경향이 있다. 요즘에는 홍송이라고 하면 수입목인 더글러스-퍼Douglas-fir나 아마빌리스-퍼Amabilis-fir 중 수령이 오래되어 결이 좋고 마디가 없는 나무를 일컫는 일이 더 많다. '홍송'이라는 이름을 외국 나무에 빼앗겨버린 꼴이다.

- **곰솔**

곰솔은 '검은 소나무'라는 말에서 유래했다. 검은 소나무와 곰솔, 흑송黑松이라는 명칭은 모두 같은 나무를 가리킨다. 이름에서도 알 수 있듯이 수피가 검으며, 바닷가에 많이 분포해서 해송海松이라고도 불린다. 단, 중국에서는 잣나무를 해송이라고 부르고 있어 주의가 필요하다.

잎은 좀 뻣뻣한 편이어서, 소나무(적송, 육송)를 '여송'女松이라 한다면 곰솔(흑송, 해송)은 '부송'夫松, '숫솔'이라 한다. 곰솔은 다른 소나무보다 더 무겁고 단단하다. 바닷가에 방풍림(바람막이숲)으로 조성되는 사례가 많고 건축재로도 이용되지만, 개체가 전 지역에 고르게 분포해 있지 않아서 소나무에 일부 섞여 사용되는 정도다.

- **백송**

소나뭇과 중에는 색에 따라 적송·홍송·흑송·백송 등이 있지만, 백송白松은 우리가 흔히 볼 수 있는 나무가 아니다. 그나마 알려진 것은 헌법재판소 마당에 있는 백송과, 추사 김정희고택 근처에 있는 백송 정도다. 백송은 주로 관상수로 심는다. 원산지는 중국인데 중국에서도 그리 흔한 나무는 아니라고 한다. 어린 백송은 '백송'이라는 이름이 무색할 정도로 수피가 푸르스름한데 100여 년쯤 지나야 수피가 하얗게 된다.

4 목재의 성질

❙ 목재를 읽는 단서─나이테

나무가 봄에 대지로부터 물을 빨아올리면, 껍질 바로 아래 부름켜에서 왕성한 세포분열이 일어난다. 이때 만들어진 세포는 크고 여리면서 색이 연하다는 특징이 있다. 여름이 되면 세포분열이 현저하게 더뎌지는 대신 광합성이 활발히 이루어져서 작고 단단한 세포가 만들어진다. 가을과 겨울에는 세포분열을 하지 않고 생장도 전혀 하지 않는다. 계절이 뚜렷한 기후에서 자라는 나무에는 해마다 이런 과정이 반복되면서 나이테가 생긴다. 그래서 나이테를 연륜年輪이라고도 부른다. 일반적으로 나이테의 연하고 넓은 부분을 춘재春材라 하고 진하면서 좁은 부분을 추재秋材라 하는데, 이런 표현은 잘못된 것이다. 정확히 말하면 연하고 넓은 부분은 춘재, 진하고 좁은 부분은 하재夏材라고 해야 한다.(박상진, 『역사가 새겨진 나무 이야기』, 김영사, 2004, 24쪽)

중요 문화재를 조사할 때 그것에 쓰인 목재의 나이테를 통해 그 나무가 자란 연대를 추측할 수 있다. 목조 문화재가 만들어진 시기를 간접적이나마 매우 과학적으로 파악할 수 있는 것이다. 나이테를 분석하면 나무가 자란 동안의 기후를 추측할 수 있다. 기상현상 등을 기록하기 시작한 지는 얼마 되지 않았다. 과거 수천 년간의 기상현상을 나무의 나이테를 통해 간접적으로나마 추측할 수 있다는 사실은 매우 중요하다. 이

목재의 나이테 춘재와 하재   수심·심재·변재

렇게 나이테를 통해 나무의 연대를 추정하고 과거의 기후변화와 자연환경 등을 연구하는 학문을 연륜연대학 年輪年代學이라 한다.

    목수들은 치목하면서 나이테를 통해 목재의 안팎을 구분하고 변형을 예상하며 목재의 굽이나 성질을 읽기 때문에, 나이테는 집을 짓고 치목을 하는 과정에서도 매우 중요한 구실을 한다.

▎목재의 내외부 ― 수심·심재·변재

나무는 나이테를 만들면서 바깥으로 생장한다. 목재의 횡단면에 보이는 나이테 동심원의 중심이 수심 樹心이다.

    대부분의 수종은 나무가 생장하면서 수간 樹幹 내부와 외부의 색깔, 함수율이 달라진다. 이때 내부의 짙은 색 부분을 심재 心材, 외곽의 엷은 색 부분을 변재 邊材라고 한다. 변재는, 나무가 살아 있을 때 생리적 기능이 이루어지는 조직으로 수분이 많고 재질이 연하다. 심재는 죽은 세포들로 이루어지며 나무가 서 있는 골격이 된다. 심재는 재질이 단단하고 변재에 비해 수분도 적다. 건축재료적 성질로는 심재가 훨씬 우수하다.

변재는 재질이 약하고, 변형이 심하며, 곰팡이 등에 의해 오염되기 쉽다. 하지만 집을 지으면서 변재를 모두 벗겨내고 심재만을 사용하는 것은 사실상 불가능하다. 심재와 변재의 차이점을 이해하고 신중하게 관리하려는 노력이 필요하다.

수심을 중심으로 10~15연륜까지를 미성숙재라 하는데, 이것은 수목이 초기 생장한 부분으로 치수가 불안정하고 강도가 약한 부분인데 목수들이 치목을 할 때에도 주의를 기울이는 부분이다.

목재의 방향성

목재는 방향성이 있는 재료다. 목재의 길이 방향을 축 방향, 수심에서 사방으로 뻗어나간 방향을 방사放射 방향, 방사 방향에 직각인 방향을 접선接線 방향이라 한다. 목재의 강도나 수축 같은 물리적 성질은 목재의 방향에 따라 다르다. 예를 들면, 목재의 건조수축은 접선 방향이 가장 크다. 방사 방향의 건조수축은 접선 방향의 1/2, 축 방향의 건조수축은 접선 방향의 1/20 정도다.(정희석 외, 『최신 목재건조학』, 서울대학교출판부, 2005, 50쪽) 목재로 집을 지을 때, 방향성에 따라 건조수축이 다르고 하중에 대한 압축력이나 전단력도 다른 만큼 목재의 방향성을 고려하는 일은 중요하다. 특히

목재의 축 방향·방사 방향·접선 방향

공포 부분이나 귀틀집(큰 통나무를 '井'자 모양으로 귀를 맞추어 층층이 얹고 그 틈을 흙으로 메워 지은 집)처럼 목재가 옆으로 쌓이는 경우에는 건조수축의 누적 정도가 커서 내부마감과의 관계에 신중해야 한다.

| 목재의 건조

목재는 생나무 상태에서는 성질이 매우 불안정하다. 생나무는 다량의 수분을 함유(생재함수율은 소나무 94±20%, 강송 91±8%, 곰솔 91±10%, 잣나무 84±8%. 정희석 외, 위의 책, 42쪽 참조)하고 있어 마르는 과정에서 갈라지고 틀어진다. 그런 만큼 목재의 건조는 목재 사용에서 중요한 공정이다. 목재를 건조하면 갈라지거나 틀어지는 변형을 막을 수 있을 뿐만 아니라 강도를 높이고 균류의 침입을 막을 수 있다. 하지만 시간과 비용 때문에 아무런 조치 없이 집을 짓는 경우가 많다.

목재 건조에는 시간을 두고 자연건조시키는 방법과 인공적인 설비를 동원해 인공건조시키는 방법이 있다. 생각하기에는 자연건조 쪽이 비용이 덜 들 것 같지만 꼭 그렇지만도 않다. 자연건조는 시간이 많이 걸리고 건조되는 동안 청변균靑變菌 같은 균류에 의해 미관상 손실이 발생할 수도 있다. 예를 들어, 안채와 사랑채를 포함해서 100여 평의 한옥을 짓는다고 가정하면, 목재는 약 9만 재 정도가 소요되어 목재 구입비는 3억 원 가까이 들 것이다. 이런 비용을 들여 구입한 목재를 3~5년 정도 자연건조한다면 균류나 나무벌레에 의한 목재의 손실은 일단 고려하지 않는다 하더라도 자연건조 기간에 발생하는 이자비용만으로도 적은 돈이 아니다.

목재의 변형

생나무는 건조를 시작하고 얼마간은 수축하지 않다가 어느 시점에서 수축하기 시작한다. 이 시점을 섬유포화점(fiber saturation point, FSP)이라 한다. 세포벽은 수분으로 완전히 포화되어 있으나 세포내강細胞內腔에는 액상의 수분(자유수, free water)이 존재하지 않는 상태를 말한다. 목재의 섬유포화점은 대략 함수률 30% 내외로 알려져 있다. 섬유포화점 이하에서는 건조속도가 느려지고 수축이 진행되며 물리적 성질과 기계적 성질이 변한다.

목재는 표면이 먼저 건조되고 수축되기 때문에 건조응력이 발생한다. 건조응력이 목재의 강도를 넘으면 목재는 갈라지고 뒤틀린다. 목재를 건조할 때 그늘에서 말리는 이유는 급격한 표면건조를 피하기 위해서다. 목재의 마구리 부분에 한지를 발라 급격한 표면건조를 막기도 한다.

목재를 대기 중에 장기간 두면 대기의 습도와 온도에 따라 평형상태에 도달한다. 이때의 목재와 함수율을 기건재氣乾材와 기건함수율이라 부른다. 목재를 사용할 때 가장 이상적인 방법은 목재를 작업장소의 기건함수율까지 건조해서 가공하는 것이다. 그렇게 하면 목재의 변형과 치수의 변화를 거의 없게 하거나 최소화할 수 있다. 하지만 목재를 작업장소

수종	기건비중	전수 수축률	
		방사 방향(%)	접선 방향(%)
소나무(적송)	0.47	4.88	9.11
곰솔(흑송, 해송)	0.54	4.39	8.33
잣나무(홍송)	0.45	2.82	7.41
전나무	0.40	5.72	12.26

목재의 전 수축률

표면건조의 방지 한지를 마구리에 발라서 급격한 건조를 막는다. 귀신사 대적광전 보수공사.(ⓒ양재영) **소나무의 청변** 청변균은 목재의 부후腐朽와는 상관이 없지만, 미관상 좋지 않다.

의 기건함수율까지 고려해서 건조한다는 것은 이상적인 얘기다. 『문화재수리표준시방서』(문화재청, 2005, 89쪽)에는 함수율이 24% 이하의 목재를 사용하고, 특히 창호재는 함수율 18% 이하(위의 책, 186쪽)인 목재를 사용할 것을 규정하고 있다.

목재의 미생물

생나무는 다량의 수분을 함유하고 있어서 균이 서식하기에 적합한 환경이다. 균류는 적당한 온도·습도·공기·양분이 있으면 번식한다. 이 네 가지 조건 중 하나만이라도 부적당하면 균류는 살 수 없다. 수면 아래에 있는 나무말뚝이 썩지 않는 것도 공기가 차단되어 있고 습도가 너무 높아서다.

일반적으로 균류는 5~45℃에서 발육하고 20~30℃일 때 발육이 왕성해진다. 습도 85% 전후, 함수율 20~50%인 목재는 균류의 발육에 적당한 조건이라 할 수 있다. 온도 조절이나 공기 차단이 사실상 불가능한 상황이라면 목재의 함수율이 20% 이하가 되도록 하는 것이 나무를 썩게 하는 부후균과 변색시키는 청변균을 막는 거의 유일한 방법이다.

목재의 강도

생나무 상태에서 건조되기 시작해 함수율이 섬유포화점(대략 30%)이 될 때까지는 강도 변화가 나타나지 않지만, 섬유포화점 이하가 되면 목재의 강도가 높아진다. 전건상태의 목재는 생나무에 비해 강도가 3배, 기건상태의 목재는 강도가 2배 정도 높아지는 것으로 알려져 있다. 거꾸로 말해 생나무로 집을 지으면, 그 나무가 전건상태 강도의 1/3, 기건상태 강도의 1/2밖에 발현되지 못한다는 의미다. 물론 목재가 전건상태가 될 수는 없다. 이는 실험실에서만 가능한 일이다. 목재 건조는 단순히 건조수축에 따른 변형에만 국한된 것이 아니라 강도와도 직결된다.

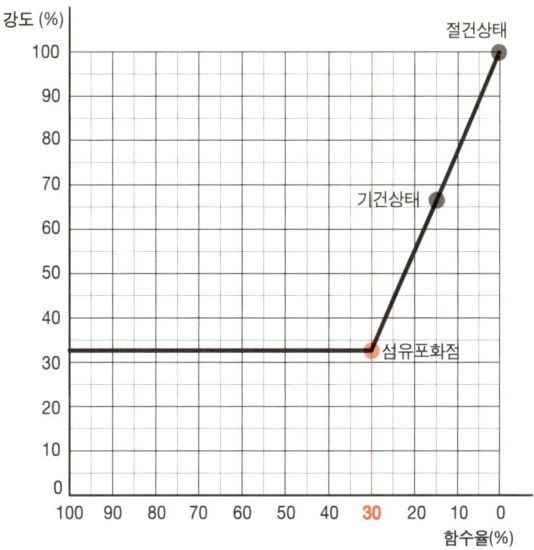

목재의 함수율과 강도의 관계

목재의 방부처리

목재는 일정한 조건이 되면 목질을 분해하는 부후균에 의해 썩거나 자외선에 의해 조직이 붕괴된다. 그밖에도 여러 조건에 의해 내구성이 떨어진다. 이러한 목재의 수명을 늘리기 위해 방부처리를 하기도 한다.

목재의 방부처리법은 크게 두 가지로 나눌 수 있는데, 방부액을 사용하는 방법과 목재의 표면을 태우는 방법이다. 방부액을 사용하는 경우에는 방부액을 목재에 주입하는 방법에 따라 도포塗布하기, 침지浸漬하기, 상압常壓에서 주입하기, 고압을 가해 주입하기 등이 있다. 여기에서 무엇보다 중요한 점은 방부액이 무엇인가 하는 것이다. 방부재는 크게 유성 방부재, 수용성 방부재, 유용성 방부재로 분류한다.(신현식, 『건축시공학』, 문운당, 2001, 381쪽)

유성 방부재로는 크레오소트 오일creosote oil이나 콜타르 등이 있다. 크레오소트 오일은 침목, 전주電柱에 사용되던 방부재로 방부성이 뛰어나고 공급이 풍부해 가격이 싸지만 냄새가 고약하고 끈적거려서 마감용으로는 적당하지 않다. 예전에는 콜타르 같은 것을 가열해서 녹인 다음 목재에 칠하기도 했는데, 요즘에는 쓰지 않는 방법이다. 수용성 방부재에는 황산동 1% 용액, 염화아연 4% 용액, 불포화 소다 2% 용액 등이 있다. 황산동 1% 용액은 방부성은 좋으나 철재 부식이 심하고 인체에 유해하다. 염화아연 4% 용액은 방부성은 좋으나 목질부를 약화시켜 요즘에는 사용하지 않는다. 불포화 소다 2% 용액은 방부성이 뛰어나고 인체에 무해하다고 알려져 있지만 내구성이 떨어지고 값이 비싸다. 요즘 가장 많이 사용하는 방부재는 유용성 방부재의 하나인 PCP(pentachlorophenol, 펜타클로로페놀)이다. 방부성이 뛰어나고 열이나 약제에도 안정적이며 무색이어서 페인트칠도 가능하지만 값이 비싸다.

부식된 목재

　기술의 발전으로 사람과 환경에 무해한 방부액이 개발되었다고는 하지만, 도리어 생태공원이나 생태습지 같은 곳에 설치한 방부목 데크 때문에 잘 보존된 습지생물이 죽어가고 있다는 기사를 접하기도 한다. 부후균이 살 수 없는 환경을 만들거나 부후균을 죽일 정도의 '약'이라면 '독한 약'인 것만은 분명하다. 이런 방부액을 인체와 환경에 무해하다고 할 수는 없을 것이다.

　가장 자연적인 방부처리법은 표면탄화법表面炭化法이다. 불로 목재의 표면을 태우는 방법이다. 표면탄화법의 효과에 관한 정확한 자료는 별로 없지만, 목재 표면을 태움으로써 그곳에 있을 수 있는 곰팡이 포자를 죽일 수 있다는 점은 예상 가능하다. 목재 표면을 태워 탄화시키는 방법으로 표면함수율을 떨어뜨려 곰팡이가 서식하기에 적당하지 않은 환경을 만들 수도 있을 것이다.

　목재가 탄화한 물질들이 곰팡이류의 접근을 어느 정도 막을 수 있는지는 별로 알려진 것이 없다. 소나뭇과 나무들의 목재 표면을 태우는 작업을 하다보면 표면에 송진이 빨갛게 막을 형성하는 것을 관찰할 수 있다. 이렇게 생긴 송진막도 목재의 수명을 늘리는 구실을 하는 것으로 보인다. 하지만 아쉽게도 표면이 탄화된 목재의 방부성을 정확하게 연구한 자료는 별로 없는 것 같다.

5 목재를 다루는 일반원칙

▌상하를 가려서 사용한다

목재는 나무가 살아서 서 있을 때의 상태 그대로 사용하는 것이 원칙이다. 상하뿐만 아니라 목재가 서 있던 동서남북의 방향도 맞춰서 사용하면 좋다. 일반적으로 나이테가 넓은 쪽이 남쪽이라고 알려져 있지만, 나이테로는 동서남북을 구분할 수 없다고 한다.(박상진, 『역사가 새겨진 나무 이야기』, 김영사, 2004, 32쪽) 목재가 서 있던 동서남북의 방향까지는 못 맞추더라도 목재의 상하는 반드시 구분할 필요가 있다. 이는 한옥을 지을 때만 해당하는 일이 아니다. 목재를 사용하는 모든 작업에 적용되는 기본적인 원칙이다.

나뭇가지는 중심에서부터 옹이를 만들면서 비스듬하게 위로 뻗으며 자란다. 나무를 종 방향으로 켜면 옹이가 자라 나오는 모양을 볼 수 있다. 이렇게 종 방향 단면이 보이는 목재는 어디가 위쪽이고 어디가 아래쪽인지를 금방 알 수 있고, 단면이 보이지 않는 제재하기 전의 목재라도 보통은 약간 위쪽으로 가지가 뻗어나가는 방향을 알 수 있다. 목수들은 이 모양을 알파벳 'Y'자에 빗대어 양쪽으로 벌어진 위쪽을 '말구'라고 하며 구별한다.

옹이가 여럿 보이면 목재의 상하를 구별하기가 더욱 쉽다. 심재와 변재가 구별된다면, 옹이가 하나만 보이더라도 심재에서 변재 쪽으로 비

01 **소나무의 옹이**   02 **목재의 상하**   목재 옹이 상태를 보고 목재의 상하를 알 수 있다. 옹이가 벌어지는 방향이 목재의 위쪽이다.   03 **모란나무 가지의 나이테**   04 **느티나무 가지의 나이테**   05 **기둥에 보이는 옹이**   나이테의 간격이 좁은 쪽이 목재의 위쪽이다. 수원 화성 화령전.

스듬히 뻗어 올라간 쪽이 목재의 말구 방향임을 짐작할 수 있다. 전체를 이해하면 일부만 보아도 답이 보인다.

    옹이가 하나만 있을 때는 그 모양으로도 목재의 상하를 구분할 수 있다. 나뭇가지가 뻗어 나오는 것은 일종의 캔틸레버cantilever 구조와 같다. 캔틸레버 구조란 한쪽 끝은 고정되고 다른 끝은 받쳐지지 않은 구조로, 상부에는 인장력이 작용하고 하부에는 압축력이 작용한다. 나무는 스스로 이런 상황에 적응하면서 가지를 뻗고 성장한다. 나뭇가지를 절단해보면, 수심의 윗부분보다는 아랫부분의 나이테가 간격이 더 넓은 것을 알 수 있다. 압축력이 작용하는 하부에 더 많은 살이 붙는 것이다. 옹이 하나로 상하를 구분할 때는 목재의 이러한 특징을 이용한다. 옹이 수심을 중심으로 나이테의 간격이 넓은 쪽이 밑동이고, 좁은 쪽이 말구 방향이다.

아주 질 좋은 목재 중에는 옹이가 전혀 없는 것도 있다. 옹이가 있어도 나뭇가지의 특징인 나이테가 보이지 않는 목재도 많다. 이런 경우에는 목재의 전체 상태를 보고 상하를 구별해야 한다. 이런 작업은 경험이 많은 목수들에게도 쉬운 일이 아니지만, 목재를 볼 때 말구 방향이 어디일까를 생각하면서 관찰하는 습관을 들이면 어느 정도 목재의 상하를 구별할 수 있게 된다.

등배를 가려서 사용한다

모든 나무는 조금씩 굽어 있다. 굽은 목재를 역학적으로 유리하게 사용하는 것은 기본적인 원칙이다. 목재는 사용되는 위치에 따라 힘을 받는 정도와 성격이 조금씩 다르다. 보와 도리처럼 수평으로 설치되는 부재는 아치 형태로 써야 구조적으로 유리하다. 이런 경우 바깥쪽으로 솟은 부분을 '등'이라 하고 안쪽으로 들어간 부분을 '배'라고 한다.

눈으로 굽이를 확인할 수 있는 목재의 등배를 가려 쓰기는 쉽다. 목재를 반듯하게 치목해서 겉으로는 굽이가 보이지 않아도 목수들은 목재의 등배를 가려 쓴다. 일반적으로, 하중을 받는 단순보(한쪽 끝은 이동할 수 있

등배 아산 성준경가옥

목재의 등배

등배 창덕궁 낙선재

게 하고, 다른 끝은 회전할 수 있게 만든 보) 형태의 횡부재는 목재 마구리에서 나이테의 중심을 확인한 후 그 중심이 아래쪽(인장력을 받는 쪽)으로 가게 한다. 이는, 아주 미세하게 휜 부재를 반듯이 치목했을 때 나이테의 중심은 목재의 굽은 모양에 따라 아래쪽에 있을 것인 만큼, 굽이를 보아서 목재를 사용한다는 원칙에도 합당하다. 또는 철근콘크리트 구조에서 인장력을 받는 하부에 철근을 집중적으로 배근配筋하듯이, 인장력을 받는 하부에 비교적 강도 높은 심재를 배치하는 것이라고 해석하는 사람들도 있다. 생각하는 방식은 조금 다르지만 결론은 마찬가지다.

보나 도리의 부재는 나이테의 중심이 아래로 가도록 굽이를 가려 쓴다고 했지만 모두 그런 것은 아니다. 추녀처럼 캔틸레버의 구실을 하는 부재나, 측면으로 도리 뺄목이 길게 빠져나온 맞배집에는 거꾸로 배가 위로 가게 하고 등이 아래로 가도록 사용한다. 이런 부재들은 캔틸레버로 작용하기 때문에, 인장력이 작용하는 상부에 심재가 가게끔 하는 것이다.

원구를 빗물이 닿는 곳(바깥쪽)으로 향하게 한다

목재는 말구에 비해 원구元口(베어낸 통나무의 굵은 쪽 마구리) 쪽이 심재가 많고 내구성과 내수성이 강하다. 그런 만큼 빗물이 닿는 바깥쪽으로 원구가 가게 하는 것이 집의 내구성 측면에서 좋다.

서까래나 추녀는 뿌리 방향이 바깥을 향하도록 설치한다. 하지만 서까래나 추녀의 안팎에 대해서는 의견이 분분하다. 예전에는 상대적으로 무거운 원구를 집의 중심 방향으로 놓고 가벼운 말구를 바깥쪽으로 썼는데, 요즘은 목재를 잘못 쓰고 있다는 의견도 적지 않다. 어느 쪽 의견이 맞다고 단정 지을 수는 없지만, 지금은 서까래나 추녀와 같이 밖으로 뻗은 부재는 원구를 바깥으로 향하는 경우가 대부분이다. 박공은 어차피 완전히 노출되는 부재이기 때문인지 말구를 바깥쪽으로 해서 사용한다.

6 목재의 치수

목재는 제재하고 다듬는 과정에서 계속 줄어들기 때문에, 도면에 명시된 치수가 무엇을 의미하는지 정확히 알고 있어야 한다.

| 제재치수·제재정치수·마무리치수

아래 왼쪽 그림은 일반적으로 많이 쓰이는 3×5치(90×150mm) 목재다. 목재가 제재되고 치목되면서 치수가 줄어드는 과정을 살펴보자.

특별한 요구 없이 제재소에 3×5치 각목을 주문해보자. 현장에 반입된 목재를 자로 재보면 정확한 3×5치 규격이 되지 않는다. 하지만 이는 결코 제재소의 실수가 아니다. 일반적으로 제재소에서 목재를 제재할 때는 톱날의 중심 간 거리를 목재의 치수로 한다. 이를 제재치수製材寸數라 한다. 요즘에는 영어를 번역해서 공칭치수norminal size라고도 한다. 제재치수는 주문한 것보다 목재 양쪽에 톱의 반 틈씩 빠진 치수로, 전체적으

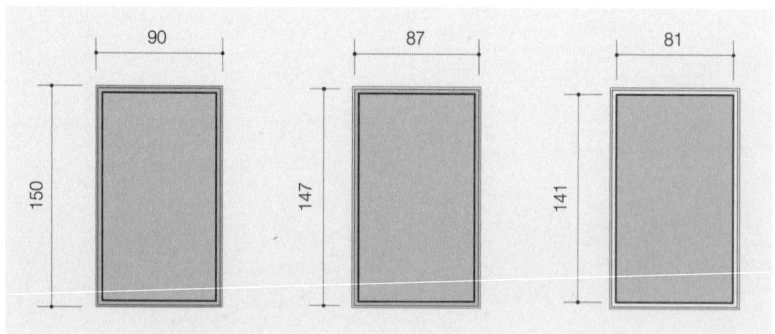

목의 치수 왼쪽부터 제재정치수, 제재치수, 마무리치수(단위는 mm)

로는 제재톱의 한 틈만큼 치수가 모자라게 된다. 정확히 3×5치 규격의 목재를 받고 싶다면 특별히 '제재정치수'製材正寸數(actual size)로 제재해 달라고 주문해야 한다. 제재정치수는 톱의 한 틈만큼을 크게 제재해서 결과적으로 제재를 끝냈을 때 주문한 크기가 나오도록 한 것이다. 제재된 목재는 치수에 맞춰 깎고 다듬은 뒤 대패질로 마무리하는데, 이처럼 최종적으로 마무리된 치수를 '마무리치수'finishing size라 한다.

융통성이 요구되는 치수 계산

일반적으로 도면에 목재의 치수를 표시할 때에, 구조재·수장재의 경우는 제재치수를 사용하고 창호재는 마무리치수를 사용한다.(신현식 외, 『건축시공학』, 문운당, 1997, 377쪽) 하지만 모든 경우에 해당되는 것은 아니다. 문화재 보수공사와 같은 특수한 상황에서는 모든 치수를 마무리치수로 사용하는 경우도 있다. 예를 들어보자.

아래 사진은 임의의 예로 든 낙선재다. 타원으로 표시한 기둥이 썩

창덕궁 낙선재

어서 교체해야 한다고 가정해보자. 설계서를 작성하는 사람은 현재 기둥의 치수를 자로 잴 것이다. 그러나 저 기둥이 처음에 얼마만 한 크기로 제재되고 치목되었는지는 알 수 없다. 만약 자로 쟀을 때 221mm의 각기둥이라면 도면에 '221mm 각주'라 적고 도면도 그대로 그린다. 이런 작업이 실측설계다.

시공은 어떻게 할까? 221mm보다는 좀더 큰 목재로 제재해서 건조시키고 치목까지 한 뒤에 마무리되는 크기가 221mm가 되어야 한다. 생각해보면 당연하다. 문화재공사처럼 특수한 상황에서는 마무리치수로 도면을 그리고, 시공마감도 마무리치수로 해야 하는 경우가 있다. 현실적으로는 어렵지만 목재의 건조수축 정도를 고려하고는 몇 밀리미터 더 크게 치목해, 목재가 건조하면서 줄어들어 원래 기둥과 일치하게 된다면 더욱 이상적일 것이다. 하지만 건조수축 정도까지 고려하기는 사실상 거의 불가능하다. 목재는 방사 방향, 접선 방향, 축 방향의 건조수축 정도가 각기 다르고, 심재·변재의 건조수축도 다르며, 현재 치목 중인 목재가 어느 정도 건조된 상태인지도 정확하게 알 수 없기 때문이다.

앞서도 말했듯, 집을 짓기 위한 대부분의 도면에서 구조재와 수장재 등에는 제재치수를, 창호재에는 마무리치수를 적용한다. 문화재공사처럼 특수한 상황에서는 모든 치수에 마무리치수를 적용하기도 한다. 그런데 간혹 '문화재공사로 발주된 신축건물'에서 혼란이 발생하는 경우가 있다. 아무리 문화재공사라 해도 신축공사에까지 구태여 마무리치수를 적용할 필요는 없을 듯하다. 마무리치수를 적용한다면, 소요되는 목재의 수량을 계산할 때 치목과정을 모두 무시한 마무리치수를 적용한 물량으로 계산해서는 안 된다. 마무리치수에 제재와 건조변형, 치목에 들어간 목재까지를 감안해 그만큼 더 큰 목재로 산출해야 한다. 이는 너무나 당연한 일이다. 그런데 요즘 문화재 수리용 설계도서를 보면, 도면에 표기된 치수는 마무리치수라고 시방서에 규정되어 있고, 소요되는 목재의 수량을 표시한 수량산출서에서도 마무리치수로 계산되어 있는 황당한 상황이 벌어지기도 한다.

Special Box

치목의 우리말 용어

오늘날 건축현장에서는 '치목' 治木이라는 한자어를 많이 쓰고, 마름질·바심질·가심질 같은 순수 우리말은 잘 쓰지 않는 것 같아 아쉽다. 치목은 목재를 가공하는 모든 작업을 말한다.

치목을 각 작업별로 정리하면 목재를 벌목해서 건조하고 난 다음에 건조한 목재를 필요한 길이로 잘라 집 지을 재목을 마련하는 작업, 목재에 먹을 놓고 대자귀질·끌질 하여 모양을 만드는 작업, 대패질로 곱게 가심하는 작업으로 나눌 수 있다. 이러한 작업들을 각각 우리말로 마름질, 바심질, 가심질이라 한다.

마름질

옷 만드는 작업에서 바느질하기 전에 옷감을 재단하는 일을 마름질이라 하는 것처럼, 집 짓는 작업에서도 목재를 치수에 맞게 재고 자르는 일을 마름질이라 한다. 순우리말 중에는 '나무를 세로로 톱질하여 쪼개다'는 뜻의 '켜다'라는 말이 있는데, 요즘은 자르는 일과 켜는 일을 구분하는 것이 의미가 없어져서 제재소에서 각 부재의 필요한 단면 형태를 켜는 작업까지를 마름질로 볼 수 있다.

예전에는 산에서 적당한 목재를 자르고, 옮기고, 그런 다음 필요한 부재별로 길이에 맞게 자르는 작업까지가 마름질이었다. 여기까지를 마름질로 판단하는 이

마름질

바심질

유는 그다음 해야 할 일이 먹 놓고 톱 넣은 뒤 대자귀(큰자귀)로 바수는 '바심질'에 해당하는 작업이기 때문이다.

바심질

'바심'은 곡식의 타작을 의미하는 순우리말이다. '조바심'이라는 말은 '조'와 '바심'의 합성어로, 조를 타작하는 작업이 워낙 더딘 데서 유래했다고 한다. 집 짓는 일에서 바심질은 패고 두드리고 부수는 작업을 말한다. '두드려 잘게 깨뜨린다'는 의미의 '바수다'라는 말과도 뜻이 통한다.

치목과정에서 바심질은 먹 놓은 나무를 그 먹에 맞춰 조금씩 부수어내는 작업이다. 기계장비가 발달한 요즘은 제재소에서 치수대로 켜고 전동기계대패로 밀지만, 예전에는 먹 놓은 다음 대자귀로 목재를 바수어야 했다. 대자귀질 작업이 당연했던 시기는 1980년대 초반까지다. 그후 기계대패를 쓰기 시작하면서 바심질 작업의 범위도 조금 줄어들었다. 요즘은 결구 부분과 끌구멍(목재에 다른 나무를 끼우기 위해 끌로 판 구멍)을 파내는 작업 정도를 바심질이라 한다.

가심질

가심질은 말 그대로 가셔내는 작업이다. '가시다'라는 말은 요즘도 일상적으로 쓰는 표현이라 이해하기 어렵지 않다. 가심질은 손대패 같은 연장으로 표면을

가심끌질

마무리하는 작업이다. 끌구멍을 파고 가심끌(나무에 뚫은 구멍을 다듬는 데 쓰는 끌)로 곱게 다듬는 작업도 가심질에 속한다.

가심질은 연장이 어떤 것인지보다 작업의도가 무엇인지가 더 중요하다. 대패질을 한 후 표면을 더 곱게 하기 위해 사포질하는 것을 가심질이라고 해도 틀린 말은 아니지만, 일반적으로는 손대패질을 가심질이라 한다. 요즘은 기계대패를 많이 쓴다. 기계대패는 대팻날을 전기로 회전시키면서 면을 평평하게 만드는 기계다. 이름은 대패지만 표면을 가심하기 위해서가 아니라 부재의 모양을 만드는

가심질(ⓒ이광복)

데 사용된다. 작업된 면을 자세히 보면 기계대패 특유의 연장 흔적이 있다. 이 흔적을 지우려고 마지막으로 손대패질을 더 하는 만큼 요즘 사용하는 기계대패질을 가심질로 보기는 어렵다. 기계대패질 후에 마지막 가심질로 손대패질 작업을 생략하는 경우도 종종 있는데, 바람직한 일은 아니다.

앞서도 말했지만 오늘날에는 '마름질', '바심질', '가심질'이라는 용어를 잘 사용하지 않게 되었다. 목수들이 이런 말들을 사용하지 않게 되면 건축현장에서 쓰는 순우리말은 사라지고 말 것이다. 그렇다고 의미상 거리가 있는 용어를 무조건 쓰자고 우길 수도 없다. 특히 요즘은 '제재', '기계대패질', '끌질', '손대패질' 등의 과정을 거치는 만큼 '바심질'이라는 말을 사용할 일이 많이 줄어들었다. 각각의 작업에 어울리는 새로운 우리말들이 만들어지고 오래도록 전해졌으면 하는 바람이다.

▪ 목공사

제7부
축부재 — 기둥·창방·보·도리·장혀·대공

집을 짓는 방법은 크게 몇 가지로 구분할 수 있다. 인류가 집을 짓기 시작한 초기에는 나뭇가지 같은 것을 엮어 움집을 만들었다. 고대 메소포타미아 지역에서는 굽지 않은 날벽돌을 쌓아 올려 집을 지었다. 가늘고 긴 부재를 엮어 만드는 구조를 '가구식'架構式, 작은 재료를 쌓아 벽을 만드는 구조를 '조적식'組積式이라 한다. 가구식은 골조 구조이고, 조적식은 내력벽耐力壁 구조다.

현대적인 건축재료인 시멘트가 만들어지면서 철근을 배근하고 거푸집에 콘크리트를 부어 만드는 구조가 발달했다. 재료가 경화되면 기둥이나 보 할 것 없이 한 덩어리가 되어서 이를 일체식 구조라고 한다. 막구조membrane structure 같은, 개념이 전혀 다른 구조가 있긴 하지만, 집의 구조는 크게 가구식·조적식·일체식 세 가지로 나누는 것이 일반적이다.

돌로 만들었다고 모두 조적식 구조는 아니다. 그리스 파르테논 신전처럼, 석재로 지었어도 기둥을 세우고 보가 건너지른 구조는 가구식에 가깝다. 그리고 목재로 지었어도 귀틀집과 같이 벽을 쌓는 구조는 조적식에 가깝다. 가구식 구조, 조적식 구조는 재료가 아니라 힘의 전달방식이나 재료의 사용법에 따른 구분이다.

'가구식'에서 '가'架는 '시렁'이라는 뜻인데, 여기에는 '건너지르다'라는 의미도 있다. '구'構는 '얽는다'라는 뜻이다. 가구식이라는 단어를 한자의 뜻으로 풀어보면, 건너질러 얽어맨 구조를 말한다. 한옥은 귀틀집 같은 예외도 있지만 대부분 전형적인 가구식 구조다. 한옥의 구조는 매우 논리적이면서도 단순하다. 많은 곡선으로 이루어진 것 같지만 축부재의 중심선은 절제된 직선이다. 축부재는 집의 뼈대가 되는 부재로 기둥·보·도리·대공으로 구성되어 있다.

여기에서는 축부재를 중심으로 설명하고자 한다.

1 기둥

기둥의 종류와 각부 명칭

기둥은 지붕의 하중을 받아서 초석으로 전달하는 구실을 한다. 기둥머리는 횡부재를 잡아주고, 수평으로 걸리는 상방·중방·하방 그리고 귀틀과 결구된다. 기둥은 집의 구조에서 매우 중요한 부재인 만큼 이름도 아주 다양하다. 사전을 찾아 열거하자면 끝이 없을 정도다. 복잡해 보이지만 논리적으로 정리하면 생각만큼 분류가 어렵지는 않다. 아래 표는 여러 기준에 따라 정리한 기둥의 종류다.

단면 형태	둥근기둥·네모기둥·육모기둥·팔모기둥
구실	본기둥(本柱)·샛기둥(間柱)
세장비	장주長柱·단주短柱
기둥 길이	평주平柱·고주高柱
설치 위치(평면)	외진주外陣柱(변주·변두리기둥)·내진주內陣柱·우주隅柱(귓기둥)
설치 위치(단면)	상층기둥·하층기둥·누상주樓上柱·누하주樓下柱
흘림 모양	배흘림기둥·위흘림기둥·민흘림기둥
기타	심주心柱·옥심주屋心柱·찰주擦柱·사천주四天柱·상투기둥

기둥의 종류

기둥의 구조는 수평부재(보·창방·익공 등)와 결구되는 머리, 몸통, 그레질(기둥이나 재목 따위에 그 놓일 자리의 바닥 높낮이를 그리는 일)하는 기둥뿌리 부분으로 나눌 수 있다. 기둥머리맞춤은 결구되는 수평부재에 따라 다양한 모양으로 계획된다. 기둥머리맞춤만으로도 대략적인 건물의 조성연대를 알 수 있을 정도(정연상, 「조선시대 목조건축의 맞춤과 이음방법에 관한 연구」, 성균관대학교 박사논문, 2005, 173쪽)로, 기둥머리는 중요한 부분이다. 기둥몸통은 기둥의 길이와 굵기의 비례인 세장비, 기둥 각 부분의 굵기를 조금씩 다르게 하는 흘림, 직각으로 날 선 모서리를 부드럽게 하는 모접기, 그리고 인방재引防材와의 결구 계획과 관련이 있다. 기둥뿌리는 그레질과 관련이 있는데, 그레질은 한옥에서만 볼 수 있는 독특한 기법인 만큼 눈여겨볼 필요가 있다.

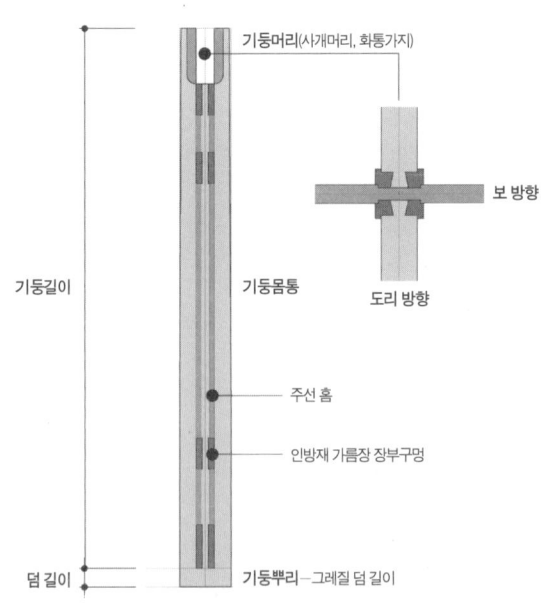

한옥 기둥의 각부 명칭

기둥의 규격

• 원주와 각주

기둥의 규격을 말하기에 앞서 원주(원기둥)와 각주(각기둥)의 차이부터 살펴보자. 일반적으로 원주의 굵기는 지름을, 각주의 굵기는 한 변의 길이를 말한다. 때문에 기둥의 굵기에 대해서는 오해가 생길 수 있다. 원주는 사방 어디에서 보아도 굵기가 같지만, 각주는 정면에서 볼 때와 사선에서 볼 때의 굵기가 다르다. 1자 굵기의 원주와 7치 굵기의 각주는 비슷한 굵기의 재목으로 치목한다(1자 원주≒7치 각주). 따라서 원주와 각주의 굵기에 대한 치수 개념이 조금 다르다는 점을 신중하게 인식할 필요가 있다. 아래 도판은 많이 사용되는 각주를 원주와 비교한 것이다.

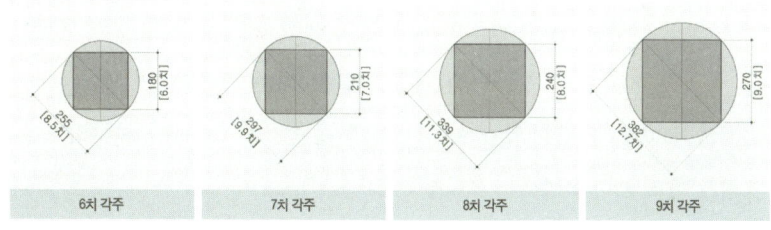

※ 단위는 mm, 편의상 1치=3cm=30mm로 계산함.

각주와 원주의 비교

• 기둥의 간격과 굵기

기둥은 집이 크면 굵게 쓰고, 집이 작으면 가늘게 쓴다. 기둥의 굵기는 기둥의 간격과 어느 정도 관계가 있다. 법식이 엄정한 궁궐건축에서 기둥의 간격과 굵기를 살펴보면 각각의 건물이 조금씩 다르다. 규모가 작은 집에는 도리칸 기둥 간격 8자에 대해 굵기가 7~8치 정도 되는 각주가 사용되었다. 도리칸 기둥 간격 1/10 정도 굵기의 각주를 썼다고 볼 수 있다. 규모가 매우 큰 집은 도리칸 기둥 간격의 1/10 정도 되는 굵기의 원주를 사용했다고 추측되지만, 분명한 규칙성은 보이지 않는다. 대체로 기둥의 굵기(각주를 기준으로)와 기둥의 간격을 보면, 기둥 굵기/기둥 간격≒1/10~1/12 정도다.

- **기둥의 굵기와 길이(세장비)**

세장비細長比는 어떤 긴 부재에 대해 굵기와 길이의 비례를 표현하는 말로, 좀더 공학적으로 얘기하면 부재의 길이를 회전반지름으로 나눈 값이다. 회전반지름이란 강체剛體(외력에 의한 변형이 아주 적은 물체)의 전체 질량을 한 점에 모아 회전축에서 어떤 거리의 지점에 놓았다고 가정했을 때, 그 관성모멘트(회전축을 중심으로 회전하는 물체가 회전을 계속 지속하려는 성질의 크기)가 본디의 강체가 가진 관성모멘트와 같아지는 거리를 말하는데, 쉽게 얘기하면 부정형 단면을 같은 면적의 원형으로 생각하는 것과 유사한 개념이다. 한옥을 지으면서 기둥의 굵기를 판단할 때는 지름과 길이의 비례를 고려하기 때문에, 공학적인 의미는 약간 다르지만 '기둥의 세장비'라는 용어를 많이 사용한다.

  살림집 한옥에서 7치 각기둥을 사용하면 보기에 좋다. 8치 각기둥을 쓴 예는 그리 흔치 않다. 운현궁 노락당처럼 무게가 느껴지는 건물에서나 볼 수 있다. 6치 기둥은 좀 가늘어 보인다. 일제강점기와 6·25전쟁 직후에는 기둥을 5치까지 줄여 쓴 집들이 있긴 하지만, 기둥이 5치까지 가늘어지면 집이 당장 주저앉거나 부서지지는 않더라도 집의 수명(내구성)에 문제가 생긴다. 그렇다면 기둥의 굵기와 길이는 서로 어떤 관계에 있을까?

  『한국전통목조건축물 영조규범 조사보고서』(문화재청, 2006)를 보면 부재의 비례체계를 조사한 부분이 있다. 기둥의 굵기와 길이의 관계에서

명확한 비례체계는 보이지 않는다고 되어 있다. 하지만 이는 공식과도 같은 '명확한 비례체계'가 보이지 않는다는 것이지 비례체계가 아주 없다는 말은 아니다.

집의 입면을 구성하는 평주의 비례를 살펴보자. '기둥의 길이÷기둥의 굵기=세장비'라고 간단히 규정했을 때, 숭례문(3.68)과 팔달문(3.73) 같은 문루 건물을 제외하면, 세장비는 6~10 정도다. 기둥을 굵게 사용한 사찰의 중심 전각을 빼면, 하층 평주의 세장비는 근정전 8.06, 중화전 8.62, 인정전 7.30 등이다. 이러한 궁궐의 중요 전각들도 사실 기둥을 굵게 쓴 최고 권위의 건물들이다. 일반적으로 한옥에서 기둥의 세장비는 8~10 정도로 사용한다.

일을 하는 데는 언제나 기준이 되는 비례가 필요한 법이다. 기둥의 세장비 기준을 8~10으로 상정하고, 중요한 전각에는 좀더 굵게 쓰고 주변 건물들에는 다소 가볍게 사용하는 것이다.

기둥 세우기

기둥 세우는 일은 최소한 네 사람이 한 조가 되어 작업해야 효율적이다. 다림(수평이나 수직을 헤아려보는 일) 보는 사람 둘, 막대를 잡고 수직을 조정하

기둥 세우기

그레질

는 사람 둘이 짝을 이루어 작업한다. 기둥을 수직으로 세우는 작업을 '다림 본다'라고 한다. 기둥 중심선에 맞춰 추를 달고, 기둥의 수직을 조정할 수 있는 막대를 설치한다. 두 사람은 추를 보면서 기둥이 수직인지 확인하고, 다른 두 사람은 막대를 움직이면서 기둥이 수직이 되도록 한다. 추가 중심먹과 일치하면 작은 쐐기를 기둥밑동에 꽂아 흔들림이 없게 하고, 그다음에 그레질을 한다.

- **기둥 세우기**

철골구조, 목구조와 같이 부재를 짜서 짓는 가구식 구조에서 기둥을 세우는 작업에는 두 가지 분명한 목표가 있다. 첫번째는 기둥을 정확히 수직으로 세우는 것이고, 두번째는 기둥 상부가 모두 같은 높이가 되게끔 하는 것이다.

　기둥을 수직으로 세우는 작업은 추를 매달아 중심먹과 일치되게 조정하면 어려울 것 같지 않지만, 수십 개의 기둥을 세우고 그 높이를 모두 같게 하는 작업은 그리 쉬워 보이지 않는다. 철골구조 건물에서는 기초면과 베이스플레이트baseplate 사이를 볼트로 조정하면서 기둥 상부가 모두 같은 높이가 되게 한다. 그리고 기초면과 베이스플레이트 사이를 무수축 콘크리트 같은 재료로 채워 넣는다. 한옥시공에서는 이런 예민한 문제를 매우 지혜롭게 해결하고 있는데, 그 기법이 바로 그레질이다.

　한옥을 지을 때는 초석 윗면이 모두 같은 높이로 놓인 것처럼 보여도 높이가 조금씩 다

철골기둥 세우기 철골기둥은 수직으로 세우고 높낮이는 아래에서 볼트로 조정한다. 기초면과의 사이에는 나중에 무수축 모르타르를 채워 넣는다.

르다는 것을 전제로 작업한다. 그리고 자연석 초석과 같이 불규칙한 면 위에 기둥을 세울 때, 완벽하게 같은 높이란 실제로 존재하지도 않는다. 조금씩 다른 초석 윗면의 높이 차이를 기둥의 덤 길이로 보정하다 보면, 결과적으로 기둥머리 높이가 일치하게 되는 것이다. 때문에 기둥의 길이는 조금씩 다르다. 그레질해서 기둥을 세우는 기법은 매우 정밀하고 발달된 시공방법이다.

- **그레질**

본래 그레질이란 갯벌에서 조개를 캐는 작업을 말한다. 조개를 캘 때 '그레'를 사용해서 그레질이라고 하는 것이다. '당그레질'도 있다. 곡식을 그러모으거나, 잘 말리기 위해 일정한 두께로 잘 펴서 까는 일을 말한다.

한옥을 지을 때도 이런 그레질 작업을 거쳐야 하는 곳이 많다. 『문화재수리표준시방서』(문화재청, 2005, 85쪽)에서는 그레질을 "맞댄 면이 일정하지 않은 두 부재를 밀착하기 위해 사용하는 기법"이라고 정의하고 있다. 일반적으로 그레질은 자연석 초석처럼 불규칙하고 울퉁불퉁한 면에 다른 부재를 맞추기 위한 작업으로 많이 알려져 있다. 가공 초석을 사용할 때도 그레질을 하냐고 묻는 사람이 있는데, 당연히 그레질을 한다.

아래는 『문화재수리표준시방서』에 설명과 함께 나와 있는 그림으로, 불규칙한 초석면을 그레자(칼)로 뜨는 것을 보여준다. 그런데 그림에서는 기준선이 빠져 있다. 사실, 기준선이 없으면 그레질을 이해하기가 거의 불가능하다.

기둥을 세우는 데서 가장 중요한 목표는, 앞서도 이야기했듯이, 기둥을 수직으로 세우는 것과 기둥머리가 같은 높이가 되도록 하는 것이다. 기둥 그레질에서 불규칙한 면을 뜨는 것보다 중요하게 고려해야 할 사항은 기준이 되는 높이다. 초석을 놓을 때는 규준틀을 설치하고 실을

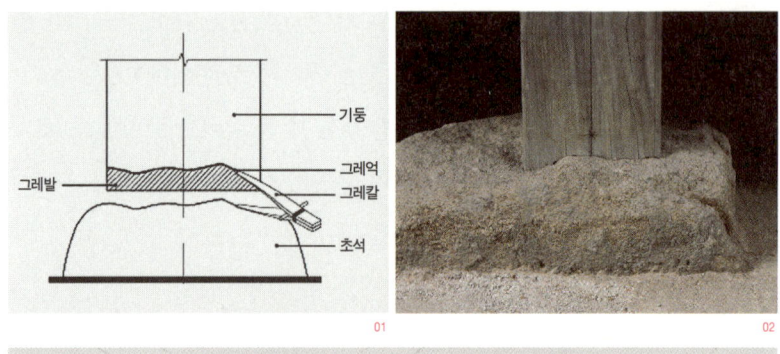

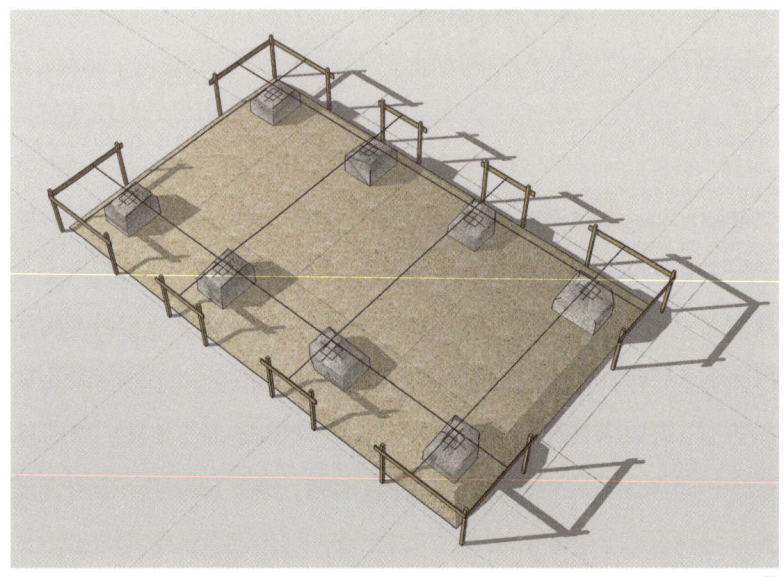

01 『문화재수리표준시방서』 그레질 개념도   02 그레질 된 기둥뿌리   03 초석 및 규준틀 설치

떠우는데, 실은 평면상에서 기둥의 정확한 위치를 표시하는 동시에 수직 기준면이 된다. 규준실을 기준으로 실 위쪽이 기둥 길이가 되고, 실 아래쪽이 덤 길이가 된다.

 기둥 그레질은 2차원이 아닌 3차원의 공간에 기둥 여러 개가 동시에 설치되어야 하는 만큼 조금 복잡한 편이다. 이해를 돕기 위해 단순한 그

불국사 석축

석축 그레질 순서

① 기준선
② 설치할 돌을 놓아보고 수평을 맞춘다. / 기준선
③ 설치할 돌이 기준선에 맞게끔 기준선과 돌의 높이 차이만큼 길이를 잡아서 그렝이를 뜬다.
④
⑤ 그레질한 부분을 가공해서 털어내면 설치 완료

레질을 언급한 다음 다시 기둥 그레질을 이야기해보자. 불국사 석축은 자연석을 평평하게 다듬지 않고 자연석 위에 설치된 화강석을 자연석 모양에 맞추어 다듬은 석축으로 유명하다. 이 불국사 석축을 만들면서 그레질 작업을 한다고 생각해보자.

 복잡한 부분은 생략하고, 자연석과 가공석이 만나는 부분만을 도면으로 그려보았다(181쪽 '석축 그레질 순서' 도판). 이 작업의 목표는 두 가지다. 첫째는 자연석 석축에 맞추어 불규칙한 모양을 깎는 것이고, 둘째는 돌의 윗면을 옆에 놓은 화강석과 나란해지게 맞추는 것이다. 작업은 간단하다. 먼저 자연석 석축을 모두 쌓은 뒤 화강석을 자리에 올려놓은 다음 쐐기를 설치하고 수평을 본다. 수평이 잘 맞으면 임시 설치가 끝난 것이다. 이 작업은 기둥을 세울 때 다림 보기와 같은 의미가 있다. 그레질하기 전 기둥은 수직으로 서 있어야 하고, 돌을 놓을 때는 윗면이 정확하게 수평을 유지해야 한다. 수평이 바로 잡혔다면 이제 그레질을 한다. 옆에 설치된 화강석 윗면의 높이와 같아지도록, 임시 설치한 화강석 윗면을 내려앉힌다. 임시 설치한 화강석 윗면과 먼저 놓인 화강석 윗면의 높이 차만큼만 내려오면 된다. 시작점에서 높이 차만큼을 잰 자리에서 그레질을 시작한다. 이렇게 해야 수평이 맞고 화강석 윗면 높이도 일치하는 그레질이 된다. 이 작업을 보면, 불규칙한 선을 그대로 본뜨는 작업은 조금 덜 정교할 수도 있다. 불국사 석축만 해도 그 아래에 있는 자연석 석축의 불규칙한 면과 완벽하게 일치한다고 볼 수는 없다. 하지만 화강석 윗면의 높이는 정확히 맞아야 한다. 그레질 작업에서 불규칙한 선을 뜨는 것보다 중요한 것은 '기준선'을 맞추는 일이다.

모든 그레질에는 맞추어야 하는 기준선이 있다. 불국사 석축에서는 석축 윗면을 정확히 맞추었다. 기둥 그레질에서는 기둥 윗면의 높이가 정확히 맞아야 한다. 실제 작업에서는 기둥 윗면에 맞춰 규준틀을 맬 수가 없기 때문에 규준틀에 걸어놓은 실 높이에 맞춘다. 그 기준선 위가 기둥 길이가 되고 아래가 덤 길이가 되는 것이다. 집 한 채에 기둥이 수십 개나 되니 기준선을 맞추어야 하는 것은 당연한 일이다. 추녀와 사래(겹처마의 귀에서 추녀 끝에 잇대어 단 네모지고 짧은 서까래)의 그레질에서는 추녀단과 사래단이 같은 높이에 위치해야 하고, 추녀와 사래의 몸이 수직으로 바로 서야 한다. 추녀와 사래의 위치를 정확히 잡은 후 쐐기를 박고 그레질을 한다. 흘림이 있는 기둥에 주선柱線을 설치할 때는 기준이 되는 수직선을 임의로 설정하고 그레질을 해야, 가로로 설치되는 인방 위아래에 모두 일치하는 주선을 넣을 수 있다. 그레질에서 가장 중요한 것은 기준선이다.

- **기둥 그레질하기**

이제 본격적으로 기둥 그레질에 대해 이야기해보자. 기둥 그레질도 원리는 같다. '예정된 기준선'이 있고 '치목 중에 표시해둔 기준선'이 있어 그 높이만큼을 정확히 내려서 불규칙한 초석면을 그레질하면 된다. 하지만 조금 특수한 점이 있다. 그레질 대부분이 예정 기준선을 보면서 하는 작업이라면, 기둥 그레질은 기준선이 되는 실을 걷어내고 작업해야 한다는 것이다. 무슨 일이든 눈에 보이면 쉽지만 눈에 보이지 않으면 어려워진다. 또한 매우 중요하면서도 잘 알려지지 않은 내용이 있다. 바로, 그레질의 시작점과 그레발에 관한 부분이다.

그레질

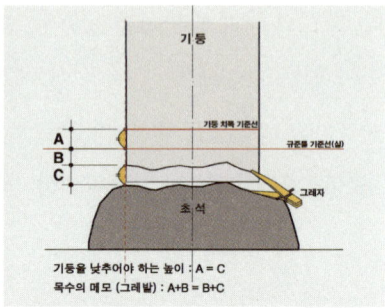

그레질을 하기 위한 메모   기둥 그레질 개념도

　석축을 설치하기 위해 작업했던 그레질은 2차원으로 이해해도 되는데 비해, 기둥 그레질은 기둥을 한 바퀴 돌면서 그레질을 해야 하는 만큼 3차원적으로 이해해야 한다. 기둥을 한 바퀴 돌기 때문에 관찰자의 입장에서는 시작점이 불분명해 보인다. 위 왼쪽 도판은 고故 조희환 도편수 기문技門에서 보탑사 적조전 초석을 설치하면서 기록한 내용이다(직접 기록한 사람은 김용기 도편수). 규준틀을 매고 실을 띄우고 초석을 설치하면서 초석면이 기준선보다 얼마나 낮게 설치되었는지를 적어놓았다. 초석마다 어떤 것은 1푼, 어떤 것은 1푼 5리 하는 식이다. 그런데 이런 미세한 길이들은 어디서 잰 것일까?

　답은 그레질하는 183쪽 사진을 보면 알 수 있다. 기둥에 중심선이 보이고 '15'라는 글자와 그 아래 치목 기준선, 더 아래 그레질 시작점을 표시해놓았다. 그레발은 그레질의 시작점에서 재야 한다. 그레질의 시작점은 목수의 기문마다 다를 수도 있지만, 일반적으로는 집의 전면 방향을 기준으로 한다. 현장에서는 목수가 메모해놓은 수치를 '나이 먹인다'라고도 하고, '그레발'이라고도 한다. 그레발은 낮아져야 하는 기둥의 높이와 어떤 연관성이 있을까.

　그레발의 수치는 규준틀을 매고 실을 띄웠을 때 기록하는데, 도판(184쪽, '기둥 그레질 개념도')을 보면 '기둥을 낮추어야 하는 높이'가 A라고 되

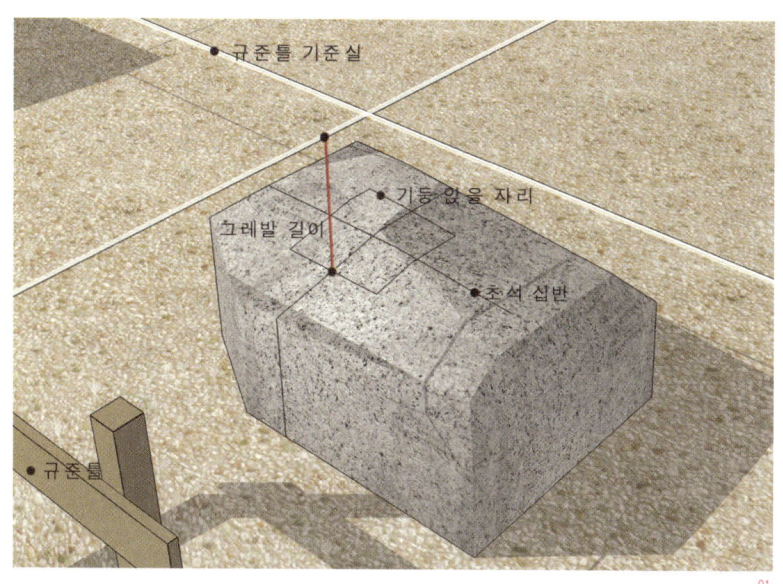

01 그레발을 재는 위치   02 그레발을 실측하는 고 조희환 도편수(ⓒ정연상)

어 있으면서 '그레발'은 B+C인 것이 얼핏 이해가 안 갈 수도 있다. 차분하게 생각해보자. 기둥이 A만큼 낮아지기 위해서는, 즉 기둥 치목 기준선이 규준틀 기준선과 일치하려면 시작점 하단에서 A와 같은 높이인 C만큼을 올려 잰 위치에서 그레질을 시작해야 한다. 여기까지는 확실하다. 그런데 앞서도 이야기했듯이, 기둥을 설치할 때는 실이 없어진다. 기준실이 없어졌을 때 우리가 기준해서 볼 수 있는 것은 기둥 치목 기준선밖에 없다. 도판을 보면, 기둥 치목 기준선에서 A+B만큼을 내려 잰 위치에서부터 그레질을 시작해도 마찬가지임을 알 수 있다. 목수들이 그레발을 잰 것은 기준실과 초석 상면이기 때문에 B+C다. 결과적으로, A와 C의 높이가 같고, A+B와 B+C의 높이도 같다. 당연한 설명 같겠지만, 각 수치들의 정확한 의미는 알아둘 필요가 있다. 그레질은 많은 상황에서 응용되는 만큼 아주 정확하게 이해해두어야 다른 상황에서도 변형해 활용할 수 있다.

- **그레발을 재는 위치**

기둥은 3차원에 존재하는 것인 만큼 다시 한번 그레발 재는 위치를 강조하고 넘어가는 게 좋을 것 같다. 그레발을 재는 위치는 기둥이 앉을 자리에서 기둥 중심먹이 있는 어느 한 방향이 된다. 그리고 그 방향은 모든 기둥에 똑같이 적용되어야 한다. 그래야 실을 걷어내고 기둥을 세우면서 그레질을 할 때 일관성을 유지할 수 있다(185쪽 도판 1). 붉은색으로 표시한 선(초석 윗면에서 실까지의 높이)이 그레발이라면, 다른 초석도 같은 위치에서 그레발을 재서 일관성을 유지해야 한다.

Special Box

그레질에 필요한 연장, 그레자

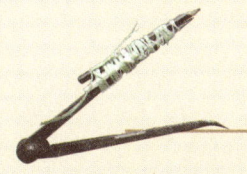

그레자는 규격화한 모양이 있는 것이 아니라서 상황에 따라 사용하기 편한 모양으로 만들어 쓰는 경우가 많다. 그레자는 크게 네 가지로 구분할 수 있다.

컴퍼스형 그레자   가장 많이 알려진 그레자로, 모양은 일반 컴퍼스나 디바이더와 비슷하다. 기둥 그레질에 많이 쓰이지만 다른 작업에서도 활용 범위가 넓다. 그레자를 수직으로 잘 유지해야 하기 때문에 숙련도가 낮으면 그레질이 부정확해질 수 있다.

십자형 그레자   기둥 그레질에 주로 쓴다. 컴퍼스형 그레자는 그레질 중 수직기준이 흐트러질 우려가 있어서 그 오차를 줄이기 위해 만들어진 그레자다. 연필을 아주 짤막하게 사용해야 더 안정감이 있다.

주걱형 그레자   흘림이 있는 기둥에 주선을 설치할 때 쓴다. 인방재처럼 편평한 면에서 사용할 때 효율적이고 정교한 작업이 가능하다. 작업 때마다 그때그때 만들어서 사용한다.

쐐기형 그레자   추녀 안장鞍裝 그레질에 주로 사용한다. 모양에 따라 분류하기 위해 붙인 명칭으로 규격화한 것은 아니다. 추녀 안장을 그레질할 때는 쐐기 모양이 편리해서 일반적으로 그때그때 상황에 맞춰서 만들어 사용한다.

| 귀솟음과 안쏠림

• **귀솟음**

기둥을 모두 같은 높이로 하면, 멀리서 볼 때는 별문제가 없지만 가까이서 보면 귀 부분이 숙어 보인다. 이는 카메라에 망원렌즈를 마운트 했을 때와 광각렌즈를 마운트 했을 때의 차이점 같은 것이다. 이런 착시를 교정하기 위해, 집의 중심으로부터 밖으로 갈수록 기둥을 조금씩 길게 쓰는 기법이 바로 귀솟음이다.

아래 사진에서는 구태여 재볼 필요가 없을 정도로 귀솟음이 확연히 보인다. 문얼굴(문틀)은 수평과 수직이 맞아야 문을 열고 닫는 데 문제가 없다. 창방과 문얼굴의 선을 비교해보면, 귀솟음 기법이 사용되었음을 쉽게 확인할 수 있다.

『영조법식』에서는 건물이 13칸일 때는 12치, 11칸일 때 10치, 9칸일 때 8치, 7칸일 때 6치, 5칸일 때 4치, 3칸일 때 2치를 귀솟음 한다고 나와 있다. 건물이 옆으로 한 칸씩 늘어날 때마다 기둥을 2치씩 키운다는 뜻이다. 하지만 도리칸 13칸까지만을 거론했을 뿐 그 이상의 설명은 없다. 왜 중앙 칸에서 양쪽으로 칸이 늘어날수록 기둥을 2치씩 늘리면 된다고 설명하지 않고 13칸까지만 언급했을까?

01·02 **귀솟음 기법** 완주 화암사 극락전·서산 개심사 대웅전

종묘 정전 귀솟음 기법은 도리칸이 계속 늘어나는 구조에서는 사용할 수 없는 제한된 기법이다.

    귀솟음 기법은 적용범위가 제한적이기 때문에 도리칸이 한없이 늘어날 수 있는 목구조에서는 일반론으로 말하기에 무리가 있다. 종묘 정전처럼 도리칸이 한없이 늘어나는 건물에서 기둥마다 귀솟음을 연속해서 적용한다는 것은 사실상 불가능하다. 귀솟음은 정형화한 주요 전각에서 한정적으로 사용될 수 있는 기법이다. 또한 『영조법식』에는 기둥이 귀솟음 되었을 때 상부 부재들의 처리에 대해서도 특별한 언급이 보이지 않는다.

- **안쏠림**

안쏠림은 기둥을 정확히 수직으로 하지 않고 안쪽으로 쏠리게끔 세우는 기법이다. 시각적인 안정감도 있고, 구조적으로도 안정성을 강화할 수 있는 기법으로 알려져 있다. 건축연대가 오래된 건물을 실측해보면, 일부 건물에서 안쏠림 기법을 확인할 수 있다. 하지만 안쏠림 기법의 방법에 대해서는 전해지는 내용이 없다. 목수 기문에 물어봐도 확실한 답을 주는 곳이 없고, 자세히 설명된 책도 없다.

먼저, 안쏠림 기법을 사용하기 위해 전제되어야 하는 조건을 생각해 보자. 가장 흥미로운 것은 초석의 설치와 축부재의 치목에 관한 부분이다. 집을 짓기 위해서는 미리 계획된 평면(작업 양판이나 그에 준하는 개념도일지라도)이 있을 것이고, 그 도면에 따라 초석을 설치하고 창방·보·도리 같은 축부재도 치목할 것이다. 작업을 이렇게 진행한다면 안쏠림은 불가능하다. 기둥을 안쪽으로 기울여 세운다고 해서 그렇게 되는 것은 아니다. 창방의 길이를 줄여야 기둥을 기울게 세워서 안쏠림을 할 수 있다. 다시 말해, 계획한 평면대로 초석을 설치한다면 기둥머리에서부터 결구되는 모든 부재의 길이를 줄여야 한다. 하지만 모든 부재를 이렇게 줄여서 치목하면 작업이 너무 복잡해진다. 보다 간단한 방법은, 모든 부재를 계획된 양판대로 치목하고 초석만 조금씩 넓혀서 설치하는 것이다. 그리고 나서 창방을 걸면 (물론 그레질한 부분에서 미세한 문제가 생길지도 모르지만) 집은 전체적으로 안쏠림이 된다. 그러나 이것은 그저 엔지니어의 생각일 뿐, 안쏠림 기법이 어떤 방법으로 구현되었는지에 대해 구체적으로 설명된 자료는 아직 없다.

| 기둥의 몸통

• 기둥의 흘림

기둥은 기둥뿌리와 기둥몸통, 기둥머리의 직경을 각각 다르게 치목한다. 이렇게 기둥 직경에 변화를 주는 기법을 기둥의 흘림이라고 한다. 흘림이 없으면 기둥이 둔탁해 보이고, 집을 짜는 과정에서도 기둥이 바로 서지 않은 것만 같은 착시를 느끼게 된다. 기둥 흘림은 한옥에만 있는 기법은 아니다. 수천 년 전에 만들어진 이집트 신전에서도 기둥 흘림을 볼 수 있고, 그리스 신전에서는 완숙한 배흘림기둥을 볼 수 있다.

흘림에는 여러 종류가 있다. 기둥의 밑동에서 어느 정도 올라갈 때까지는 점점 굵어지다가 다시 가늘어지는 배흘림, 밑동에서 위로 올라갈수록 계속 가늘어지는 민흘림 같은 기법 등이다. 민흘림에는 기둥의 밑동부터 머리까지를 일정하게 흘리는 기법도 있고, 1/3 정도까지는 흘림 없이 올라오다가 나머지 2/3 부분에만 흘림을 주는 기법도 있다. 기둥의 흘림은 기둥과 같이 설치된 주선을 유심히 관찰하면 쉽게 확인할 수 있다.

살림집은 기둥 굵기의 1/20~1/10 정도를 민흘림 한다. 흘림의 정도는 이런 비례를 따르기도 하지만 작업의 편의성과도 관련이 있다. 예를 들어 8치 기둥을 민흘림기둥으로 만들 때, 기둥 굵기의 1/10 정도를 민흘림 해서 밑동을 8치, 기둥머리를 7치 2푼으로 하는 경우도 있지만, 작업의 편의상 '2푼'을 빼고 기둥머리를 7치 정도로 할 때도 있다.

• **모접기**

부재의 모서리나 면을 도드라지거나 오목하게 깎아 모양을 내는 일을 '쇠시리'라고 한다. 이 쇠시리 작업에서 각진 모서리를 부드럽게 깎아내어 모양을 내는 작업을 '모접기'라고 따로 부르기도 한다. 섬세한 모접기는 목조건축에서만 가능한 큰 장점이다. 석재건축에서도 모접기를 하지만, 목재건축에 하듯이 그 작업이 다양하지도 않고 작업 자체도 매우 어렵다.

요즘 신축되는 집들은 모접기에 그다지 신경을 기울이지 않는 듯하다. 기둥 모접기는 다른 부재와 별 상관이 없지만, 문얼굴 같은 수장재에 모접기를 하면 부재가 서로 맞물리는 부분에 잔손이 많이 간다. 더구나 요즘에는 목재의 치목과 조립이 '재적당 얼마' 하는 식으로 계약되어서, 손이 많이 가는 모접기 작업을 생략하는 경우가 많아지는 것으로 보인다. 모접기를 생략하면 인건비는 줄일 수 있겠지만 집의 품격이 떨어질 뿐만 아니라 수장재가 틀어지는 것이 한눈에 보여 미관상 좋지 않다.

목수들이 작업을 할 때에 기계식 홈대패나 루터router로 기둥 면에 직각으로 날을 넣는 것을 볼 수 있다. 개념적으로는 변탕邊鐋(목재의 가장자리를 곱게 밀어내거나 모서리를 턱지게 깎아내는 대패) 대패질과 같은 작업이다. 면에 직각으로 날을 넣으면 모 접는 모양이 제한적이 되고 어떤 때는 부자연스럽다. 기계식 연장을 사용하더라도, 직각으로 날을 넣는 것은 다른 방법을 고민하면서 보완하는 편이 좋을 것 같다. 예전에 사용한 모끼대패처럼 홈대패에 받침판을 만들면 45도로 날을 넣는 것도 그리 어렵지 않을 것이다. 날을 45도로 넣으면 좀더 정교하고 자연스럽게 모를 접을 수 있다.

모접기는 크게 빗모 계열과 둥근모 계열로 분류할 수 있다. 빗모 계열은 주요 부분을 직선(사선)으로, 둥근모 계열은 곡선으로 처리한 것이다. 기둥에는 어떤 모접기를 사용해도 큰 상관이 없지만, 문얼굴을 만드

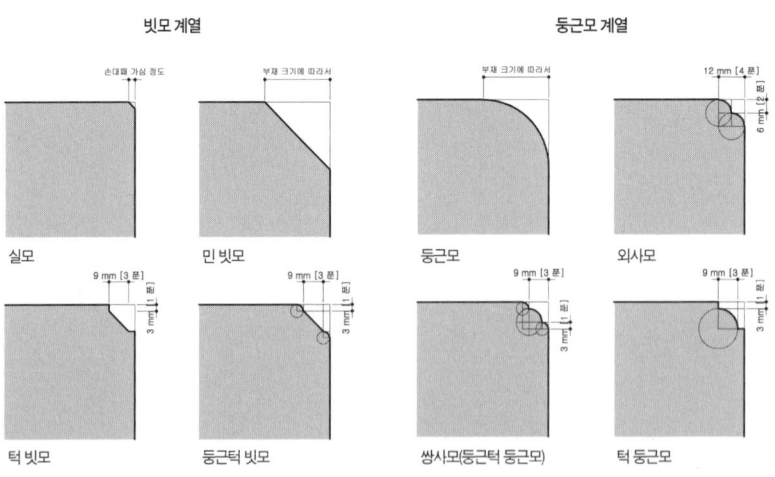

모접기의 종류

01·02 둥근턱 빗모 운현궁 노락당 기둥
03·04 쌍사모·턱 둥근모 05·06 외사모
07 홈대패 모접기에 사용한다.
08 모끼대패 기둥의 모서리를 다듬을 때 사용한다.

는 수장재에는 빗모 계열의 모접기를 많이 사용한다. 둥근모 계열의 모접기를 하면 부재를 직각으로 맞출 때 모접기 한 부분을 처리하기가 어렵기 때문이다.

기둥의 결구

• **사개맞춤**

기둥머리맞춤을 일반적으로 '사개맞춤'이라고 한다. 사쾌마춤·사궤맞춤 등으로 틀리게 표기한 경우가 많고, 화통가지·사파수四把手 등의 다른

01 사개맞춤 02 기둥사개맞춤 03 다포집의 기둥 창방만 끼이기 때문에 양쪽으로만 같이 난다. 04 팔모정 육모정이나 팔모정에서는 같이 더 여럿으로 나뉜다.

명칭도 있어 한옥을 처음 접하는 사람들에게는 혼란스러울 수도 있다. 사전에서 '사개맞춤'을 찾아보면 "상자 등의 모서리를 여러 갈래로 나누어 서로 물리게 하는 맞춤"이라고 정의하고, "기둥과 보와 도리의 맞춤"이라고 부연하고 있다. 일반적으로 사개맞춤은 상자를 짤 때 모서리 부분이 여러 갈래로 서로 물리는 형태와 같다.

　기둥사개맞춤은 일반적인 이음·맞춤과는 개념이 조금 다르다. 기둥사개맞춤은 맞춤의 형태를 말하는 것이 아니다. 반턱맞춤(두 목재를 이을 때 서로 반턱을 깎아 잇는 방법)이나 연귀맞춤(모서리 구석 등에 나무 마구리가 보이지 않게 45도 각도로 빗잘라 대는 맞춤 모접기)에는 분명한 형태가 있지만 기둥사개맞춤은 상황에 따라 달라지며 분명한 한 가지 형태가 존재하지는 않는다. 기둥사개맞춤에는 숭어턱맞춤·장부맞춤·통장부맞춤·주먹장맞춤·통넣고 주먹장맞춤 등등 수많은 맞춤들이 조합된다. 즉 기둥사개맞춤은 여러 맞춤이 조합된 '종합선물세트'인 셈이다. 일반적으로 부재가 네 방향으로 결구되는 구조에서는 기둥머리가 네 갈래로 나뉘기 때문에 사개맞춤이라는 용어가 적합해 보이지만, 다포집(기둥 위와, 기둥과 기둥 사이를 공포로 꾸며놓은 집)은 기둥머리에 창방만 끼이기 때문에 양쪽으로만 '갈'(기둥의 사개나 인방의 가름장처럼 갈래가 진 것)이 나고, 육모정六模亭이나 팔모정에서는 더 여럿으로 나뉜다. 이런 맞춤들에는 사개맞춤이란 이름이 적합하지 않으나, 그렇다고 갈이 나뉜 수대로 일일이 이개맞춤, 팔개맞춤이라는 이름을 붙이기도 적합하지 않다. '화통가지'나 '기둥머리맞춤'이라는 명칭이 제일 적합해 보인다.

- **기둥머리맞춤**

집을 짓는 사람들은 하중이 일정하게 수직으로만 작용하기를 바란다. 또 그렇게 되도록 집을 짓는다. 완공 직후에는 집의 균형이 잡혀 있어서 하중이 오로지 수직으로만 작용한다. 하지만 시간이 지나면 어떤 이유에서든 균형이 깨지고 옆으로 허물어진다. 누가 밀거나 당기는 것도 아닌데 횡력이 작용하고, 기둥이나 보의 절점節點에는 모멘트moment(어떤 종류의 물리적 효과가 하나의 물리량뿐만 아니라 그 물리량의 분포상태에 따라서 정해질 때 정의되는 양)가 생긴다.

단순하게 힌지hinge로 접합된 구조는 횡력이 작용하면 밀린다. 가새brace(수평방향의 힘에 대한 보강재로 대각선으로 빗대는 경사부재傾斜部材)를 하면 횡력에 저항할 힘이 생기지만, 입면에 창을 내기가 나쁘다. 효용성은 조금 떨어지지만 실제로 대각선으로 가새를 넣은 집도 종종 볼 수 있다. 요즘은 의

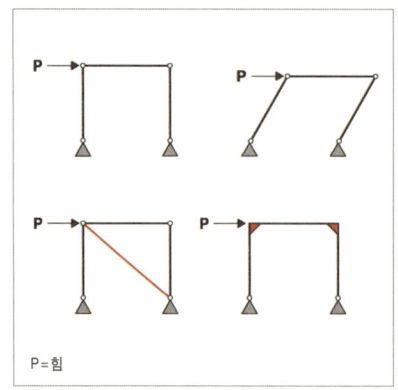
기둥머리맞춤의 개념도

목조건축의 가새 가새를 하면 횡력에 저항할 힘이 생기지만 창을 내기가 나쁘다.

외로 오른쪽 사진 같은 목조건물이 많이 지어진다. 그런데 (대부분은 공사비 때문이겠지만) 기둥머리에서 목재끼리의 합리적인 맞춤을 하지 않고 그냥 올려놓는 경우가 많다. 이럴 때는 가새를 해야 한다. 이런 구조를 보면, 한옥이 굉장히 발달된 목조건축인 한편 가공비가 엄청나게 많이 드는 건축양식이라는 생각도 든다. 기둥 사이를 대각선으로 가로지르는 가새 부재가 거슬리면 다른 방법을 찾아야 한다. 가새 없이 안정된 구조를 만들기 위해서는 위의 개념도처럼 기둥머리맞춤을 강접합剛接合과 유사하게 만들어야 한다. 한옥의 기둥머리맞춤은 이러한 구조적인 문제를 해결하는 방향으로 발전했다. 그렇다면 기둥머리에서 부재를 강접합화하기 위한 기법들에는 어떤 것이 있을까?

- **숭어턱맞춤**

건축에서 '강접합'은 '힘을 받아도 부재의 이어진 각도가 변하지 않는 단단한 이음방식', 즉 용접이나 철근콘크리트 구조처럼 일체화한 접합을 말한다. 목구조에서는 사실상 강접합이 불가능하다. 목구조를 강접합화한다는 것은 기둥머리의 절점에서 모멘트에 저항하는 힘을 강화한다는 말이다. 모멘트에 저항하기 위해 가장 일반적으로 사용되는 방법은 횡부재의 목을 가늘게 하고 뺄목을 만들어서 기둥머리를 관통시키는 것이다. 이런 맞춤을 '숭어턱맞춤'이라 한다.

숭어턱맞춤은 한옥뿐 아니라 일반적인 목구조에서도 가장 중요하고 핵심적인 결구방식 중 하나다. 『한국건축사전』(장기인, 보성각, 1993)에서는 숭어턱맞춤을 "보의 목을 가늘게 하여 기둥 화통가지에 끼이게 하는 맞춤"이라 정의하고, "보의 맞춤목을 숭어턱이라고 한다"라고 설명한다.

숭어턱맞춤은 반드시 '보'에 한정된 것은 아니다. 모든 수직부재와 수평부재의 맞춤에 존재할 수 있다. 다만 숭어턱맞춤이 가장 대표적으로 활용되는 부분이 기둥과 보의 맞춤인 것이다. 실제로 숭어턱맞춤은 한옥의 여러 부분에서 활용된다. 숭어턱맞춤은 목구조의 절점에서 모멘트에 저항하는 힘이 강한 결구다. 모든 부재에 이런 숭어턱맞춤을 사용하면 좋지만, 집은 여러 방향으로 목재가 결구되기 때문에, 중요한 축을 숭어턱으로 결구하면 직각이 되는 축에는 숭어턱을 사용할 수 없다. 부재가 연이어 짜이는 부분도 마찬가지다. 그래서 숭어턱맞춤은 대부분 보 방향으로 사용된다.

숭어턱맞춤

- **주먹장맞춤**

보 방향의 부재가 숭어턱을 만들면서 기둥머리를 관통하면 도리 방향의 부재는 뚫고 나갈 방법이 없다. 더구나 도리 방향으로는 부재가 계속해서 이어진다. 한옥은 보 방향 확장은 어렵지만 도리 방향 확장은 쉽기 때문이다. 숭어턱맞춤만큼은 강력하지는 않지만 차선책으로 사용할 수 있는 맞춤이 바로 주먹장맞춤이다. 주먹장이란 '주먹처럼 끝이 넓고 안으로 갈수록 좁아지는 장부'(한 부재의 구멍에 끼울 수 있도록 다른 부재의 끝을 가늘고 길게 만든 부분)를 말한다. 사실 기둥머리맞춤에서 주먹장이 사용된 지는 오래지 않다. 유구를 조사해보면 조선시대 후기쯤에나 주먹장이 사용된 것을 확인할 수 있고, 이전에는 통장부맞춤이 일반적이었다.(정연상, 「조선시대 목조건축의 맞춤과 이음에 관한 연구」, 성균관대학교 박사논문, 2005, 173쪽)

기둥머리에서 절점을 강접합화하는 데 숭어턱맞춤이나 주먹장맞춤을 사용하는 것은 좋지만 한 가지 문제가 있다. 기둥에 결구된 수평부재에서 전단력剪斷力이 가장 크게 작용하는 부분은 기둥과 만나는 지점이다. 숭어턱맞춤과 주먹장맞춤은 전단력이 가장 커지는 부분에서 부재의 단면이 가장 작다는 문제에 부딪치게 된다. 이런 문제는 적절하게 해결

통장부맞춤 서울 동묘

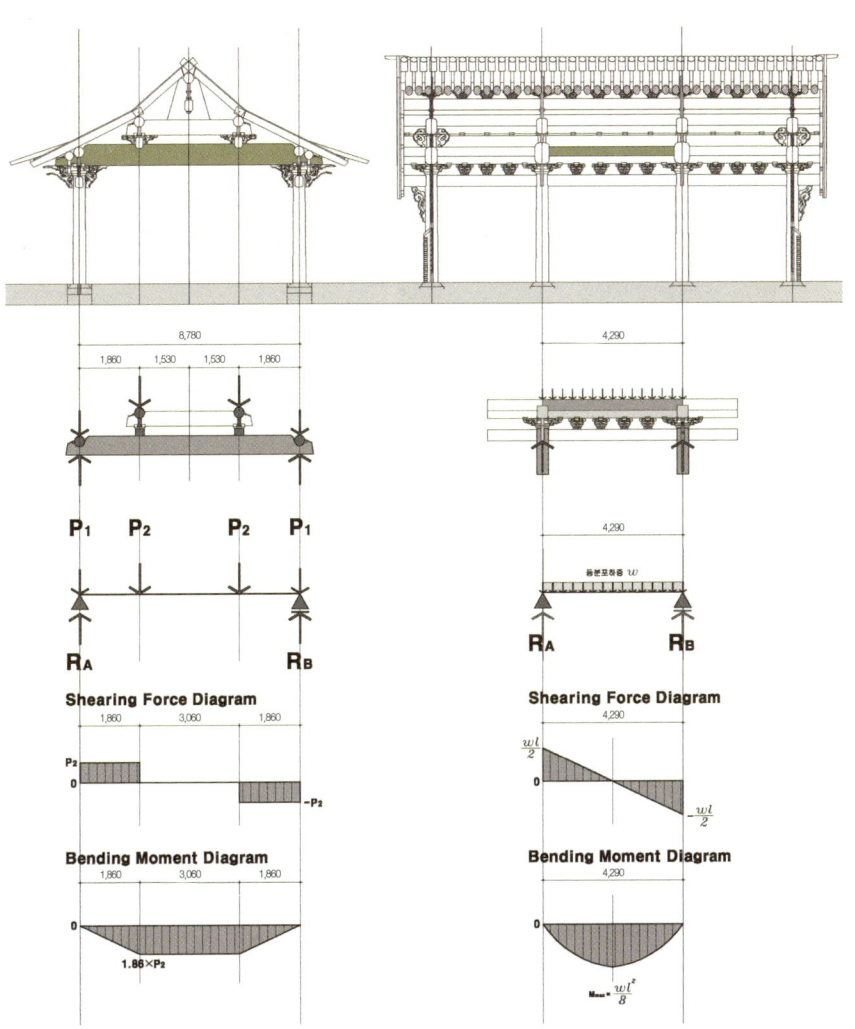

수평부재에 작용하는 힘의 개념도

횡부재는 기둥과 만나는 부분에서 전단력이 최대가 된다.
숭어턱맞춤과 주먹장맞춤은 전단력이 최대인 부분에서 부재 단면이 가장 작다는 단점이 있다.

숭어턱맞춤과 주먹장맞춤으로 구성된 기둥머리맞춤	통넣고주먹장맞춤 전단력이 최대인 부분에서 부재 단면이 작아지는 단점을 보완한 방법이다.

할 필요가 있다. 지지점(반력)에 가까워질수록 전단력이 커지는 것은 누구나 알 수 있는 사실이다. 그렇다면 전단력이 가장 커지는 부분에서 단면이 가장 작아지는 문제는 어떻게 해결하면 좋을까?

- **통넣고주먹장맞춤**

전단력이 최대인 지점에서 부재 단면이 최소가 되지 않게 하려면, 부재를 일단 '통으로 물리고' 주먹장맞춤이나 숭어턱맞춤을 할 필요가 있다. 이렇게 통으로 물리고 주먹장을 만들어야 전단력을 가장 많이 받는 지점에서 어느 정도 부재 단면을 확보할 수 있다. 통은 5푼 내외의 깊이로 넣는데, 통을 너무 많이 넣으면 기둥의 화통가지가 점점 얇아져서 또 다른 문제가 생긴다. 도리 방향에는 통넣고주먹장맞춤을 하는 경우가 많고, 보 방향에는 전단력에 취약한 부분을 보강하는 '보아지' 같은 부재가 많기 때문에 수장폭修粧幅만큼 숭어턱맞춤 하는 것이 일반적이다.

2 창방

창방은 기둥을 세운 뒤 가장 먼저 조립되는 수평부재(횡부재)로, 기둥머리를 고정시켜 구조를 안정되게 하는 부재다. 창방은 한자로 '昌枋' 또는 '昌防'이라고 적는다. '昌'에는 '창성하다'라는 뜻이 있다. 창방이라는 용어가 어떤 과정을 거쳐 생긴 말인지 지금은 정확하게 알 수는 없지만, 기둥 세우고 처음으로 짜는 부재에 '창방'이라는 이름을 붙인 것은 재미있는 일이다.

간단한 민도리집에서는 상방이나 장혀(장여) 또는 도리가 집을 조립하는 과정에서 가장 처음으로 기둥머리를 잡아주지만, 일반적으로는 기둥이 서고 가장 먼저 짜는 부재를 창방으로 인식한다. 집을 조립하는 관점에서 창방의 구실은 매우 중요하다고 할 수 있다.

창방 보탑사 적조전 신축

| 창방의 규격

창방은 어느 정도의 크기가 좋을까? 사실 이 물음에는 쉽게 답하기가 어렵다. 주심포집(공포가 기둥의 중심 위에만 있는 집)과 다포집의 하중을 처리하는 방식이 각각 다르기 때문이다. 하중 처리 방식이 다르면 창방 크기에 대한 개념도 달라진다. 오래된 주심포집에서는 창방이 수장재와 비슷한 크기의 목재로 사용되었다. 주심포집은 다포집과 같이 기둥 사이에 놓이는 간포(間包)가 없기 때문에, 기둥 사이에 걸리는 창방은 큰 힘을 받지 않는다는 구조적 관점에서 설치된 것이다.

창방은 기둥과 직접적으로 결구되어서 그 규격은 시각적으로 기둥의 규격과 관련이 있다고 할 수 있다. 조선 후기 궁궐목수 기문에서 지은 집을 살펴보면, 창방은 기둥 굵기 정도의 춤에 기둥머리보다 폭이 조금 작다.

| 반깎기

굵기가 다른 부재가 횡 방향으로 쌓이면, 모서리를 부드럽게 접어야 시각적으로 편안한 느낌이 든다. 이런 작업은 모접기 중에서 둥근 큰모 종류다. 하지만 보, 도리, 창방 같은 큰 부재의 모서리를 수장폭에 맞추어 깎아내는 작업은 모접기라 하지 않고 따로 '반깎기'라 부른다. 한옥에서는 부재가 날이 선 모서리를 그냥 드러내는 경우가 많지 않다. 이런 처리는 시각적으로 고급스러운 느낌을 줄 뿐만 아니라 목조건축에서는 비교적 쉽게 할 수 있는 작업이다.

반깎기 작업의 목표는 면이 자연스럽게 흐르도록 하는 데 있다. 그래서 반깎기를 한 건물들을 보면, 얼핏 수장폭이 끝나는 지점에서 모접

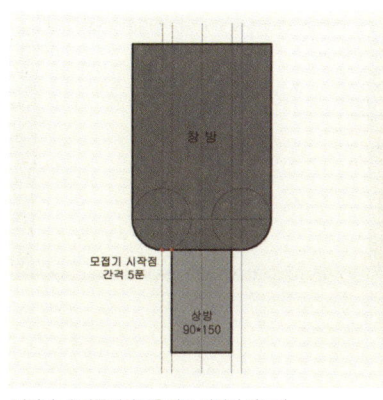

반깎기 수장폭에서 5푼 정도 띄워서 깎는다.   창방 반깎기 창덕궁 낙선재

기가 시작된 것처럼 보인다. 그러나 실제로는 끝나는 지점에서 5푼 정도를 띄워서 모접기를 시작한다. 수장폭이 끝나는 지점에서 바로 반깎기를 하면, 대패질 같은 가공이 조금이라도 더해질 때에는 금방 드러날 수 있기 때문이다. 반깎기의 모양은 사분원일 수도 있지만 그보다 좀더 느슨한 곡선인 경우도 있고, 항아리형 보 같은 데서는 아주 세련되고 복잡한 곡선인 경우도 있다. 반깎기는 보, 납도리, 창방, 뜬창방 등 많은 주요 부재에서 이루어지는 작업인 만큼 유심히 봐두어야 한다.

창방의 결구와 후보정

요즘에는 보통 디지털카메라로 사진을 찍어 후보정을 한다. 그래서인지 예전에 슬라이드필름으로 사진을 찍을 때는 셔터 누르기가 조심스러웠는데 요즘엔 셔터 누르기에 부담이 없다. 전문가들은 셔터 누르기가 쉬워진 것이 그저 좋은 것만은 아니라고 말하지만, 사진을 취미 등으로 하는 사람들에게는 후보정을 할 수 있다는 것이 마음 편하다. 집 짓는 작업에서도 이런 후보정 같은 작업이 많다. 그레질도 현장 후보정 작업이라

기둥머리

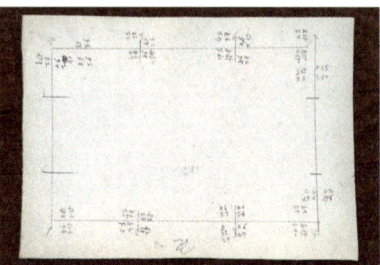
창방 세부 가공을 위한 목수의 메모

할 수 있다.

　창방은 기둥머리에 짜인다. 기둥에 흘림이 있으면 창방과 결구되는 부분이 깔끔하게 들어맞지 않는다. 아주 미세한 부분이라 잘 보이지 않을 것 같지만, 오히려 이런 것들이 더 눈에 쉽게 들어온다. 하지만 이런 사항들은 먼저 예상하고 치목할 수도 없다. 따라서 이런 부분들은 치목할 때는 그냥 두었다가, 조립할 때가 되면 서로 결구되는 부분을 하나하나 재서 틈이 생기지 않도록 정밀하게 보정한다. 이러한 작업을 일컫는 특별한 명칭은 없지만 요즘 식으로 말하면 일종의 후보정 작업인 셈이다.

Special Box

비계 매기

비계飛階란 건축공사를 할 때 높은 곳에서 일할 수 있도록 굵고 긴 나무 등을 써서 설치하는 임시가설물을 말한다. 한옥을 지을 때는 기둥을 세우고 창방을 건 다음 비계를 매는 것이 일반적이다. 기둥을 세우기 전에 비계를 매기도 하는데, 그렇게 하면 기둥을 세울 때 비계가 방해가 된다. 기둥을 세우고 창방(도리)을 걸어서 기둥을 안정되게 한 뒤에 비계를 매야 한다.

창방을 짜고 비계를 맬 때는 대체로 기둥머리 높이 정도로 설치한다. 비계 발판의 높이는 작업 효율과 관계가 밀접하기 때문에, 단면도를 보면서 비계의 높이를 검토한 후 계획해야 한다. 보통 한옥 건축은 규모가 작은 공사여서 따로 비계공을 부르지 않고 대목들이 비계까지 매는 경우가 많다. 물론 비계 매는 데 들어가는 인건비 문제는 대목들과 협의해야 한다.

비계는 재료에 따라 통나무비계, 강관비계鋼管飛階 등으로 나눌 수 있다. 하지만, 통나무비계는 시공학 교재에만 나와 있는 것이고 요즘 쓰이는 것은 강관비계 한 가지뿐이라고 해도 틀린 말이 아니다. 특히 요즘은 낙엽송으로 비계를 설치하는 건설현장은 찾아보기 힘들다. 아파트나 교량 건설처럼 특수한 작업에서는 상황에 맞게 최적화된 또 다른 시스템을 사용하기도 한다. 비계는 다시 용도별로 외부비계·내부비계·수평비계·달비계·사다리비계 등으로, 매는 방식에 따라 외줄비계·겹비계·쌍줄비계 등으로 나눌 수 있다. 외줄비계·겹비계도 이론상의 개념일 뿐 실제 현장에서는 거의 볼 수 없고, 대부분은 쌍줄비계를 맨다. 더구나 외줄비계나 겹비계는 처마가 길게 나와 있는 한옥시공에는 적용할 수도 없다.

외줄비계·겹비계·쌍줄비계는 수직성이 강조된 것이다. 이런 비계는 처마에 대한 고려 없이, 건물이 몇 층에 걸쳐 수직으로 올라갈 때 적합하다. 한옥은 처마가 깊은 만큼 비계 개념도 약간 다르게 접근해야 한다. 한옥을 짓는 데 적합

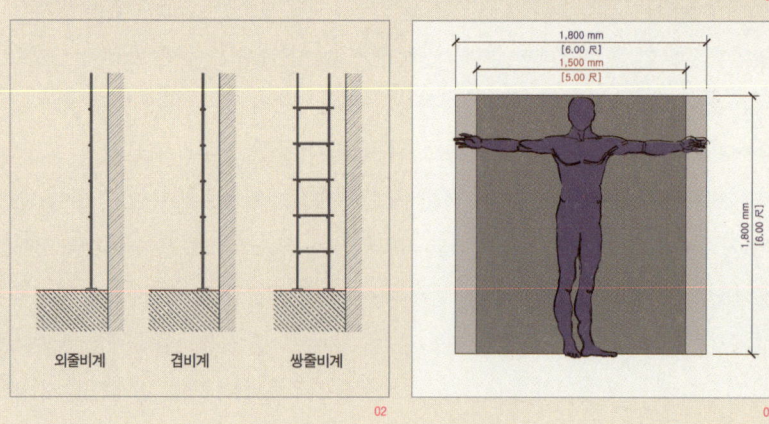

01 비계 일반적으로 기둥을 세우고 횡부재를 걸어 집이 안정된 시점에 설치한다. 02 매는 방식에 따른 비계의 종류 03 비계 매기 이 작업에서도 휴먼스케일이 적용된다.

한 비계는 수평성이 강조된 것이다. 비계는 발판에 사람이 섰을 때 서까래 끝이 작업자의 배꼽 높이에 오도록 맨다. 사람 배꼽 높이라는 것이 조금 모호하기는 한데 대체로 90cm 정도를 말한다. 비계의 높이는 공정마다 각각 다르다. 단청작업과 같이 섬세한 작업은 비계 높이에 예민하다. 단청작업에서는 비계발판에 사람이 섰을 때 서까래 마구리가 사람 눈높이보다 살짝 높게끔 설치한다. 작업자의 신장이 모두 다른 만큼 비계를 정확히 몇 센티미터에 맨다는 규정은 별 의미가 없다.

비계기둥은 비계를 조립할 때 수직으로 세우는 부재로, 띳장 방향 1.5~1.8m 간격, 장선長線 방향 1.5m 이하 간격으로 세운다. 비계를 아주 높이 매는 경우에는 최상부로부터 31m 이하는 비계를 두 개 겹쳐서 매도록 규정하고 있는데, 한옥을 지을 때는 이 정도로 높게 비계를 매는 일이 별로 없다. 기둥 설치 간격인 1.5~1.8m는 작업자가 높은 곳에서 비계를 매면서 비계기둥을 잡고 안전하게 건너다닐 수 있는 간격이다. 사람이 두 팔을 양옆으로 벌렸을 때 한 손 끝에서 다른 손 끝까지의 길이를 '한 발'이라고 하는데, 비계기둥도 이 정도 간격으로 세우는 것이다. 모든 작업의 중심에는 사람이 있다.

비계띳장은 비계기둥에 도리 방향의 수평으로 설치하는 부재다. 수직 간격은 1.5m 이내로 설치하는 것이 좋은데, 이 또한 사람이 비계 매는 작업을 하면서 오르락내리락하기에 무리가 없는 높이다. 일반적으로 사람이 섰을 때 가슴팍 정도의 높이며, 첫 단은 땅에서 사람이 지나다닐 수 있도록 1.8m 이상으로 하고 2.0m를 넘지 않도록 한다. 2.0m가 넘으면 비계에 하중이 걸렸을 때 좌굴挫屈(축 방향에 압력을 받는 기둥이나 판이 한계를 넘으면 휘어지는 현상)될 위험이 있다. 작업 출입구를 따로 계획한다면 출입구 주변 기둥과 띳장을 두 개씩 묶어 보강한다.

비계장선은 비계기둥에 보 방향의 수평으로 설치하는, 발판을 지지하는 부재다. 요즘 많이 사용하는 안전발판에는 고리가 달려 있어서 고리의 간격에 맞추어 매도록 되어 있다. 또한 기둥과 띳장을 일체화하고 도괴倒壞(무너짐)의 저항력을 증대하기 위해 'X'자로 보강하는 부재를 교차가새라고 하며, 높은 비계 위로 사람이 다닐 수 있게끔 비스듬한 길을 만들어야 하는데 그 길을 비계다리라고 한다.

3 보

보는 목조건축에서 가장 중요한 부재 가운데 하나다. 한옥은 철근콘크리트 구조처럼 사방으로 확장할 수 없다. 이유는 지붕 때문이다. 목구조도 지붕을 평지붕으로 처리한다면 철골구조처럼 사방으로 확장하는 것이 불가능하지는 않지만, 여기서는 한옥구조 고유의 특징적인 부분만을 이야기하도록 하자.

| 보의 구실

한옥은 용마루(지붕 가운데 있는 가장 높은 마루) 방향(도리 방향)으로는 칸을 늘리면서 확장이 자유로운 반면, 기왓골(기와지붕에서 수키와와 수키와 사이에 빗물이 잘 흘러내리도록 골이 진 부분) 방향으로는 확장이 제한적이다. 기왓골 방향으로도 칸을 늘리면서 확장할 수는 있지만 지붕만 대책 없이 커지고 노력에 비해 효용성이 떨어진다. 우리나라에서 가장 큰 한옥은 아마 경복궁 경회루일 것이다. 지붕구조만 보면, 경회루는 합리적인 범위를 넘어선 건물임을 알 수 있다. 경회루는 국가적으로 중요한 행사가 있을 때 사용하는 건물이니 만큼 예외로 볼 수 있다. 하지만, 일반적인 한옥은 대체로 20자를 넘지 않는다. 이는 지붕의 구조와도 관련이 있으며, 일반적으로 보 부재가 제한적이기 때문으로 이해된다.

보는 대공을 통해 전달되는 상부 지붕의 하중을 견딘다. 구조적으로 표현하면, 수직 하중을 휨으로 지탱하는 요소라 할 수 있다. 건물은 옆으로

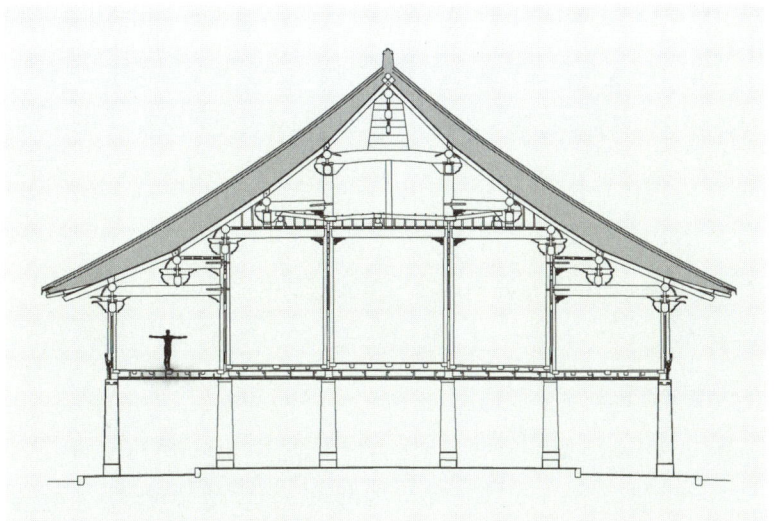

경회루의 종단면도와 지붕 구조, 그리고 휴먼스케일 휴먼스케일humanscale이란 주거공간 등 건축물의 내외부 공간을 설계할 때 인간의 신체를 기준으로 삼는 척도를 말한다.

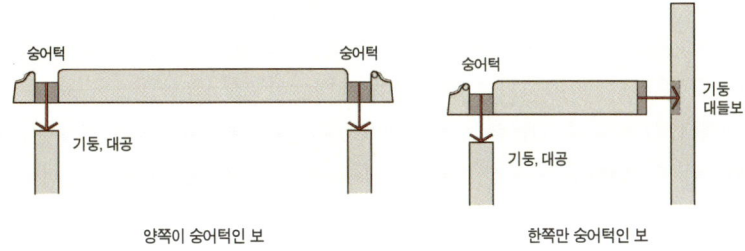

기울어지지 않도록 횡력에 견디는 장치가 있어야 제구실을 할 수 있다.

보의 종류

보는 일반적으로 대들보·종보·툇보·저울대보·맞보 등으로 나눌 수 있다. 이러한 분류에는 보의 위치와 결구방법이 혼재되어 있다. 어떤 기준으로든 다시 분류할 필요가 있는데, 보를 개념적인 결구의 관점에서 나누어보면, '양쪽이 숭어턱으로 만들어진 보'와 '한쪽만 숭어턱으로 만들어지고 다른 한쪽은 대들보나 기둥 몸통에 결구되는 보'로 나눌 수 있다. 양쪽이 숭어턱으로 만들어진 보는 횡력에 대해 구조적으로 안정감이 있는 반면, 한쪽만 숭어턱을 하고 다른 한쪽은 다른 부재에 장부로 결구되는 보는 상대적으로 횡력에 불안정하다. 대들보와 종보는 양쪽이 숭어턱인 보, 퇴량·충량·맞보는 한쪽만 숭어턱인 보에 속한다.

- **대들보와 종보**

대들보(대량大樑)는 집의 앞뒤 기둥을 연결하는 보이고, 종보(종량宗樑)는 가장 상부에 설치되는 보다. 처마도리·중도리·종도리로 구성되는 오량五樑 구조에서는 대들보와 종보라 하고, 보가 삼중으로 설치되는 구조(칠량구조)에서는 대들보·중보·종보라 부르지만 보가 삼중으로 걸린 예는 그렇게 많지 않다.

    대들보는 전후면 바깥쪽 기둥을 잡는 구실을 하는 매우 중요한 한옥 부재다. 대들보를 무한정 길게 사용할 수 없기 때문에 한옥에서는 보 방향으로의 확장이 어렵다. 보 방향의 폭을 넓히기 위해 고주高柱를 세우기도 한다. 중도리 위치에 고주를 세우면 크기가 제한된 부재로도 보 방향으로 좀더 확장된 집을 짓는 것이 가능하다.

- **툇보**

툇보(퇴량退樑)는 외진평주外陣平柱와 내진고주內陣高柱를 연결하는 보다. 한옥에 대해 잘 모르는 사람들은 흔히 툇마루와 쪽마루를 혼동한다. 툇보가 있는 툇간에 설치된 마루가 툇마루이고, 외진주 밖에 설치된 마루가 쪽마루다. 툇마루는 구조적인 틀 안에 자리 잡은 공간인 반면, 쪽마루는 덧달아 낸 임시시설 같은 성격이다.

01 **대들보와 종보** 고산사 대중선방 신축.
이성우 도편수 작업.(ⓒ김상일)
02 **툇보** 보령 신경섭가옥
03 **치목 중인 툇보**(ⓒ이광복)

　한옥에서 고주를 세우고 툇보를 사용하는 이유는 대략 두 가지로 정리할 수 있다. 첫째는 고주에 대들보와 툇보를 나누어 걸어서 지나치게 큰 목재를 사용하는 부담을 줄이려는 구조적인 이유다. 둘째는 앞뒤에 툇간을 둠으로써 내외부의 완충공간이나 실室과 실을 이어주는 복도, 방에 딸린 수납공간 등으로 사용하려는 생활상의 이유다. 툇보는 외진평주에 숭어턱으로 짜이고, 내진고주에는 장부맞춤을 하고 산지(산지못)를 박아 넣는다.

• **저울대보**

저울대보 즉 충량衝樑의 '충'衝에는 '찌르다', '부딪치다'라는 뜻이 있다. 충량은 한쪽은 기둥머리에 짜이고 한쪽은 대들보의 허리에 걸치는 부재로, 충량이라는 말에서 느껴지듯이 대들보 허리에 부딪치듯 결구된다. 충량의 다른 이름인 '저울대보'는 충량 위에 대공이 놓여서 보기에 저울

01 종묘 망묘루의 저울대보(충량) 02 대들보와 저울대보의 결구 통넣고주먹장맞춤을 한 것이다. 화성 화서문.
03·04 맞보 동구릉 수릉과 경복궁 회랑

대 같다고 해서 붙은 이름이다. 집의 측면에 설치되어서 대목 사이에서는 '측량'側樑이라고도 불린다. 공식적인 명칭은 아니지만 그 뜻이 명확해서 나름대로 의미 있는 용어다.

충량의 가장 큰 특징은, 대들보의 허리에 통넣고주먹장맞춤으로 결구한다는 점이다. 살림집 한옥에서는 대들보와 충량이 결구되는 위치에 기둥이 하나 들어서도 무방하지만, 큰 내부공간이 필요한 곳에서는 기둥 없이 대들보에 걸리는 충량이 매우 유익할 수 있다.

• 맞보

맞보는 기둥을 중심으로 마주 보면서 대칭을 이루는 보를 말한다. 가운데에 기둥이 있는 문루 건물이나, 측면이 두 칸인 구조에서 큰 대들보를 걸지 않고 기둥을 중심으로 보를 가볍게 쓸 때 볼 수 있다. 양쪽에서 대칭으로 결구해서 특별히 맞보라고 하지만, 결구하는 형식으로 보면 툇보와 같다.

일반적으로 기둥에 장부를 넣고 산지를 꽂아 결구한다. 간혹 기둥머리에 결구한 것들도 있는데, 보가 주먹장으로만 끼이는 것이 마땅치 않은 탓인지 이런 경우에도 산지를 넣는다.

보의 길이와 춤

일반적으로 보는 보칸 길이의 1/8~1/12 정도 되는 춤으로 사용하는 것으로 알려져 있다. 하지만 '1/8~1/12 정도'라는 말은 조금 모호하다. 보칸 길이와 보춤의 관계는 실측보고서를 하나하나 찾아보면서 정리하다 보면 답이 보일 수도 있겠지만, 오직 이 두 가지 변수만으로 결정할 수 있는 사항이 아니다. 살림집 한옥에는 오량구조로 된 것들이 많지만 집의 일부가 삼량구조인 것도 있고, 같은 오량구조 안에서도 삼분변작三分變作을 한 집과 사분변작四分變作(건물의 전체 칸을 삼등분한 지점에 동자기둥을 세우고 종보와 중도리를 배치하는 지붕 가구의 한 방법)을 한 집이 있을 수 있다. 이런 집들은 하중과 그 하중을 처리하는 구조가 다르다. 그래서 보칸 길이와 보의 춤을 직접적인 상관관계가 있다고 볼 수는 없는 것이다.

만약 지붕의 하중과 보칸 길이가 같다고 가정하면, '삼량구조≥삼분변작 오량구조≥사분변작 오량구조' 순으로 보를 굵게 써야 함은 상식적으로 알 수 있다. 이를 공학적으로 표현하면 뒤쪽의 그림이 된다.

보칸 길이와 보춤의 관계는 집의 구조에 따라 각각 다르게 검토되어야 한다. 결국 원점으로 돌아간다. 앞서도 말했듯, 보춤은 보칸 길이의 1/8~1/12 정도로 쓴다. 보칸이 같다면 삼량구조로 된 집에서는 1/10보

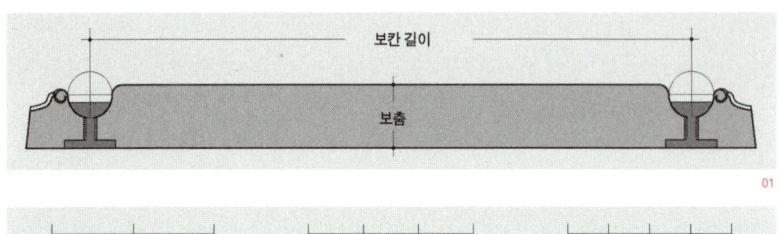

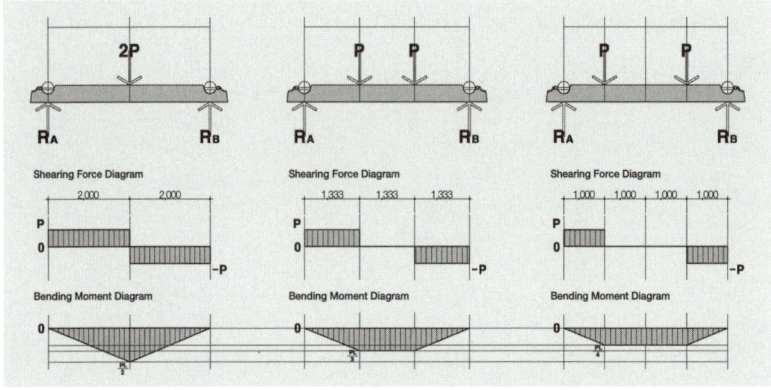

01 보칸 길이와 보춤 02 삼량구조와 변작이 다른 오량구조에 걸리는 단면력도

다 굵게 쓰지만, 일반적인 오량구조에서는 1/10~1/12 정도면 무난하다. 이 정도를 기본으로 알고, 집을 지을 때는 상황에 맞춰 좀더 신중하게 계획할 필요가 있다.

잘 지은 집은 부재의 비례가 적당해서 시원하고 날렵해 보인다. 이는 나무로 지은 한옥에 한정된 얘기가 아니라 건축구조가 추구하는 일반적인 목표다.

요즘에는 '부재가 실하다'라는 그럴듯한 말이 우리를 혼란스럽게 한다. 과거에 지어진 집을 보면 보를 가볍게 보이도록 하려고 항아리 모양으로 공들여 깎기도 하고, 보의 배를 한두 치 정도 깎아내기도 했다. 특히 구조가 훤히 보이는 대청 같은 곳

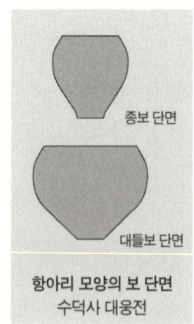

항아리 모양의 보 단면
수덕사 대웅전

가벼워 보이는 보 요즘은 보를 보기 힘들어졌다. 이광복 도편수 작업, 강화 학사재 한복연구소.

에서 보를 가볍게 보이도록 했는데, 요즘은 보가 다소 무겁게 느껴지는 한옥들이 의외로 많다.

언제부터인가 한옥을 지으면서 '튼실한 보'를 강조하게 되었다. 그런데 튼실한 보는 일제강점기 집장수가 대량으로 집을 지어 팔면서 만들어낸 상술이라고 한다.(신영훈, 『우리가 정말 알아야 할 우리 한옥』, 현암사, 2005, 221쪽) 튼실한 보보다는 가볍고 날렵한 보의 구조에 대해 좀더 깊게 생각해 볼 필요가 있다.

| 보의 폭과 춤

보의 단면 폭과 단면 춤에는 어떤 상관성이 있을까? 보의 폭과 춤은 어떤 특정한 비례를 유지할까? 과거에 지어진 수많은 집들을 살펴보면서 보의 단면 폭과 단면 춤이라는 두 변수의 상관성을 찾아도 사실 특별한 답은 없다. 과거에 지은 집에서 답을 찾으려고 하면 안 된다.

보는 매우 커다란 부재다. 목재는 굵을수록 귀하고 가격도 비싸진다. 보처럼 큰 부재는 원목을 제재할 때 신중해야 할 필요가 있다. 설계 단계에서도 마찬가지다. 한옥을 짓는 일에는 필연적으로 재료적 제약이 전제된다. 콘크리트 집은 구조를 계산해서 필요한 만큼 콘크리트로 크게 만들면 되지만, 원목으로 짓는 한옥은 원재료에 대한 고려 없이 부재를 무작정 크게 설계할 수는 없다. 부재를 크게 설계해도 결국 그만 한 크기의 나무를 찾지 못하면 아무 소용이 없기 때문이다. 설령 찾을 수 있다 해도 그런 나무는 대부분 '보호수'다.

어떤 원목을 치목할 때, 폭(가로)과 춤(세로)의 비례를 어느 정도로 해야 최선의 결과를 얻을 수 있을까? 이는 아주 중요한 문제다. 보와 같은 횡부재는 단면계수(Z: 보에 외력이 가해져서 변형이 일어날 때, 이를 계산하는 데 쓰이는 치수. 단면의 형태에 의해 정해지는 상수다)에 비례해서 휨 변형에 대한 저항이 커진다. 따라서 같은 통나무라면, 보의 폭과 춤을 어떤 비례로 가공해야 단면계수가 가장 커지는지 수학적으로 계산할 수 있다.

직사각형 단면 부재에서,

단면2차모멘트(I) = $\dfrac{bh^3}{12}$

단면계수(Z) = $\dfrac{\text{단면2차모멘트}(I)}{\text{도심에서 최장단 거리}}$

$= \dfrac{\frac{bh^3}{12}}{\frac{h}{2}}$

$= \dfrac{bh^2}{6}$

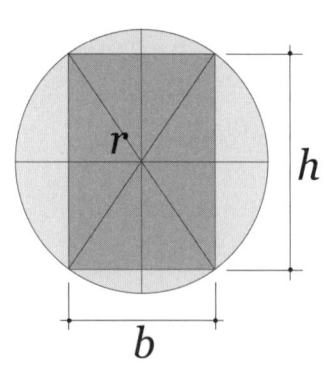

r, b, h는 직각삼각형이므로 피타고라스 정리에 의해서,

$$r^2 = b^2 + h^2$$

단면계수(Z) $= \dfrac{bh^2}{6}$ 에서, $h^2 = r^2 - b^2$ 을 대입하면

단면계수(Z) $= \dfrac{b}{6}(r^2 - b^2)$

도함수 $\dfrac{dZ}{db} = -\dfrac{1}{2}b^2 + \dfrac{r^2}{6}$ 이다.

이때, $\dfrac{dZ}{db} = 0$일때 최댓값을 갖는다.

$$\dfrac{dZ}{db} = -\dfrac{1}{2}\left(b^2 - \dfrac{1}{3}r^2\right)$$

$$= -\dfrac{1}{2}\left(b - \dfrac{1}{\sqrt{3}}r\right)\left(b + \dfrac{1}{\sqrt{3}}r\right)$$

단면계수(Z)는 $b = \dfrac{r}{\sqrt{3}}$ 일때, 최댓값을 갖는다.

$r^2 = b^2 + h^2$ 에서 $b = \dfrac{1}{\sqrt{3}}r$ 를 대입하면, $h = \dfrac{\sqrt{2}}{\sqrt{3}}r$

$$\text{밑변}(b) : \text{높이}(h) : \text{지름}(r) = 1 : \sqrt{2} : \sqrt{3}$$

결론적으로 말하면 폭(밑변)과 춤(높이)과 빗변(원목의 지름)이 $1 : \sqrt{2} : \sqrt{3}$의 비례를 가질 때, 같은 원목이라도 휨 저항이 최대가 되는 부재를 켤 수 있다.

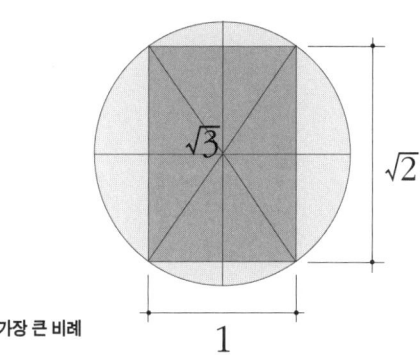

단면계수가 가장 큰 비례

이런 공식은 그 비례가 너무 수학적이어서 얼마만큼인지 당장 눈에 들어오지 않는다. 이 비례를, 원목의 지름을 100%로 보고 백분율로 나타내면 아래 표와 같은 결과를 얻을 수 있다. 아래 표를 보면서 예를 들어보자. 원목 말구의 지름이 68cm인 목재가 있는데 이것으로 보를 만들고 싶다. 이 원목을 가장 효율적으로 쓰려면 폭과 춤을 어떻게 계획해야 할까?

폭: 68cm × 57.74% = 39.26cm

춤: 68cm × 81.65% = 55.52cm

대략 이 정도의 폭과 춤이면 원목에서 가장 효율적으로 보를 제재해 낼 수 있다.

	원목지름	밑변(폭)	높이(춤)
비례	$\sqrt{3}$	1	$\sqrt{2}$
백분율	100%	57.74%	81.65%

단면계수가 가장 큰 비례를 원목지름에 대해 백분율로 나타낸 표

4 가구의 형식

한옥은 기둥을 세우고 보를 거는 가구식架構式 구조다. 집의 규모가 커지면 기둥·보·서까래 같은 부재들도 커져야 하지만, 목재라는 자연산 재료를 한없이 크게 사용할 수는 없다. 따라서 제한된 목재로 집의 규모를 늘리기 위해서는 부재들을 복잡한 구조로 엮어야 한다. 규모가 아주 작을 때는 삼량구조이지만 규모가 커질수록 오량구조, 칠량구조 등으로 복잡해지는 것이다.

여기서 '오량'五樑, '칠량'七樑 하는 것은 종단면도에서 보이는 도리의 개수를 말한다. 한자 '樑'(량)은 들보라는 뜻이다. 도리 개수를 말하면서 '들보 량'자를 쓰는 것이 이상할 수도 있겠지만, '樑'이라는 글자에는 '징검다리'나 '교량'이라는 뜻도 있다. 또한 징검다리와 같은 일종의 '지지점'도 '樑'으로 표현해서, 한옥에서는 서까래를 받는 지지점(도리)의 개수에 따라 '몇 량 구조'라 부르기도 한다.

가구식 구조

귀틀집 보탑사 산신각

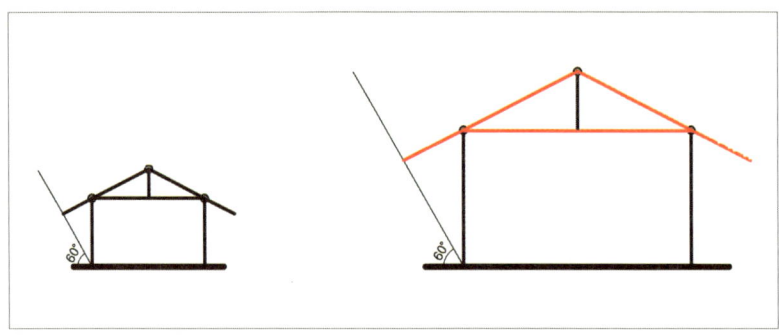

삼량구조 규모가 큰 집을 지을 때 서까래나 대들보 같은 목부재를 무제한으로 사용할 수는 없다.

| 삼량구조

가장 간단한 집의 구조는 대들보로 건너지르고 그 가운데 대공과 도리를 놓고 서까래를 올린 방식이다. 이 구조는 종단면도에 도리 단면이 세 개 보이는데, 이를 삼량구조라고 한다.

    삼량구조는 비교적 규모가 작은 집에 사용된다. 집이 커지면 보칸이 커지면서 대들보에 무리가 가고 서까래도 너무 길어져서 하나의 부재로 걸기가 힘들어진다. 가구식에서 집의 규모가 커질수록 가구 형식이 복잡해지는 이유는 보와 서까래의 부재 사용이 제한적이기 때문이다.

| 오량구조

집의 규모가 커지면 서까래를 하나로 걸기가 어려워지고 보 가운데에 집중하중이 작용하게 된다. 보를 적당한 길이로 분할해서 중도리를 설치하고 서까래를 나누어 걸면 종단면도에서 도리 단면이 다섯 개가 되는데, 이런 구조를 오량구조라고 한다. 오량구조는 분할된 집중하중이 보의 어느 위치에 걸리느냐에 따라 삼분변작, 사분변작 등으로 나눌 수 있다.

01 삼분변작 오량구조 화성 화서문 02 사분변작 오량구조 창덕궁 낙선재

　오량구조의 집은 규모가 커져서 보에 무리가 가면 고주를 세워 대들보와 툇보를 나누어 걸기도 한다. 일고주一高柱 오량, 이고주二高柱 오량 등이 그것이다. 규모가 더 커지면 고주 사이를 오량으로 꾸며서 전체적으로 칠량구조가 되게 한다.

　일반적으로 '몇 량'이라는 구분은 '도리가 몇 개인가' 하는 것인데, 기둥 중심선 바깥쪽에 걸친 외목도리와 공포 안쪽에 가로로 얹은 내목도리를 도리의 개수에 포함하는지에 대해서는 의견이 분분하다. 이 문제에 대해서도 고민해볼 필요가 있다. 집의 규모가 커짐에 따라 목구조가 복잡해지는 이유는, 보와 서까래의 재료적인 제한, 지붕의 물매 처리, 평면 계획, 구조와 미관 측면 등 매우 복잡한 사항들이 관련되어 있다. 간단하게 설명하자면, 도리는 서까래를 걸기 위해 설치하는 것인 만큼 '도리가 몇 개인가'는 '서까래를 몇 개 거는 구조인가'라는 물음과 같다고 할 수 있다.

　가구의 형식은 종단면도상에서 서까래를 두 개 거는 집(삼량집), 서까래를 네 개 거는 집(오량집), 서까래를 여섯 개 거는 집(칠량집) 등으로 구분할 수 있다. 이렇게 보면 아주 단순한 문제 같지만, 실제 건물들이 지어진 사례들을 보면 서까래를 양쪽에 두 개만 걸어놓고 가구의 구조를 오

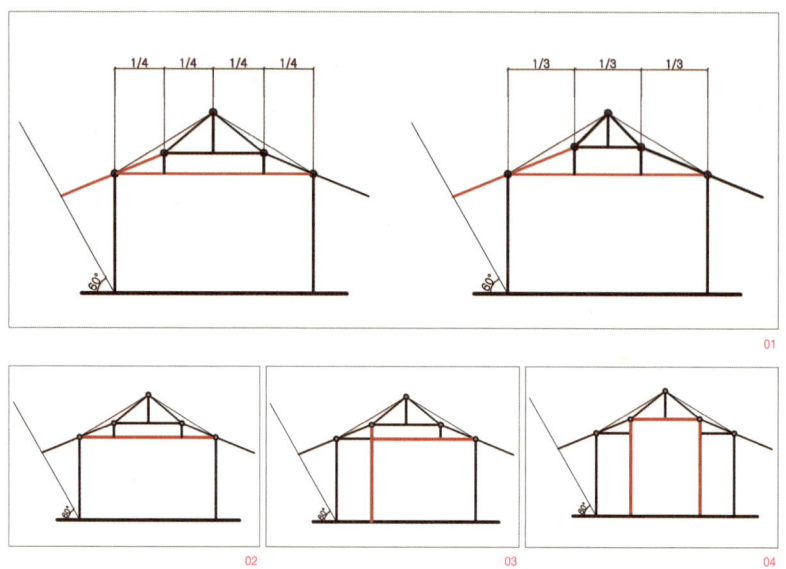

01 오량구조에서 사분변작(왼쪽)과 삼분변작(오른쪽) 02 오량구조 03 일고주 오량구조 04 이고주 오량구조

량이나 칠량으로 복잡하게 만든 경우도 있어서 그리 단순하게 단정할 수는 없다. 그러나 집을 분석하는 것이 아닌 집을 짓는 일에서는 서까래를 몇 개 거는 구조인가로 문제를 단순화하는 것만으로도 충분하다.

5 도리

▎도리의 구실

도리는 보와 직각으로 설치되어 서까래를 받치는 구실을 한다. 철근콘크리트 구조에서는 보 방향과 도리 방향의 구분이 없어서 보와 도리를 잘 구분하지 않는다. 하지만 한옥에서 도리와 보는 많은 차이가 있다. 한옥에서 보는 앞뒤의 기둥을 잡아주고 대공을 통해 내려오는 집중하중을 견디는 데 비해, 도리는 서까래를 통해 내려오는 하중을 받아 축부로 전달하는 구실을 한다.

▎도리의 종류

도리는 단면 모양과 설치 위치에 따라서 여러 가지 이름으로 불린다. 단면 모양에 따라서는 납도리(모나게 만든 도리), 굴도리(둥글게 만든 도리), 제형도치형梯形倒置形 등이다. 각각의 이름들은 그 뜻을 살펴보면 그렇게 불리는 이유를 알 수 있는데, 제형도치형은 다소 어렵게 느껴진다. '제형도치'는 '뒤집혀 설치된'(倒置) '사다리꼴'(梯形)이라는 뜻이다. 일반적인 도리 형식이 아니라서 봉정사 극락전, 수덕사 대웅전 등에서나 볼 수 있는 오래된 형식이다.

설치 위치에 따라서는 출목도리·주심도리·외목도리·내목도리·하중도리·중중도리·상중도리·종도리(마룻도리) 등으로 나뉜다. 충량(저울대 보)에 동자기둥을 세우고 측면 중도리를 저울대 모양으로 꾸민 부분을 외기外機라 하고, 그 부분에 설치된 중도리를 외기도리라 한다. 마룻도리 위 서까래가 'X'자로 걸치는 부분에 도리 방향으로 설치되어 누리개累里介(누르개, 수평재나 경사재의 위 끝이 들리는 것을 막기 위해 눌러서 대는 나무) 구실을 하는 적심재赤心材를 적심도리라고 하는데, 실제로 도리의 구실을 하지는 않는다. 덧서까래(지붕의 물매를 잡기 위해 서까래 위에 덧걸어 지붕을 꾸미는 서까래)를 걸기 위해 서까래 위에 다시 도리를 설치하는 예가 있는데, 이것도 덧도리·적심도리 등으로 불린다.

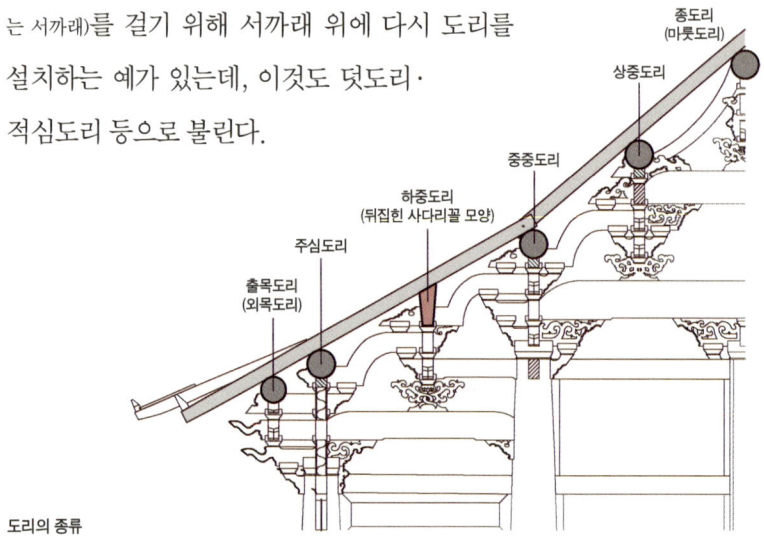

도리의 종류

각도와 물매

각도는 한 점에서 뻗어나간 두 개의 직선이 벌어진 정도를 말한다. 각도의 단위로는 육십분법과 호도법弧度法(라디안법)이 많이 쓰인다. 육십분법은 고대 바빌로니아 시대부터 써온 방법으로, 정삼각형의 한 각을 60개로 나눈 것을 1도(°, degree)로 정의한다. 정삼각형을 꼭짓점을 중심으로 회전시키면 모두 6개의 정삼각형이 필요하므로(60°×6=360°), 한 번의 회전을

360으로 나눈 각이라고 표현하기도 한다.

고등학교 수학시간에 배우는 호도법은 반지름이 1인 원둘레의 길이로 각도를 표현하는 방법이다. 반지름이 1이면 지름은 2이다. 지름이 2인 원둘레의 길이는 2π이기 때문에 $360°=2\pi$이고, $180°=\pi$이다. 호도법은 '길이'를 가지고 '각도'를 표현하는 방법이다. 각도 이야기를 이렇게 길게 하는 이유는, 현장에서는 길이로 각도를 표현하는 방식이 훨씬 일반화되어 있기 때문이다.

물매는 지붕이나 비탈길의 경사진 정도를 가리키는 말이다. 물매는 의미상으로는 '각도'를 말하는 것이지만, 육십분법 같은 단위법은 실제 현장에서는 쓰기가 불편하다. 공사현장에서는 각도를 쓰지 않는다. 물매를 표시할 때는 직각삼각형을 그려서 '높이/밑변'으로 표현한다. '주차장의 경사로를 1/8로 만든다'든가 '평지붕의 물매를 1/100로 한다'는 하는 식이다. 이렇게 하면 육십분법으로 표현하는 것보다 훨씬 알기 쉽고 시공과정에서도 작업이 편하다.

한옥에서 지붕물매를 말할 때도 마찬가지다. 한옥 지붕의 물매는 밑변이 1자인 직각삼각형을 놓고 그 높이에 따라 '몇 치 물매' 하는 식으로 표현한다. 물매가 완만할 때는 '물매가 뜨다'라고 하고 물매가 가파르면 '물매가 되다'라고 표현하는데, 요즘에는 잘 쓰지 않는 말이다.

집의 구조가 오량 이상이

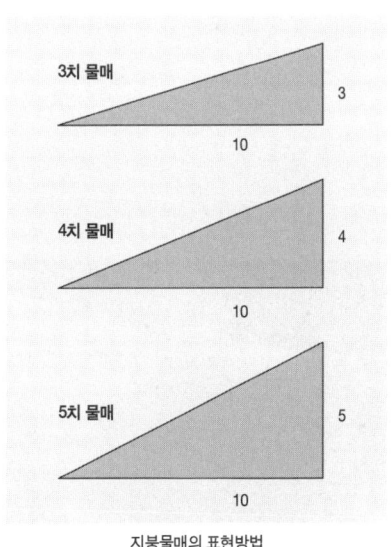

지붕물매의 표현방법

되면 장연長椽(들연. 오량 이상으로 지은 집의 맨 끝에 걸리는 서까래)의 물매는 뜨고, 동연棟椽(상연上椽. 오량집의 마룻대에서 양쪽 중도리에 급경사 지게 건 짧은 서까래)의 물매는 되게 된다. 처마 끝에서 지붕마루까지 연결한 물매를 맞지름 물매라고 한다.

　한옥 지붕의 가구를 계획하고 검토할 때는 서까래의 물매와 도리의 수평 위치를 결정하는 변작법을 동시에 고려해야 한다. 물매는 지붕의 가구를 계획하는 가장 기본적인 기준선이 된다. 한옥에서는 처마서까래 물매 4치, 맞지름 물매 6치를 좋은 물매로 본다. 이는 한옥을 지을 때 통상적으로 적용되는 수치다. 개념적으로 물매를 결정할 때는 관찰자가 집의 전체 모양에서 지붕면이 보이는 정도를 기준으로 하기 때문에, 모임지붕(추녀마루가 경사져 올라가 용마루에서 모이게 만든 지붕)처럼 지붕면이 적게 보이거나 문루나 중층건물처럼 높은 지붕에는 물매를 많이 준다. 그래야 시각적으로 안정감이 있다.

도리의 가공과 결구

도리의 가공과 결구는 단순하다. 굴도리든 납도리든 계획된 단면 모양에 맞추어 반듯하게 가공하고, 보의 모가지나 대공에 만들어둔 '도리 안장'

앉은 자리가 매우 안정적인 도리 동구릉 수릉(ⓒ이대근)

도리의 이음 동구릉 수릉

01 연귀반턱맞춤 02 난간 돌난대의 연귀반턱맞춤 03·04 팔각정에서의 연귀반턱맞춤

에 올려 태운다. 여기에서 도리가 자리를 잡는 안장은 구조적으로 중요하다. 한옥의 가구가 발전한 과정을 보면 도리 앉는 자리가 안정되어가는 과정을 볼 수 있다. 결구된 도리가 서로 빠지는 일은 없지만, 더욱 튼튼히 고정하기 위해 맞댄 면에 나비장(재목을 서로 이을 때 이음새 사이에 끼워 넣는 나비 모양의 나무쪽)을 채운다. 궁궐 안에 지은 집들을 해체해보면, 보와 도리의 결구를 잡아주는 철물이 과감하게 사용된 것도 흔히 볼 수 있다.

도리의 가공에서 재미있는 것은 모서리 기둥 위에서 서로 결구하는 왕찌맞춤(둥근 목재를 열십자로 교차한 맞춤 형태 구조) 방식이다. 도리는 추녀가 설치되는 모서리 기둥 위에서 교차한다. 그러기 위해서는 반턱맞춤으로 처리해야 하는데, 약간 모양을 내서 '연귀반턱맞춤'을 한다. 굴도리가 연귀반턱맞춤 된 것을 특별히 왕찌맞춤이라고 한다. 눈으로 보기에는 모양이 조금 복잡해서 굴도리의 왕찌맞춤이 이해가 잘 안 갈 수도 있겠지만, 사각형이나 팔각형의 연귀반턱맞춤과 비교해보면 금방 이해할 수 있다. 물론 실제로 치목하려면 톱 넣기가 쉽지 않지만 이론적으로는 단순하다. 왕찌맞춤은 흔히 도리에만 사용하는 맞춤으로 아는 사람이 많은데, 난간 돌난대와 같이 둥근 단면이 직각으로 만나는 구조에는 모두 마찬가지로 사용된다.

6 장혀

장여라고도 하는 장혀(長舌)는 도리 밑에 받쳐 도리를 보강하는 부재다. 고려시대에 지어진 주심포건물에서는 도리 밑에 짧게 사용된 부재를 볼 수 있다. 장혀에는 도리와 같은 길이로 설치되는 것이 있는가 하면 도리보다 짧게 설치되는 것도 있어 이를 짧은 장혀라는 뜻의 '단장혀'(短長舌)라고 부르기도 하지만, 일반적으로는 '장혀'와 '단혀'로 구별하는 것이 의미상 명확하다. (김왕직, 『알기 쉬운 한국건축 용어사전』, 동녘, 2007, 159쪽)

| 장혀의 구실

장혀와 단혀는 도리 바로 밑에 설치된다는 공통점이 있지만, 구조적인 구실은 전혀 다르다. 장혀는 도리와 같은 지점에서 결구되어서 도리가 받는 하중을 직접적으로 분담한다. 또한 지붕하중을 받는 도리 밑에 설

단혀 강릉 객사문·수덕사 대웅전

동구릉 수릉(ⓒ이대근)

01 장혀 도리 모양에 맞추어 둥글게 굴려 판다. 강화 학사재 한복연구소 신축 현장.(ⓒ이광복)
02 도리 아랫면을 평깎기 한 예 귀신사 대적광전 보수(ⓒ양재영)

치되어 부재의 춤을 키우는 구실을 한다. 결국 장혀는 인장력을 분담하는 부재로 사용되는 장치인 것이다. 장혀의 단부端部는 주먹장으로 결구되는데, 장혀는 전체가 3치 내외이므로 주먹장을 만들어도 큰 효과는 없다. 장혀의 결구에 철물을 사용해서 보완할 필요가 있다.

단혀는 장혀와 비슷한 종류로 분류하기 쉽지만 구조적으로 다른 구실을 하는데, 주심에서 이어지는 도리를 넓은 면적으로 안정되게 받아준다. 안장을 안정되게 하는 두공의 구실을 하는 것이다. 도리 단부에 걸리는 전단력을 보완하는 것도 기대할 수 있지만, 사실상 보처럼 모가지가 가늘지 않은 도리의 단부에서 전단력을 보강할 필요는 없다.

| 장혀의 가공

장혀의 폭은 수장재의 폭과 같다. 장혀의 춤은 수장폭과 3:5에 가까운 비례를 보이지만, 도편수들이 그린 공포 단면도를 보면 같은 집에서도 물매를 조정하면서 내목도리 장혀와 주심도리 장혀, 외목도리 장혀를 조금

장혀와 상방 민도리집에서는 장혀와 상방이 구분되지 않는다. 부여 민칠식가옥.

씩 달리하는 예도 쉽게 볼 수 있다. 칸 사이가 넓을수록 장혀 춤을 많이 잡는 것도 볼 수 있다. 결국 특별한 비례규칙은 없는 것으로 보인다. 장혀는 도리와 면으로 만나기 때문에 도리의 둥근 면에 맞춰 굴려 파서 도리를 안정되게 하는 것이 일반적이고, 도리 아랫면을 평깎기 한 것도 볼 수 있다.

간단한 민도리집에는 장혀와 상방上枋의 구분이 불분명한 경우도 있다. 특히 상방이 문얼굴이 되는 경우에는 모접기나 문받이턱을 만들 때 문제가 생기기도 하는 만큼 주의가 필요하다.

7 대공

사전에서 대공臺工을 찾아보면 '보 위에 설치되어 보와 도리를 받쳐주는 부재'라고 나온다. 대공은 작은 부재여서 중요하게 생각하지 않을 수도 있지만, 가구의 물매를 잡는 계획에서 매우 중요한 구실을 한다. 계획단계에서는 물매에 맞춰 대공의 길이를 결정하지만, 집을 짜는 단계에서는 대공이 물매를 조절한다고 해도 과언이 아니다. 일반적으로 동자대공과 판대공이 많이 쓰인다. 동자대공과 판대공은 대공을 형태적으로 분류한 것으로, 가장 많이 쓰이고 있다. 목재를 세워 만든 대공과 목재를 눕혀 만든 대공은 대공을 구조적으로 분류한 것이다.

대공의 형태적 분류

- **동자대공**

동자童子대공은 짧은 기둥 모양의 대공이다. 결구는 기둥과 같아서, 머리를 화통가지로 만들며 보와 장혀가 짜인다. 동자대공은 일반적으로 대들보 위에서 중도리를 받치는 경우가 많다. 가장 간결하면서도 구조에 충실한 대공이다.

- **판대공**

판板대공은 판재를 눕혀 여러 겹 겹쳐서 만든 대공이다. 일반적으로는

01 판대공과 동자대공 직산현 관아 내아內衙(ⓒ김상일) 02 동자대공 직산현 관아문 03 판대공 직산현 관아 04 키대공 (ⓒ정연상) 05 파련대공 운형대공, 화반대공과 구분이 잘 되지 않는다. 강릉 객사문. 06 포대공 완주 화암사 우화루

사다리꼴에 조각이 없는 것만을 판대공이라 한다. 판대공과 완전히 똑같은 구조에 물결무늬를 연속으로 조각하면 파련대공波聯臺工, 구름무늬를 조각하면 운형대공雲形臺工이라 부른다. 사실 파련대공과 운형대공은 그 모양이 비슷해서 분명하게 구분하기는 힘들다.

일반적으로 판대공에는 수장폭을 적용하지만, 도리와 창방이 결구될 때 다소 불안정한 느낌이 드는 만큼 좀더 두껍게 사용하는 것이 좋다.

대공의 구조적 분류

대공도 단순히 형태에 따르기보다 구조적으로 분류할 필요가 있다. 이때, 목재는 방향에 따라 강도와 건조수축이 다르기 때문에 방향성이 있는 재료라는 점에 주목해야 한다. 목재를 세워 만든 대공은 동자대공과 키대공이다. 동자대공은 기둥 모양, 키대공은 판 모양으로 사용된다. 목재를 눕혀 만든 대공은 판대공과, 그와 이름이 유사한 대공들이다. 목재를 세워서 만든 대공과 목재를 눕혀서 만든 대공은 건조수축에서 20배나 차이가 나는 만큼 그 구분을 쉽게 생각해서는 안 된다.

대공에는 장혀와 도리가 올라타는데, 판 모양의 판대공에서는 그 결구가 조금 불안해 보인다. 그래서 판대공을 사용할 때는 수장폭보다 조금 더 두껍게 만드는 것이 바람직하다. 보다 적극적인 방법으로 목재를 두 방향으로 짜서 도리 방향을 보강하기도 한다.

대공의 구조적 분류

* 목공사

제 **8**부

지 붕 부 재 — 처마 · 서까래 · 추녀 · 선자서까래

흔히 한옥을 못 하나 쓰지 않고 짜 맞추어 짓는 집이라고 말하기도 한다. 하지만 이는 축부를 이루는 구조체에 한정된 얘기일 뿐 지붕을 구성하는 부재에 어울리는 말은 아니다. 지붕을 구성하는 서까래와 추녀는, 받침이 되는 도리와 안정적인 방법으로 결구되지 않고 올려지는 구조다. 서까래는 뿌리 부분에 가로로 구멍을 파고 싸리나무나 얇은 대나무 종류로 연침椽針을 넣거나 연정椽釘을 박아 고정한다. 한옥의 지붕 구조를 트러스truss와 유사한 것으로 해석하는 사람도 있는데, 사실 한옥 지붕의 구조는 트러스와는 아무런 관계가 없다. 트러스의 구조 개념은 모든 휨모멘트(보에 어떤 힘이 가해질 때 작용하는, 보를 굽히려는 힘)를 축방향력(인장과 압축)으로 바꾸려는 것이다. 트러스 구조와는 거리가 있지만, 연침을 넣은 것보다는 연정을 박은 것이 구조적으로 좀더 안정적이다.

지붕을 구성하는 부재를 계획하면서 중요한 것은 한옥 고유의 우아한 곡선을 만드는 기법이다. 이런 기법들은 조금씩 발전해왔는데, 물론 지금도 완성되었다고 할 수는 없다. 선자서까래 기법은 다소 복잡한 데다 아직 이론적으로도 충분히 정리되지 못했다. 처마 곡선에 대한 좀더 논리적인 이론체계가 필요하다.

여기에서는 한옥의 지붕을 구성하는 목부재의 원리와 현재 조금씩 발전하고 있는 한옥 지붕 곡선의 개념적인 문제에 대해 생각해본다.

1 지붕부재 3지점의 해석방법

처마 곡선과 안허리곡·앙곡

한옥 처마 곡선은 안허리곡과 앙곡昻曲을 가진 삼차원 곡선이다. 처마 곡선에서 안허리곡이란 지붕 중심부가 짧고 추녀 부분이 길게 나와, 하늘에서 보면(평면적으로 보면) 지붕 곡선의 가운데가 마치 허리가 들어가듯이 잘록하게 들어간 모양을 말한다. 안허리곡은 정중앙에 설치된 서까래에 비해 추녀가 얼마나 돌출되는가에 따라 '안허리곡이 깊다', '안허리곡이 얕다'고 표현한다.

처마 곡선에서 앙곡이란, 입면도상에서 정중앙에 설치된 연단椽端에 비해 추녀단이 휘어 올라간 모양을 말한다. 앙곡 또한 정중앙에 설치된 서까래 끝에 비해 추녀가 얼마나 올라갔느냐에 따라 '앙곡이 크다', '앙곡이 작다'로 표현한다.

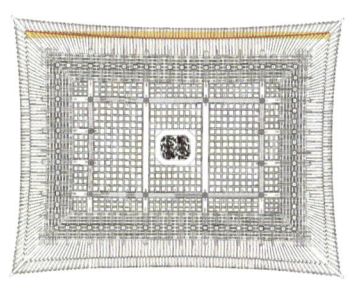

경복궁 근정전의 평면 안허리곡

경복궁 근정전의 입면 앙곡

지붕부재의 3지점

한옥 처마 곡선을 구성하는 주요 부재는 추녀, 서까래(평서까래·선자서까래 등), 평고대平高臺 등이다. 추녀와 서까래는 평고대 하단에서 안허리곡과 앙곡을 그리면서 가지런한 곡선으로 정렬된다. 그리고 힘을 받는 축부(도리) 2지점에 지지된다.

추녀와 서까래는 평고대 1지점과 도리 2지점에서 완전히 밀착되어야 한다. 따라서 한옥 지붕을 구성하는 추녀와 서까래는 개념적으로 3지점에 구속된다. 3지점을 좀더 정확하게 규정하면, 평고대 지점·처마도리 지점·중도리 지점이다.

• 평고대 지점

서까래 마구리 상단은 평고대 하단에 밀착된다. 평고대 지점은 처마 곡선(안허리곡과 앙곡)의 계획에 따라 변한다. 한옥의 부드러운 처마 곡선은 각각의 서까래에서 생기는 각기 다른 평고대 지점이 모여서 이루어진다.

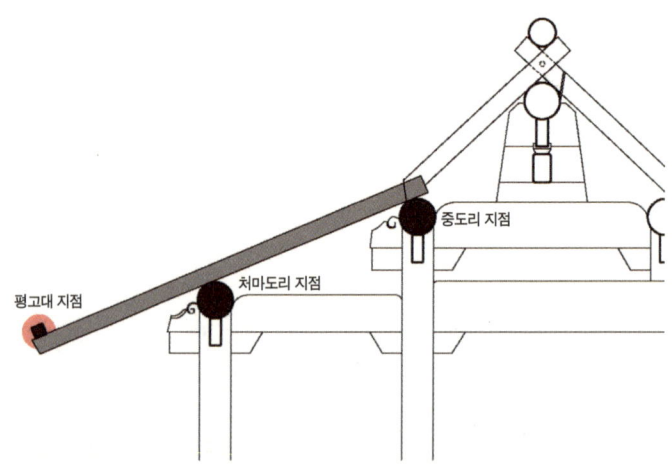

지붕을 구성하는 부재의 3지점 한옥 처마 곡선은 안허리곡과 앙곡이 있는 우아한 삼차원 곡선이다. 지붕을 구성하는 부재의 3지점(평고대 지점·처마도리 지점·중도리 지점)을 중심으로 정밀하게 계획되고 치목된 곡선이다.

- **처마도리 지점**

서까래 몸통 하단은 3지점 중 처마도리에 지지된다. 처마도리는 출목出目이 있으면 '외목도리'가 될 수 있고, 출목이 없으면 '주심도리'가 될 수도 있어서 넓은 의미로 사용된다. 처마도리 지점은 집의 골격이 결정되면 고정된다.

- **중도리 지점**

서까래의 뿌리 하단은 중도리에 지지된다. 물론 가구의 구조에 따라, 칠량집에서는 하중도리가 될 수도 있고 삼량집에서는 종도리가 될 수도 있다. 개념상 '중도리'라고 표현했지만 공포의 내목도리와는 구분할 필요가 있다. 중도리 지점도 집의 골격이 결정되면 고정된다.

선자서까래는 조금 복잡하다. 구조적 관점에서 지붕을 구성하는 부재는 모두 3지점에 구속된다 해도 과언이 아니지만, 치목의 관점에서 선자서까래는 4지점으로 이해하는 것이 편하다. 선자서까래는 갈모산방(산방散枋: 추녀 옆 도리 위에 서까래를 걸기 위해, 한쪽 머리는 두껍고 다른 쪽 머리는 얇게 깎아서 붙이는 삼각형의 나뭇조각) 외단外端에서 양쪽의 길이가 조금 달라서 회사回斜(돌림)와 경사가 생긴다. 이 변화가 선자서까래를 치목하는 데 중요한 변수가 되기 때문에, 치목의 관점에서는 갈모산방 양단을 각각 다른 지점으로 보는 것이 편하다.

지붕부재의 길이

목부재의 규격을 말할 때, 우리는 단면의 크기와 길이로 표현한다. 하지만 추녀나 서까래 부재의 단면 크기와 전체 길이를 축부재처럼 단순하게 말할 수는 없다. 평고대 지점과 처마도리 지점 그리고 중도리 지점이 하나의 직선 위에 있지 않기 때문이다.

지붕을 구성하는 부재를 말할 때는, 평고대 지점과 처마도리 지점을 이은 길이를 '외장外長-바깥쪽 길이', 처마도리 지점과 중도리 지점을 이은 길이를 '내장內長-안쪽 길이'라고 나눠서 표현한다. 개념적으로는 전체 길이를 '총장'이라고 하지만, 내장과 외장을 합한 길이가 총장總長이 되는 것은 아니다. 서까래는 좌판을 이용해서 치목하기 때문에 이러한 지점과 길이에 관한 내용이 좀 불분명해도 상관없지만, 추녀와 선자서까래에서는 중요하다. 여기에서는 개념만 간단히 정리하고, 추녀 부분에서 자세하게 설명하도록 하자.

외장: 평고대 지점에서 처마도리 지점까지의 길이
내장: 처마도리 지점에서 중도리 지점까지의 길이
총장 ≠ 내장+외장

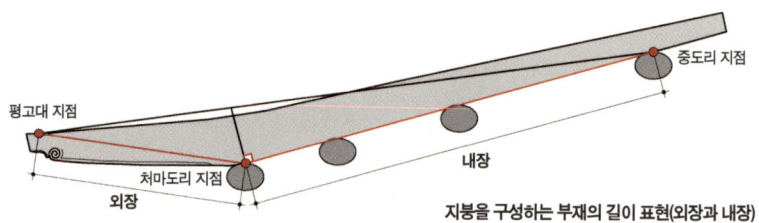

지붕을 구성하는 부재의 길이 표현(외장과 내장)

처마도리 지점의 해석 차이

추녀와 서까래는 캔틸레버cantilever 구조다. 지붕을 구성하는 부재의 3지점에서 처마도리 지점이란 캔틸레버 구조에서 힘을 지지하는 마지막 지지점을 말한다. 처마도리란 일반적으로는 가장 외곽에 설치된 도리를 말

서까래 지지점 상세 보탑사 적조전

한다. 하지만 도편수가 좀더 재미있는 판단을 하는 경우도 종종 있다. 위의 사진은 고故 조희환 도편수가 목공사를 담당한 보탑사 적조전의 서까래가 걸린 모습이다.

맞배집에서는 서까래를 외목도리에서 조금 띄우는 경우가 있다. 그러나 지붕에 하중이 실리면 서까래는 결국 외목도리에 밀착된다. 이런 외목도리에서 조금 띄우는 작업은 지붕의 하중을 주심도리에 집중적으로 전달하려는 의도로 알려져 있다. 외목도리가 하중을 덜 받으면 캔틸레버 구조에서 훨씬 유리하다. 그리고 이렇게 시공하면 '장기적인 변형'에도 유리하다. 가장 처음 지붕 하중이 걸리면 서까래가 외목도리 쪽으로 처지면서 부재에 응력이 작용하는데, 서까래가 외목도리와 밀착되면 추후 변형이 조금 작아진다. 결과적으로, 지붕 곡선이 가지런하게 유지되는 데 도움을 준다. 서까래를 이런 방법으로 시공하면 부재의 3지점은 다소 변한다. 이런 경우, 목수들도 외목도리가 아닌 주심도리에 서까래를 밀착하고 평고대 하단에서 밀착하도록 계산해서 서까래를 치목한다.

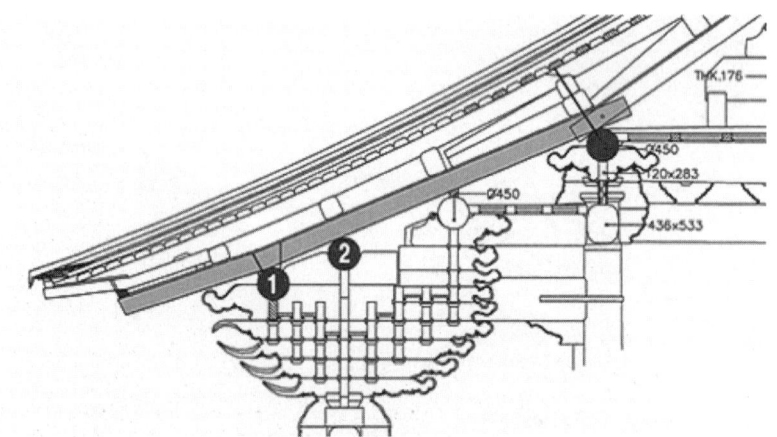

외목도리와 주심도리 3지점에 대한 해석은 ❶외목도리와 ❷주심도리에서 도편수마다 조금 다를 수 있다.

지붕을 구성하는 부재의 3지점은 집을 짓는 의도에 따라 '아주 조금' 다를 수 있다.

2 서까래

한옥에서 처마의 깊이는 여름에는 햇빛을 효율적으로 차단하고, 반대로 겨울에는 햇빛을 최대한 받아들일 수 있게끔 발전해왔다. 선배 엔지니어들이 이 점을 분명히 의식하고 집을 지었는지 아니면 그저 관습적으로 지었는지는 중요하지 않다. 한옥은 오랜 시간 동안 조금씩 보완되고 진화를 거친 결과물이어서, 처마 또한 결과적으로는 햇빛의 정도에 따라 여름과 겨울에 각각 효율적인 깊이로 발전해왔다고 할 수 있다.

서까래 내밀기

한옥의 처마 내밀기를 중국 북송 대의 『영조법식』과 비교한 연구도 있지만, 사실 한옥의 처마 내밀기는 『영조법식』과는 아무런 관련이 없다. 중국의 기후에서 추구한 건축과 이 땅에서 추구한 건축은 근본적인 목표가 달랐을 것이기 때문이다.

246쪽의 도면은 소규모와 중규모의 한옥, 경복궁 근정전 같은 대규모 한옥의 처마를 분석한 것이다. 처마 끝과 방바닥의 각도는 대체로 58~62도, 평균 60도다. 이 각도는 집의 규모와 상관없이 유지된다.

처마 각도가 60도 정도라는 것은 중요한 사실인데, 여기에는 먼저 기준이 되는 지점이 있어야 한다. 기준점은 '기둥 중심선에서 초석면 위까지'를 생각할 수도 있고, '기둥 중심선에서 방바닥 높이까지'를 생각할

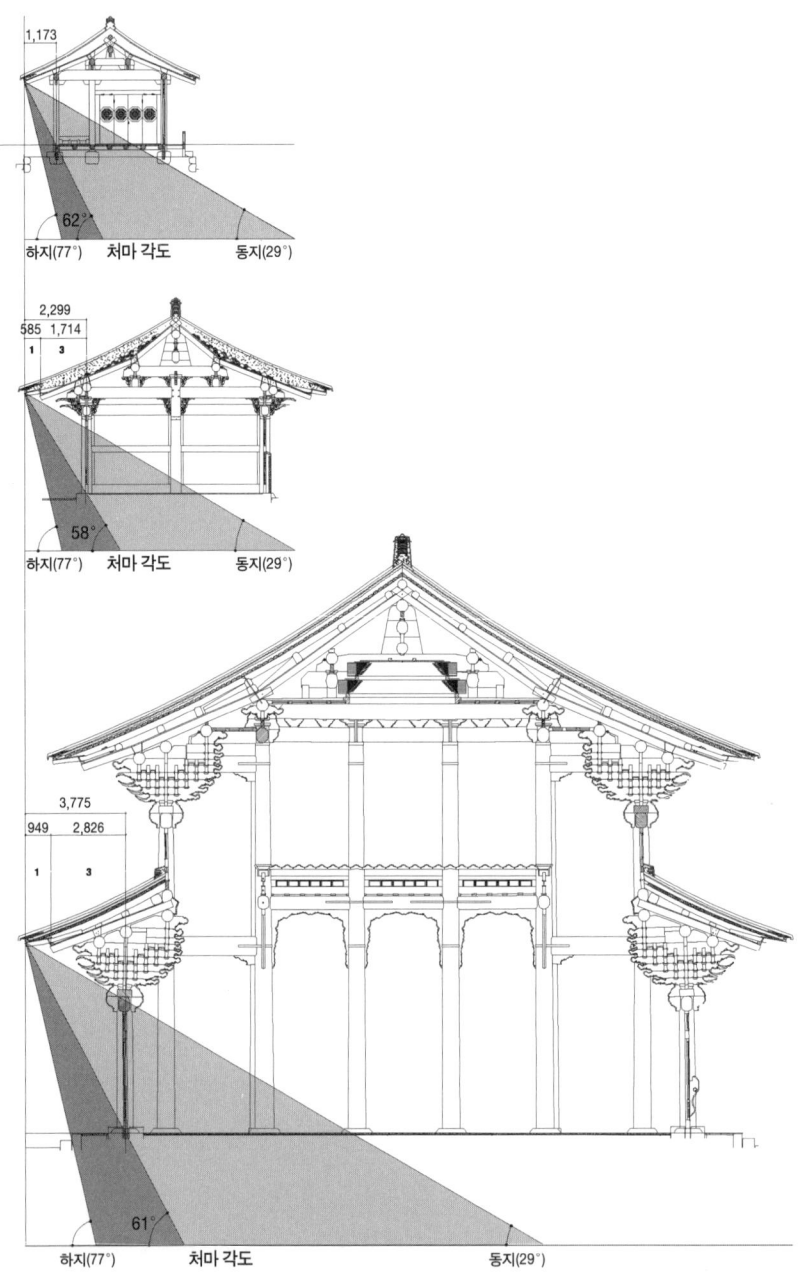

집의 규모와 처마 깊이

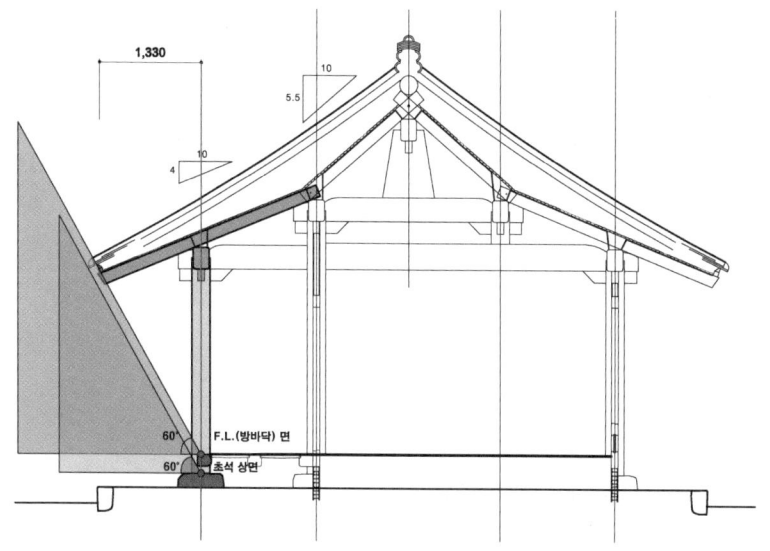

처마 각도가 60도 기준이 되는 지점

수도 있을 것이다.

한옥 중에는 초석 윗면과 방바닥 면의 높이 차이가 작은 집도 있고 큰 집도 있다. '누마루'처럼 초석면 위에서 방바닥이 한참 높은 위치에 있는 집도 있다. 사실 그 차이가 미세하다 해도 기준점은 필요하다. 우리 한옥의 처마가 빛 조절 기능과 관련이 있다면, 아무래도 사용자가 실내의 방바닥에 앉아 있는 관점에서 생각하는 것이 합리적이다. 기준이 되는 지점을 '기둥 중심선에서 방바닥 높이까지'로 약속한 다음 각도와 처마 내밀기에 대해 이야기하면 좋을 것 같다.

집은 좌향이 각각 다르다. 집이 서향이라면 처마 깊이 60도로 햇빛을 처리하기에는 적합하지 않다. 여름철 늦은 석양빛은 사람을 지치게 한다. 서향집은 서까래를 더 길게 내밀 필요가 있다. 하지만 한 집에서 서향에만 서까래를 더 길게 낸 사례는 찾아볼 수 없다.

서향집의 경우 좀더 과감하게 독립된 차양구조를 만든 집이 있다.

01 선향재 02 선향재 차양 상세 03 서산 김기현가옥 04 김기현가옥 차양 상세

오늘날까지 남아 있는 차양구조는 그리 많지 않다. 창덕궁 연경당 선향재, 강릉 선교장, 해남 녹우당, 서산 김기현가옥 정도다. 차양시설에 관련된 표본이 많지 않아서 단언하기는 쉽지 않지만, 차양이 설치된 집은 서향인 예가 많다. 여기서 서향이란, 나침반으로 확인했을 때의 정서향은 아닐지라도 개념적으로는 서향이라는 뜻이다.

| 서까래의 굵기

한옥 처마는 집의 규모에 관계없이 60도 정도의 각도를 유지한다. 이 각도를 유지하기 위해서는, 집이 커지면 처마의 깊이도 깊어져야 한다. 서

부러진 서까래 목천향교

까래 내밀기가 커지면 서까래도 큰 것을 사용해야 한다. 대체로 현장에서는 처마 깊이가 4자면 4치 서까래, 5자면 5치 서까래, 6자면 6치 서까래를 쓴다. 서까래 굵기는 '최외각 지지점'에서 내밀기의 1/10 정도면 무난하다. 하지만 서까래 굵기에 대한 객관적인 문헌 근거는 특별히 없다. 이럴 때는 문화재 실측조사보고서를 여러 권 찾아보면 어느 정도 감을 잡을 수 있다.

먼저 『종묘 정전 실측조사보고서』(문화공보부 문화재관리국, 1989)를 보니, 종묘 정전 태실의 처마는 예상과 비슷했다. 처마 깊이는 8자에 가깝고, 서까래도 얇은 것이 7치이고 굵은 것이 8치였으니 일반적인 범위를 벗어나지 않는다. 하지만 주변에 있는 공신당이나 수복방 등을 보면 처마 깊이가 5자인 데 비해 서까래는 6치가 사용되었다. 집의 규모에 비해 서까래가 너무 굵게 쓰였음을 알 수 있다. 서까래의 간격은 330~350mm로 실측되어 있는데 조금 넓은 편이다. 서까래를 굵게 쓸 때 서까래 간격을 넓히는 건 구조적 관점에서 당연한 일이다. '처마 깊이'와 '서까래 굵기'

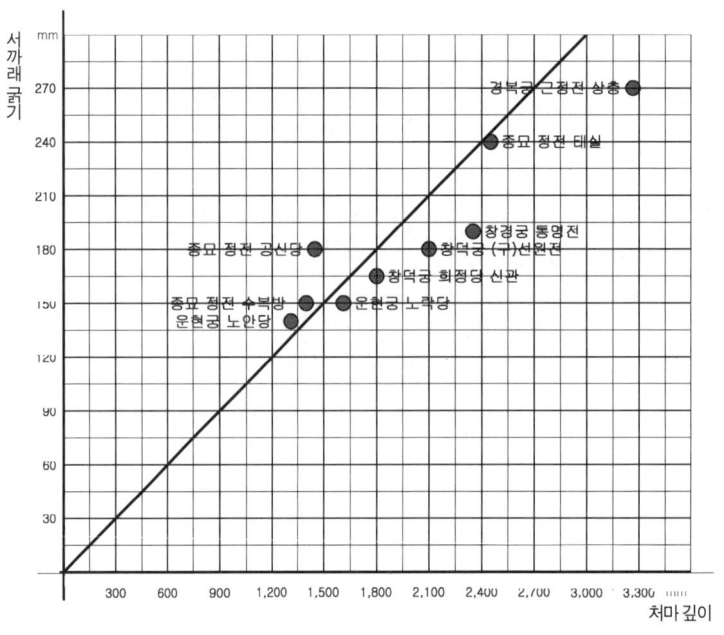

건물명	처마 깊이	서까래 굵기	비 고
종묘 정전 태실	2,450	240	『종묘 정전 실측조사보고서』, 1989, 92쪽
종묘 정전 공신당	1,450	180	『종묘 정전 실측조사보고서』, 1989, 105쪽
종묘 정전 수복당	1,400	150	『종묘 정전 실측조사보고서』, 1989, 105쪽
운현궁 노안당	1,310	140	『운현궁 실측조사보고서』, 1990, 84쪽
운현궁 노락당	1,612	150	『운현궁 실측조사보고서』, 1990, 86쪽
창경궁 동명전	2,350	190	『창경궁 동명전 실측조사보고서』, 2001, 159쪽
창덕궁 (구)선원전	2,100	180	『창덕궁 (구)선원전 실측조사보고서』, 1992, 84쪽
창덕궁 희정당 신관	1,800	165	『창덕궁 희정당 신관 실측조사보고서』, 2003, 159쪽
경복궁 근정전 상층	3,263	270	『근정전 보수공사 및 실측조사보고서』 상권, 2003, 183쪽

처마 깊이와 서까래 굵기(단위: mm)

그리고 '서까래 간격'은 따로 떼어서 생각할 수 없다. 결국 이런 것들은 하중을 설정하고 처마 깊이가 결정되면, '안전한 구조'를 위해 따라가는 부수적인 요소일 수 있다. 오직 구조적인 면만으로는, 서까래를 촘촘히 걸면 서까래를 약간 가늘게 쓰고 서까래를 굵게 쓰려면 비교적 듬성듬성하게 걸어야 한다. 그러나 한옥에서는 우리의 눈에 익숙한 비례가 있는 것도 사실이다. 서까래의 굵기를 처마 깊이의 1/10 정도로 썼을 때가 구조적으로나 시각적으로 보기 좋다.

만약 '서까래는 처마 깊이의 1/10 굵기로 쓴다'는 가설이 맞다고 가정하면, 처마 깊이와 서까래 굵기의 관계를 나타낸 표에서 사선에 가까이 위치한 집들이 비례가 잘 맞게 지은 집이다. 점이 사선 위쪽에 있으면 서까래를 굵게 쓴 집이고, 사선 아래쪽에 있으면 서까래를 가늘게 쓴 집이라 할 수 있다. 여기서 재미있는 것은, 사선 아래에 위치한 집들은 대체로 겹처마(부연附椽이 있는 집)인 반면에 사선 위에 있는 집들은 모두 홑처마라는 점이다. 왼쪽 표를 보면, 부연이 있는 집은 부연이 없는 집에 비해 서까래를 가늘게 쓴 경향이 있음을 알 수 있다. 부연이 있는 집은 상대적으로 장연이 짧게 빠져나오기 때문에 처마 깊이 1/10 정도의 굵기를 서까래로 사용하면 둔탁해 보일 수 있다. 이는 선배 엔지니어들이 구조적인 접근도 중요시했지만 시각적인 부재의 비례에도 신경을 많이 썼음을 알게 해준다.

서까래의 간격

서까래는 일반적으로 1자 내외의 간격으로 배열된다. 하지만 집의 규모에 따라 달라지는 서까래의 굵기에 맞춰 서까래의 배치 간격도 조금씩 달라져야 한다. 그래서 '서까래 간격은 1자 내외'라는 설명은 조금 부족한 감이 있다. 서까래는 집의 규모가 커지는 데 비례해 굵어지는데, 초가집 같은 서민들의 살림집 한옥은 법식에 크게 구애받지 않고 지어졌을 테고, 일반적인 살림집 한옥에는 4~5치 굵기의 서까래, 권위 있는 건물에는 6~7치 굵기의 서까래가 쓰였다. 경복궁 근정전에 쓰인 서까래가 8치 정도이니, 이 정도면 서까래 굵기의 최대라고 해도 좋을 것이다. 그런데 8치 서까래가 쓰인 경복궁 근정전 서까래의 간격이 1자 내외라고 생각할 수는 없는 일이다. 8치 서까래를 1자 간격으로 걸면 서까래는 서로 거의 붙어 있는 것이나 마찬가지다.

- **서까래 간격과 연골벽**

다포집에서 공포와 공포 사이의 벽을 '포벽'包壁이라 하는데, 집을 다 짓고 나면 공포 자체보다도 포벽이 더 눈에 잘 띈다. 한 건물 안에서도 기둥의 간격은 모두 달라서(정칸 12자, 협칸 10자 하는 식으로 기둥 간격이 조금씩 다르다), 공포의 모양을 다 같게 하면 포벽의 크기와 모양이 달라질 수 있다. 하지만 이렇게 집을 지으면 눈 밝은 관찰자들은 그 차이를 금방 알아차린다. 선배 엔지니어들이 이 문제에 대해 고민한 흔적들을 많이 찾아볼 수 있다. 선배 엔지니어들은 공포의 첨차 길이를 조정하는 방법으로 포벽을 같은 크기와 모양으로 만들었다. 이는 시각적인 부분에서 고도로 발달된

서까래 간격과 연골벽

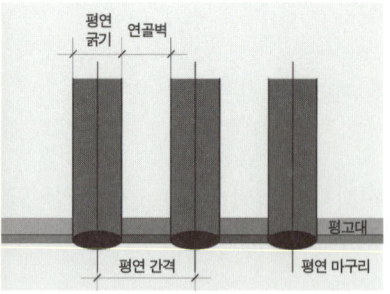

서까래의 간격과 굵기, 그리고 연골벽

건물명	서까래 간격	서까래 굵기	연골벽	비고
경복궁 근정전	1자 2치	8치	4치	『근정전 수리보고서』 상권, 2003, 183쪽(삼성건축)
창경궁 통명전	1자	6치	4치	『창경궁 통명전 실측조사보고서』, 2001, 159쪽(현석건축)
창덕궁 (구)선원전	1자	6치	4치	『창덕궁 (구)선원전 실측조사보고서』, 1992, 86쪽(삼풍건축)
운현궁 노락당	9치	5치	4치	『운현궁 실측조사보고서』, 1990(3), 84쪽(삼성건축)
운현궁 노안당	8치	4치(4치 5푼)	4치	『운현궁 실측조사보고서』, 1990, 96쪽(삼성건축)

서까래 간격과 연골벽

기법이다.

서까래의 간격을 조정할 때도 이런 종류의 접근이 있었는지는 정확하게 알려져 있지 않다. 위의 표는 궁궐 목수들이 서까래를 배치한 방법을 알아보기 위해, 실측(수리)조사보고서에서 밀리미터 단위로 표기된 수치를 치 단위로 대략 환산해서 정리한 것이다. 표를 보면, 연골벽은 서까래의 굵기에 관계없이 대체로 4치를 확보하고 있다. 여기서 개념적으로 이런 공식을 추론해볼 수 있다.

서까래 간격 = 서까래 굵기 + 연골벽

물론 지방에 남아 있는 한옥 중에는 연골벽이 이보다 더 넓은 집도 많다. 반면, 연골벽이 이보다 더 좁은 경우는 거의 없다.

• **서까래 간격 나누기**

처마 깊이에 따라 서까래의 굵기를 결정했다면, 연골벽(4치나 5치)을 더해서 개념적으로 서까래의 간격을 정한다. 그런데 이렇게 결정했다 해도 무작정 서까래를 걸 수는 없다. 개념적인 서까래 간격과 서까래가 걸리는 구간이 언제나 정수배로 일치하지는 않기 때문이다.

평연이 걸리는 구간의 길이가 결정되면 여기에 평서까래를 몇 본이나 넣을지를 결정해야 한다. 아래의 도면은 경복궁 근정전 상층 우측면을 도식화한 것이다. 평연 구간은 34.51자다. 서까래를 8치로 쓴다면 연골벽 4치를 더해서, 개념적인 서까래 간격은 1자 2치가 된다(1자=10치). 34.51자를 1.2자로 나누어보면 서까래를 몇 본 넣어야 할지 알 수 있다. 계산해보면 28.758개가 나온다. 하지만 28.758본을 걸 수는 없는 만큼 28본을 넣을지 아니면 29본을 넣을지 결정해야 한다. 근정전을 지은 도편수는 오른쪽에 28본, 왼쪽에 27본을 넣었다. 좀 여유 있게 27본만 넣기로 했다면, 이제는 얼마만큼의 간격을 두어야 27본의 서까래가 같은 간격으로 걸리는지를 계산해야 한다. 34.51자를 27로 나누면 대략 1자 2치 8푼으로, 이 정도 간격으로 서까래를 걸어나가면 된다. 개념적인 서까래 간격은 서까래 굵기에 연골벽 4치나 5치를 더해서 결정한다. 그리고 필

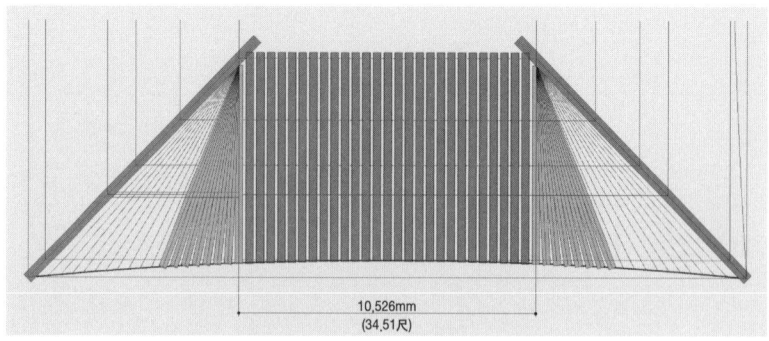

경복궁 근정전 상층 우측면 서까래 걸기의 도식화

요한 서까래 본수를 거꾸로 계산한다. 서까래는 정수로 걸리기 때문에 소수점을 정리한 후 서까래를 하나 더 넣을지 덜 넣을지를 결정해서 다시 정밀한 서까래 간격을 결정한다.

앞에서 예로 든 근정전 서까래가 1.278자 간격으로 최종 설치되었다 해도, 이 '수치'가 집을 지으면서 그렇게 중요한 것은 아니다. 대략 1자 2치 간격으로 계산된 '초기의 개념적인 수치'가 사실은 더 중요하다.

문화재 실측조사보고서를 보면서 느끼는 것은 너무 눈에 보이는 현상과 수치만 실측하는 경향이 있다는 점이다. (물론 현상을 실측하는 일이 실측조사의 가장 중요한 일이겠지만) 현상을 실측하는 일과 더불어 옛날에 그 집을 지은 목수들의 사고체계를 파악하려는 노력이 좀더 필요해 보인다.

| 서까래 좌판

이제 본격적으로, 선배 엔지니어들이 앙곡과 안허리곡이 있는 한옥의 처마 곡선을 실현하려고 고안한 실질적인 기술들을 살펴보자. 한옥은 아주 복잡한 곡선을 포함하고 있는 집으로 보이지만, 처마와 관련된 부분을 제외하면 전체적인 틀은 정제된 직선이다. 기둥과 보와 도리가 삼차원 공간에서 (그리고 목재라는 재료가 허용하는 범위 안에서) 정연하게 결구된 단순한 구조다. 도리의 위치는 설계가 완성되는 동시에 고정된다. 이에 비해 처마 곡선은 현장에서 조절할 수 있는 약간의 여지가 있다.

평서까래를 치목하는 좌판

• **평연 좌판**

처마는 앙곡과 안허리곡이 포함된 삼차원 곡선을 그리면서 움직이는데, 도리 지점들이 고정되어 있기 때문에 서까래 끝 평고대 지점에서 조절해야 한다. 추녀는 추녀도를 그리고 내장·외장·곡을 정밀하게 산출해서 치목한다. 하지만 수백 개나 되는 서까래를 추녀와 비슷한 방법으로 치목하기는 조금 부담스럽다. 게다가 서까래는 원통형으로 치목되어서 먹을 정밀하게 놓기도 쉽지 않다. 작업을 좀더 빠르면서도 정밀하게 할 수 있는 시스템이 필요했는데, 그래서 만들어진 것이 '평서까래 치목용 좌판'이다.

좌판坐板은 받침판, 도리 위치에 설치되는 고임목 그리고 선대로 구성된다. 고임목은 받침판 위에 도리 지점을 만든 것이다. 아래의 도판처

평연 좌판 평서까래 평고대 지점을 정확하게 치목하기 위해 1:1 크기의 좌판을 만들어 사용한다.

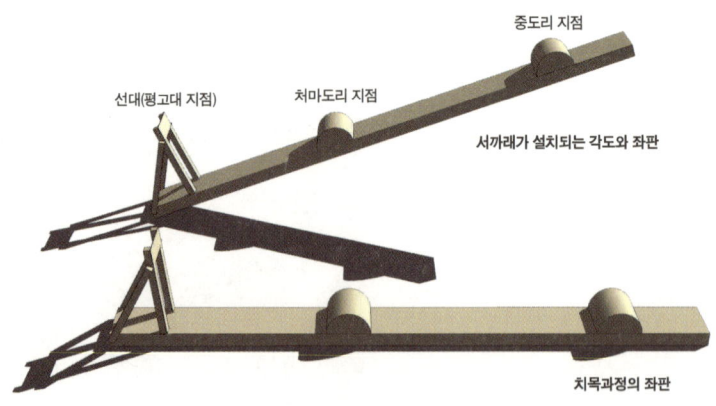

실제로 설치되는 서까래 각도와 평연 좌판

럼 도리를 반절로 자른 모양을 올려놓으면 좋겠지만, 실제로는 더 작은 각목을 잘라 올려놓는다. 평연 좌판은 정확히 1:1 스케일의 '부재 재단 틀'이다. 서까래는 수학적 계산이 아니라 1:1 크기의 틀 위에서 일일이 확인하는 과정을 반복하면서 만들어진다.

평서까래 부재를 좌판 위에 올리고, 나무의 생김새와 지붕곡선에 따라 번호를 매긴다. 계획된 곡선이 있는 만큼 무조건 나무 생김새로 번호가 매겨지는 것은 아니다. 휜 나무는 많이 들리는 쪽에 쓰고 곧은 나무는 집의 중간쯤에 쓰는 큰 원칙 아래, 어느 정도는 강제로 맞춰진다. 바로 여기에 한옥의 맛이 있다. 나무의 원래 생김새와 성질을 최대한 살리면서 우아한 한옥 지붕곡선을 만들어내는 것이다.

- **좌판의 선대**

평연 구간에서 한옥 처마 곡선은 좌판의 선대에 의해 결정된다. '선대를 어떻게 만드는가'는 '한옥 처마 곡선은 어떤 모양을 만들 것인가'라는 질문과 동일한 비중을 갖는다. 좌판의 선대는 한옥 처마 곡선의 처음과 끝이다.

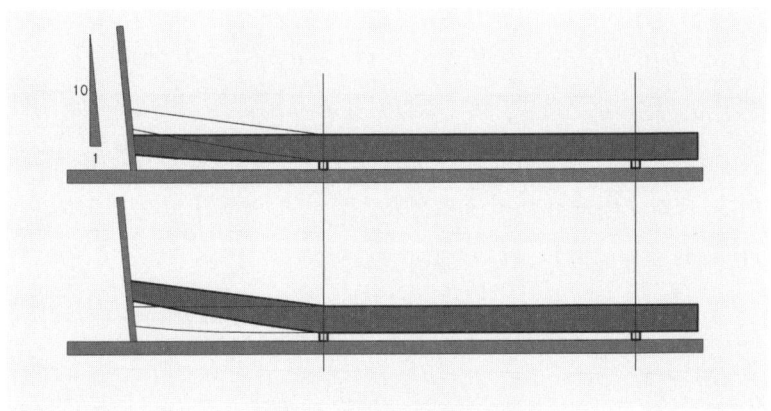

평연 좌판에서 서까래가 재단되는 개념도

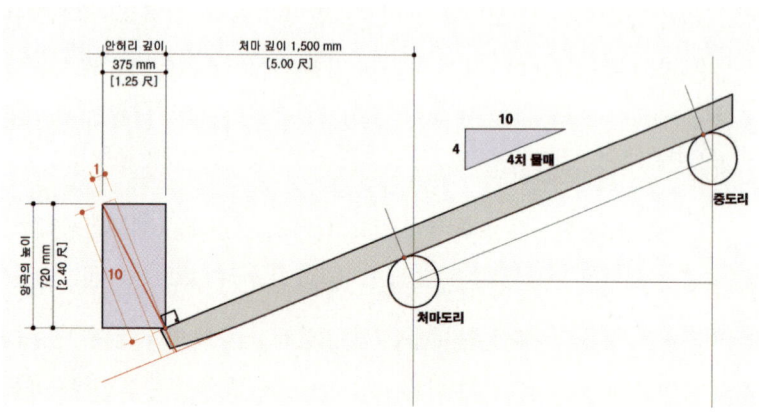

앙곡과 안허리곡의 비례 선대의 기울기가 1/10이면, 처마서까래가 4치 물매일 때 앙곡과 안허리곡의 비율은 2:1에 가깝다.

『문화재수리표준시방서』(「서까래 치목 좌판기」, 문화재청, 2005, 104쪽 참조)와 각종 한옥 관련 서적에서는 좌판 선대의 기울기를 1/10로 규정하고 있다. 선대의 기울기를 1/10로 규정하면 모든 한옥의 앙곡과 안허리곡에 대한 비례가 거의 같아진다. 이건 뭔가 이상하다. 선대의 기울기는 사실 집을 짓기 나름이지, 1/10로 고정되어 있는 것은 아니다. 그렇다면 평연 좌판에서 선대의 기울기가 의미하는 것은 도대체 무엇일까?

평연 좌판 선대의 기울기를 1/10로 잡으면 어떤 결과가 나올까. 위에 제시한 도판은 평연 좌판을 1/10으로 했을 때의 작업 개념도다. 도판을 보면 알 수 있겠지만, 좌판 선대의 기울기가 항상 1/10 정도를 유지하면 '앙곡과 안허리곡의 비례'는 언제나 2배수에 가까운 비례를 유지하게 된다. 그러나 실제로 여러 실측보고서를 보면, 앙곡과 안허리곡의 비례가 2배가 되는 경우는 그렇게 많지 않다.

서까래를 치목할 때는 평연 좌판에서 좌판의 선대를 따라 각각의 서까래마다 나이를 먹이는데, 결국 그 작업은 259쪽의 도판과 같다. 모형은 일부러 극단적으로 만들었다. 실제로 집 한 채를 지을 때는 평연 좌판을

평연 좌판의 선대 좌판에서 치목하면, 실제로 서까래가 걸릴 때 그림과 같은 모양을 기대할 수 있다.

하나만 만들어서 반복적으로 작업하지만, 시각적인 이해를 위해 수십 개의 평연 좌판을 서까래 물매에 맞추어 늘어놓았다는 말이다. 좌판의 선대를 집중해서 보자. 서까래 단부가 좌판 선대 위에서 재단되면 최종적으로 평고대 선은 어떻게 될까? 당연히 선대 평면 위에서 각 부재가 휜 정도에 따라 곡선을 그리며 움직일 것이다.

선대의 연속된 모양을 보자. 선대는 삼차원 공간상에 비스듬하게 자리 잡은 평면이다. 서까래 단부가 평연 좌판 선대에서 재단되면 당연히 이 평면을 벗어날 수 없다. 이렇게 단순한 문제를 한참이나 엉뚱한 쪽에서 골몰하고 있었던 것이다. 물론 이것은 평연 구간에 한한 이야기다. 선자연 구간으로 바뀔 때는 이 처마 곡선이 선대의 연속된 평면을 벗어나지 않는다는 보장이 없다. 하지만 평연 구간에서 선자연 구간으로 넘어갈 때 앙곡이나 안허리곡에 별다른 변곡점이 생기지 않는다면, 선자연 구간에서도 선대의 연속된 평면 안에 단부가 존재한다는 것은 분명한 사실이다.

3 추녀

추녀도는 앙곡와 안허리곡을 결정하는 과정에서 가장 중요한 도면이다. 추녀도는 추녀라는 단일 부재만을 생각해서 그려서는 안 되고, 집의 전체적인 앙곡과 안허리곡을 고려해서 계획해야 한다.

먼저 추녀라는 단일 부재의 변수부터 정리해보자. 추녀와 서까래처럼 지붕을 구성하는 지붕재는 3지점에 구속된다. 3지점은 중도리 지점(부재의 뿌리 부분), 처마도리 지점(캔틸레버 구조의 최외단 지지점), 평고대 지점이다. 지붕부재를 말할 때 분명한 기준이 될 수 있는 곳은 이 3지점밖에 없다. 따라서 추녀의 길이와 곡曲의 변수도 3지점을 기준으로 할 수밖에 없다.

| 추녀의 변수

- **추녀의 길이에 대한 변수**

일반적인 축부재는 부재 단면이 모두 같기 때문에 길이를 표현하는 방법이 너무도 분명하다. 하지만 지붕을 구성하는 부재를 표현할 때는 상황이 달라진다. 추녀처럼 휘어지고 부분마다 단면이 다른 부재는 길이를 표현할 때도 특별한 면이 있다. 왜 이렇게 복잡하게 내장과 외장을 재는지 의아할 수도 있지만, 생각해보면 다른 방법이 없다. 지붕을 구성하는 부재에서 가장 분명한 기준이 되는 것은 3지점뿐이기 때문이다. 추녀에서 '길이에 대한 변수'는 내장과 외장으로 구분한다(242쪽 참조).

• **추녀곡에 대한 변수**

길이에 대한 변수와 같은 이유에서, 추녀단이 얼마나 들려 올라가는가를 표현할 때도 3지점을 중심으로 하는 방법밖에 없다. 축부재의 설계가 끝나면(여기서 '설계' 행위의 주체는 설계사무소일 수도 있고 도편수일 수도 있다. 현실적으로 설계사무소에서 그리는 도면에서는 '추녀곡'이라는 표현 자체를 쓰지 않는다) 처마 곡선을 계획해야 하는데 이때 기준이 되는 것은 도리 지점이다. 앞서도 말했듯이 추녀곡은 의미상 각도를 표현하지만 현장에서는 각도를 쓰지 않는다. 기준이 되는 선과 기준이 되는 지점이 있으면, 그 지점에서 기준선에 수직이 되도록 선을 그어 올려 각 길이의 비례로써 각도를 표현할 수 있다. 여기서 중요한 것은 '기준이 되는 선'과 '기준점에서 기준선에 수직이 되게 그은 선의 길이'다. 그림으로 그려보면 간단하다. 다음에 제시한 개념도로 추녀의 곡을 표현할 수 있다.

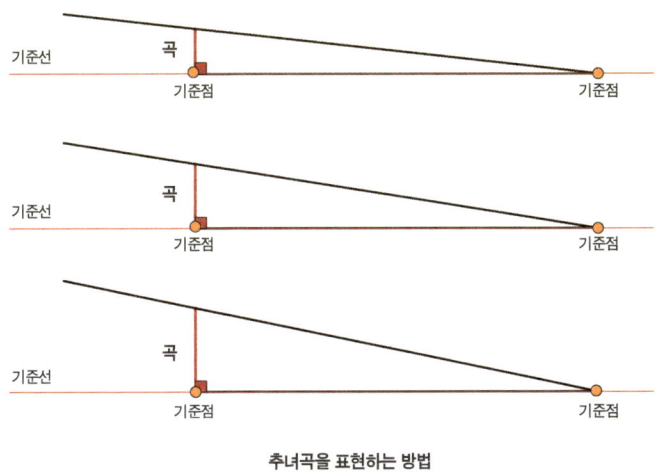

추녀곡을 표현하는 방법

추녀를 계획할 때 기준이 되는 선은 도리와 도리를 연결하는 직선이다. 추녀곡은 그 기준선에 수직인 선의 길이를 말한다. 따라서 추녀곡은

'처마도리 지점에서 내장(처마도리와 중도리를 이은 선)에 수직인 선을 그어 올려 평고대 지점과 중도리 지점을 이은 선과 만나는 지점까지의 길이'라고 규정할 수 있다.

추녀곡

• 계획곡과 작업곡에 대한 변수

목수들의 작업을 관찰해보면, 추녀곡을 치목하는 방식이 일정하지 않음을 알 수 있다. 어떤 때는 지금까지 설명한 방법대로 추녀곡을 치목하기도 하고, 어떤 때는 평고대 지점과 중도리 지점을 잇는 선을 먼저 그리고 그에 수직이 되는 선을 내려 추녀곡을 표시할 때도 있다. 이 두 방법에는 미세하지만 추녀곡에 차이가 있다. 추녀곡에서 발생한 이 조금의 차이가 평고대 지점에서는 생각보다 많은 차이를 발생시킨다. 목수들이 본래 의

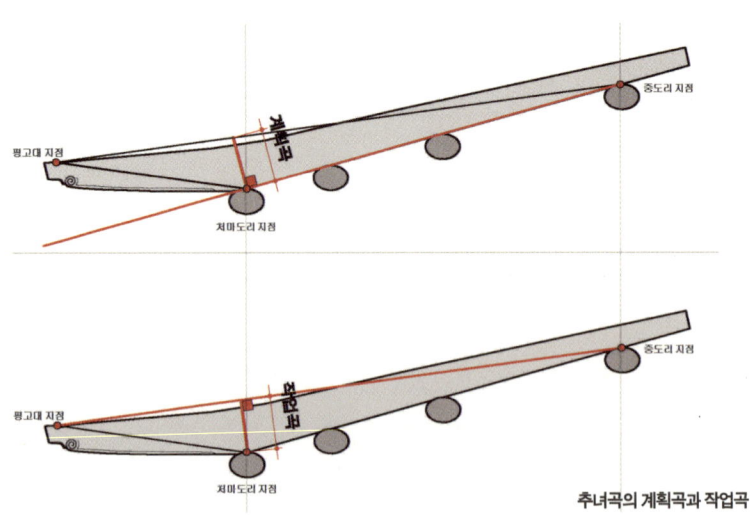

추녀곡의 계획곡과 작업곡

미의 추녀곡과는 조금 다르게 추녀곡을 치목하는 이유는 다양한 모양의 추녀용 목재들을 효율적으로 치목하기 위해서인 것으로 보인다. 계획을 하면서 설정한 추녀곡(계획곡(가칭))과 치목 중에 목재에 먹을 놓는 추녀곡(작업곡(가칭))을 분명하게 구분할 필요가 있다.

추녀와 안허리곡·앙곡

· **안허리곡 계획**

추녀는 집 중앙에 설치한 서까래(1번 서까래)에 비해 평면상으로 많이 돌출된다. 내밀어진 추녀단과 1번 서까래단을 부드러운 곡선으로 이은 것이 처마의 안허리곡이다. 따라서 추녀의 내밀기를 계획하는 것은 곧 한옥 처마의 안허리곡을 계획하는 일이다.

처마의 안허리곡을 설명하기 위해 도면을 하나 예로 들어보자. 아래의 도판은 운현궁 노안당의 간단한 개념 앙시도다. 추녀를 계획할 때는 안허리곡을 고려하면서 내밀기를 검토한다. 안허리곡이 계획되면 평면상의 대략적인 추녀 길이가 결정된다. '대략적인 추녀의 길이'라고 강조

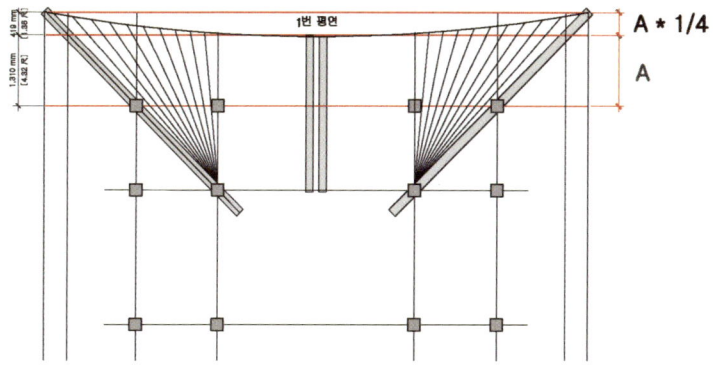

운현궁 노안당의 안허리곡 개념도

하는 이유는, 앞서 이야기한 대로, 추녀의 길이는 축부재와 같은 방법으로 표현할 수 없기 때문이다.

 추녀 내밀기는 일반적으로 '처마도리에서 1번 서까래가 내민 길이의 1/4 정도'를 더 내미는 것으로 알려져 있다. 하지만 이런 수치는 고정된 것이 아니며 집의 성격이나 계획하는 사람의 취향에 따라 변할 수 있다. 『운현궁 실측조사보고서』(문화재청, 1990. 삼성 건축사사무소 실측)를 보면, 운현궁 노안당의 1번 서까래가 내민 길이는 1,310mm이고, 추녀는 1번 서까래보다 419mm 더 내밀어 있다. 일반적으로 1번 서까래가 내민 길이의 1/4을 더 내민다면 1,310mm의 1/4인 327.5mm 정도인데 운현궁 노안당은 그보다 약 90mm가량 더 내밀어서 안허리곡을 풍부하게 계획한 사례라고 볼 수 있다.

- **추녀곡과 앙곡 계획**

 추녀의 곡을 계획하는 것은 처마 곡선의 앙곡을 계획하는 일이다. 하지만 추녀곡과 앙곡은 개념이 전혀 다르다. 앙곡은 1번 서까래 평고대 지점과 추녀의 평고대 지점의 높이 차이다. 추녀곡은 앞서 추녀의 변수 규정에서 이야기했다시피, 추녀를 계획하면서 '처마도리 지점에서 내장(처마도리와 중도리를 이은 선)에 수직인 선을 그어 올려, 평고대 지점과 중도리 지점을 이은 선과 만나는 지점까지의 길이'다.

 처마의 앙곡은 1번 평연의 평고대 지점과 추녀의 평고대 지점의 상대적인 높이를 보면서 계획하지만, 실제로는 추녀곡을 결정하고 그것에 따라 결정되는 추녀의 평고대 지점을 확인하면서 최종적으로 계획한다. 일반적으로 추녀곡은 '처마도리와 중도리의 평면상 수평거리의 1/4 정도'로 알려져 있다.

 265쪽 도면은 운현궁 노안당의 추녀도를 임의로 그려본 것이다. 『운현궁 실측조사보고서』를 보면, 처마도리와 중도리의 평면상 수평거리는 1,550mm로 실측되어 있다. 그 1/4인 387.5mm를 추녀곡으로 계획해서 그린 도면이다. 이렇게 하면 결과적으로, 입면도에서 1번 평연 평고대 지점보다 535.4mm 높은 곳에 추녀의 평고대 지점이 위치하게 된다. 그런데 『운현궁 실측조사보고서』를 보면, 앙곡의 실측치는 399mm로 되어 있다. 예상했던 535.4mm에 비해 약 136mm 가량 낮은 것이다. 운현궁 추녀가 100여 년이 넘는 시간 동안 서서히 처졌을 것을 감안하면 대체로 비슷한 원리가 적용된 것으로 보인다.

'추녀곡은 처마도리와 중도리 평면거리의 1/4 정도'란 말은 어느 정도 신뢰성이 있을까? 사례들을 살펴보면 대체로 맞는 말이긴 하지만, 같은 규모의 집에서도 변작법을 다르게 할 수 있으니 무조건 이렇게 지어야 한다고 말하기는 어렵다. 이는 결국 집의 규모에 비례해서 앙곡이 어

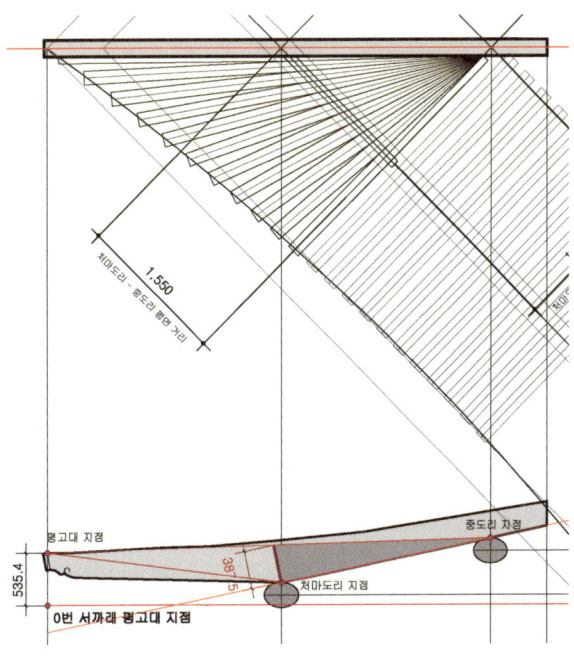

운현궁 노안당의 추녀도와 앙곡 개념도

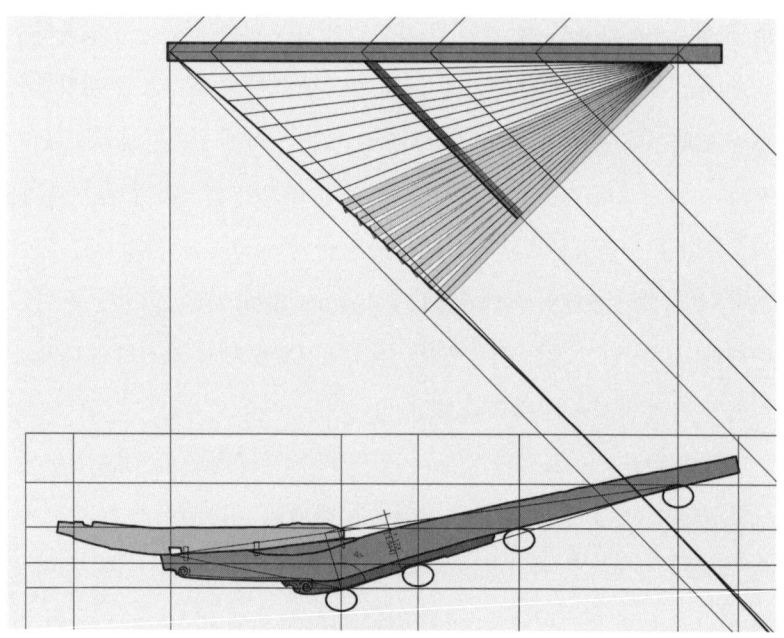

경복궁 근정전 상층 추녀도

느 정도여야 한다는 지침 같은 것이다. 집의 앙곡은 계획하기 나름이지 추녀곡이 반드시 얼마여야 한다는 규정은 없다. 그래도 집을 짓는 사람에게는 이런 원칙들이 곡을 조금 더 주고 덜 주고를 결정하는 기준이 되는 만큼 아주 유용하다.

집의 규모가 매우 큰 경우에도 이 기준은 유효할까? 경복궁 근정전의 처마도리(외목도리)와 중도리의 평면 길이는 4,652mm로 실측되어 있다. 그렇다면 추녀곡은 대략 그 1/4인 1,163mm 정도로 예상할 수 있다. 실제로 실측된 근정전 상층 추녀의 추녀곡은 약 4자(약 1,220mm) 정도다.(신응수, 『경복궁 근정전』, 현암사, 2005, 20쪽. 경복궁에 사용된 영조척은 1자가 305mm이므로, 4자는 약 1,220mm로 추정할 수 있다) 추녀곡이 4자나 된다는 것은 목조건축에서는 엄청난 부담이 될 수 있다. 하지만 근정전이 그렇게 지어진 것으로 보았을 때, '추녀곡은 처마도리와 중도리 평면거리의 1/4 정도'라는 것은 상당히 신뢰도가 높은 말임에 틀림없다. 추녀도를 그리는 일은 이처럼 가구의 규모와 처마 깊이가 동시에 고려된 작업이다.

집의 전체적인 윤곽이 결정되는 합리적인 작업순서는 다음과 같다. 먼저 집의 규모에 따라 기둥 높이를 정하고, 포를 포함한 전체적인 집의 높이에 따라 처마깊이(평연 내밀기)를 결정한다. 추녀의 내밀기를 고려하면서 안허리곡을 계획하고, 단면도 형태의 추녀도를 그리면서 추녀곡과 앙곡을 결정한다. 추녀도가 확정되면 집의 대체적인 윤곽은 대부분 정해진다.

추녀의 폭과 춤

• 추녀 폭

추녀용 부재의 폭은 어느 정도가 적당할까? 추녀 폭이 너무 가늘면 구조적으로 문제가 생기고, 너무 굵으면 추녀가 둔해 보인다. 추녀가 둔해 보이면 집 전체가 둔해 보인다. '날렵해 보인다', '둔해 보인다' 하는 것은 부재의 절대적인 크기에서 비롯하는 것이 아니다. 부재에 대한 이런 느낌은 다른 부재와의 상대적인 크기에 따른 것이다.

추녀는 선자서까래와 함께 한눈에 들어오는 부재다. 따라서 추녀의 폭은 선자서까래의 굵기와 밀접한 관계가 있다고 볼 수 있다. 선자서까래는 갈모산방에서 각재의 형태로 서로 밀착되어 있으면서 마구리 쪽으로 점점 가늘게 뻗어나온다. 그래서 '선자서까래의 굵기'라는 말도 아주 모호하다. 기준이 될 수 있는 것은 선자서까래의 마구리 직경 정도다. 문화재 실측조사보고서를 살펴보면, 추녀의 폭은 선자서까래 마구리 직경의 1.5배 정도를 사용한 것으로 추측된다. 선자서까래 마구리의 직경이 4치인 집에는 폭 6치 정도의 추녀가 사용된 사례가 대부분이다. 직경이

추녀 창덕궁 돈화문

치목 중인 추녀용 목재 보탑사 영산전

5치짜리 마구리를 가진 선자서까래가 쓰인 집에는 폭이 7치나 8치 정도의 추녀가 사용되었다. 추녀 폭은 '선자서까래 마구리 직경의 1.5배'라는 원칙하에 도편수의 감각과 집의 규모에 따라 아주 조금씩 조정되는 정도다. 경복궁 근정전은 선자서까래 마구리 8치에 추녀 폭은 1자 1치를 썼다. 지금까지의 가설에 따르자면, 경복궁 근정전에는 추녀 폭이 1자 2치가 되어야 하지만 1치를 줄여 추녀를 좀더 날렵하게 보이게끔 만들었다고 추측할 수 있다.

- **추녀 춤**

추녀는 마구리와 처마도리, 뿌리 부분의 단면 크기가 각각 다르다. 추녀를 치목할 때는 적당히 휜 부재를 구해서 쓰면 좋지만, 산에 가서 목재를 직접 마름하지 않는 한 그렇게 간단한 일은 아니다. 중요한 것은 곡재·직재 가릴 것 없이 '추녀곡이 나오는 목재'를 구하는 일이다.

설계사무소에서 작성한 '목재수량산출서'를 보면 추녀에 대한 수량 산출이 제대로 되어 있지 않은 경우가 상당히 많다. 추녀곡을 충분히 고려해서 '목재수량산출서'를 작성하는 설계사무소도 있겠지만, 눈에 보이는 추녀 마구리의 크기로 추녀용 목재를 산출하는 곳이 대부분이다. 그런 목재로는 집을 지을 수 없다. 그렇다면 추녀용 목재의 춤은 어느 정도가 적당할까?

268쪽 오른쪽 사진을 보면 치목에 필요한 추녀용 목재의 규격이 어느 정도인지 대강 눈에 들어온다. 추녀용 목재는 곡재의 양 볼만 치도록 주문하기 때문에 그 춤을 얼마로 해야 한다고 단정 지을 수는 없다. 일반적으로 춤이 추녀곡만큼 되는 목재를 주문하는데, 그렇게 해도 목재가 뻣뻣하면 치목하지 못하는 경우가 간혹 발생한다. 가장 좋은 방법은 추녀도를 그려서 목재를 주문할 때 첨부하는 것이다. 이 방법이 가장 확실한 만큼 조금 귀찮더라도 추녀도를 그려두는 것이 바람직하다. 설계사무소에서도 설계를 하면서 추녀도를 필수 도면으로 인식해야 한다. 설계 단계에서 추녀도를 그려서 처마 곡선의 앙곡과 안허리곡의 성격을 분명히 하고, 그에 소요되는 추녀용 목재의 산출도 명확히 하는 것이다.

추녀곡을 늘이는 기법

추녀는 처마의 모양에 따라서 적당히 휜 곡재를 사용한다. 예전에는 도편수가 직접 산에 가서 추녀로 쓸 목재를 신중하게 골랐다고 한다. 그렇더라도 경복궁 근정전처럼 추녀곡이 4자나 되는 집에 꼭 맞는 목재를 구하기는 결코 쉬운 일이 아니었다. 문제는 목재가 자연산 재료라는 데 있다. 선배 엔지니어들도 목재 문제로 고민이 많았다. 이러한 고민의 흔적들은 곳곳에 남아 있다. 기술적인 문제에 대한 집 짓는 사람의 고민은 그 결과물에서도 충분히 엿볼 수 있다.

　계획된 추녀곡이 너무 커서 단일 부재로는 시공하기 어려운 경우가 종종 있다. 이런 때에는 도리 부분을 올려 추녀곡을 확보하는 방법(알추녀)과, 추녀단을 올려 추녀곡을 확보하는 방법(추녀와 사래의 합성) 등을 사용할 수 있다. 이런 기법들은 초기에 정밀하게 계획하고 작업해야 한다. 또한, 추녀곡이 모자란 목재로 추녀를 만들면서 임기응변을 발휘한 흔적도 볼 수 있다.

• **알추녀**

대규모 건물에서는 단일 부재로 추녀곡을 맞추기가 쉽지 않다. 이럴 때 효율적인 방법은 알추녀를 쓰는 것이다. 알추녀란 추녀 밑에 덧받침으로 조금 내밀어 댄 추녀를 말한다. 알추녀를 둔 집들은, 초기 계획 단계에서

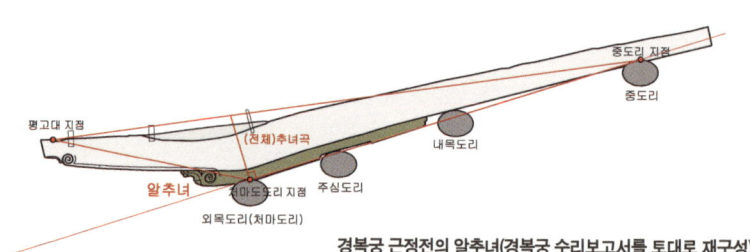

경복궁 근정전의 알추녀(경복궁 수리보고서를 토대로 재구성)

알추녀 덕수궁 중화문.

추녀 부연 없이 사래의 모양을 차용해서 추녀곡을 늘였다. 연경당.

부터 단일 부재로 추녀곡을 만들기 어려울 것을 예상하고 특별한 시공방법을 고안한 것이라 할 수 있다. 알추녀를 쓰면 도면에서처럼 단일 목재의 한계를 넘어서는 추녀곡을 확보할 수 있다. 구조적으로도 힘을 가장 많이 받는 단부를 보강하는 데 효과적인 방법이기도 하다. 나름대로 의장적 효과도 있어서 규모가 작은 집에도 알추녀를 쓴 사례를 볼 수 있다.

요즘에는 100평이 넘는 매우 큰 규모의 전통 한식 목조건물도 많이 지어진다. 그런데 이런 규모의 집을 지으면서 수입산 목재로 부재를 점점 키우는 경향이 보인다. 단일 부재를 크게 쓰면서 더 큰 집을 짓는 것이 꼭 기술의 진보는 아니다. 이런 관점에서, 알추녀를 고안한 선배 엔지니어들은 기술적으로 매우 현명했다고 말할 수 있다.

• **추녀와 사래 합성하기**

알추녀가 추녀의 처마도리 지점을 받쳐 올리는 방법이라면, 평고대 지점을 올려서 추녀곡을 크게 확보하는 방법도 있다. 연경당이나 낙선재를 보면 홑처마지붕인데도 사래가 달린 듯한 추녀가 사용된 것을 알 수 있다. 추녀 부분에는 사래가 있지만 서까래를 건 모양을 보면 부연이 없다. 홑처마에도 사래를 써서 추녀의 평고대 지점을 높인 것이다. 이는 작은 목재들로 큰 추녀곡을 만든 경우인데, 그 마무리 처리가 엄격해서 보기에도 좋다. 디자인 측면에서도 가볍고 날렵한 처마 곡선이 강조되어 시원하다.

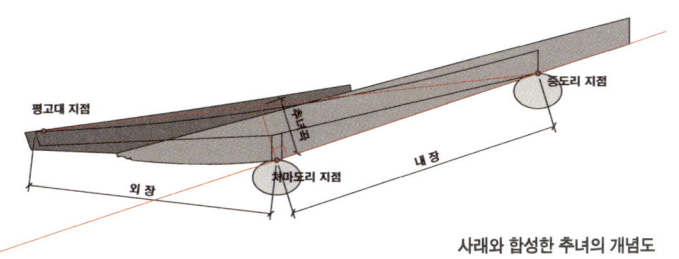

사래와 합성한 추녀의 개념도

추녀 부여 민칠식가옥 사랑채·서산 김동진가옥

- **추녀단에 목재 덧대기**

알추녀나 사래를 써서 추녀곡을 늘이는 방법이 치목 초기 단계에서부터 치밀하게 계획되는 것이라면, 집을 짓는 과정에서 즉흥적이고 임기응변식으로 추녀곡을 늘이는 방법도 있다. 목재가 충분히 휘지 못해 추녀를 치목하려니 추녀곡이 조금 모자란 경우로, 이럴 때는 추녀단 위쪽에 적당한 목재를 덧댄다. 이 부분은 캔틸레버 끝으로 힘이 작용하는 부분이 아니어서 구조적으로는 아무런 문제가 없다. 다만 미관상 좋지는 않은데, 눈 밝은 사람에게는 추녀 단부에 목재를 덧댄 흔적이 보일 것이다. 측면은 선자 초장 初枚(추녀 옆 첫번째 서까래)에 가려서 거의 보이지 않는다. 좋은 방법이라고 할 수는 없지만 현실적으로 꼭 알아두어야 할 방법이다. 이런 문제는 추녀용 목재를 주문할 때 자주 발생한다. 앞서도 말했지만, 이런 일이 발생하지 않게 하려면 반드시 추녀도를 그려서 목재를 주문할 때 함께 제재소로 보내야 한다.

추녀의 뿌리 처리

추녀는, 결구의 관점에서 보면, 구조적으로 아주 취약하다. 추녀와 서까래는 도리 위에 올라앉는다는 점에서는 비슷하지만, 지붕 외곽에 실리는 무게를 감안하면 추녀가 힘을 훨씬 더 많이 받는다고 할 수 있다. 서까래는 처마도리 외곽보다 내부에 실리는 하중이 크지만, 추녀는 처마도리 외곽에 실린 하중이 더 큰 것이 일반적이다. 추녀는 시소와 마찬가지로 무거운 쪽으로 내려앉는데, 지붕에 무게가 실리면 처마도리 외곽의 무게 때문에 밖으로 뒤집힐 위험이 있다. 추녀를 뒤집으려는 힘은 추녀 위의 하중뿐 아니라 선자서까래 외곽에 실린 하중을 합한 것이다.(추녀의 도리 바깥쪽 하중은 도리 안쪽 중도리까지의 하중의 약 세 배가 된다. 장기인, 『목조: 한국건축대계 5』, 보성각, 1998, 295쪽 참조) 그런 만큼 추녀뿌리를 안정감 있게 처리하는 일은 매우 중요하다.

• 추녀정

추녀뿌리를 고정하는 가장 쉬운 방법은 못을 박는 것이다. 못의 한자어인 '정'釘을 붙여서, 서까래(연목)에 박는 못을 '연정'椽釘, 추녀에 박는 못을 '추녀정'–釘이라 한다. '연정'이라는 말의 음이 '연정'戀情과 같아서인

연침 직산향교 내동헌

연정 동구릉 수릉

추녀정 서산 김동진가옥

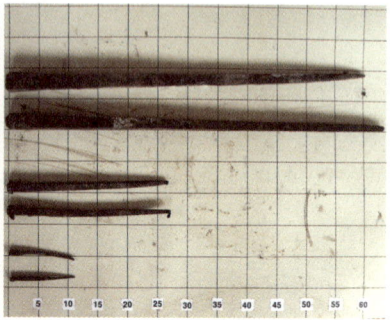
동구릉 수릉에 쓰인 철물

지, 현장의 목수들은 연정 대신 '육정', '한정' 등으로 부르기도 한다.

추녀정은 길이가 길고 몸통도 매우 두껍다. 때문에, 박는 과정에서 추녀뿌리가 갈라질 것을 염려해 먼저 구멍을 뚫은 뒤에 박기도 한다. 목구조에서 못 접합은 목재가 건조되면서 헐거워질 염려가 있어서 그리 신뢰도가 높은 접합방법은 아니다.

- **띠철**

추녀정만으로 추녀뿌리를 고정하는 것은 조금 불안한 느낌이 든다. 이럴 때는 띠철로 추녀뿌리부터 도리까지 감아 내리기도 한다. 띠철에도 못을 박기는 하지만, 힘이 작용하는 방향이 못이 뽑히는 방향이 아니라 못이 박힌 방향과 직각이라서 좀더 안정감이 있다. 살림집 한옥보다는 관아 같은 관공서 건물의 추녀뿌리에 띠철이 사용된 예를 더 많이 볼 수 있다. 예전에는 띠철을 사용하는 것이 상당히 고급스러운 처리법이었던 것으로 보인다.

- **강다리와 비녀장**

내부가 보이지 않는다면 과감하게 강다리(도리 바깥쪽으로 내민 추녀 끝의 처짐을

01·02 **추녀의 띠철** 직산현 관아문과 관아 내동헌
03·04 **강다리와 비녀장** 부여 향교 명륜당·청양 화성 임희지 씨 댁 사랑채

막기 위해 추녀의 안쪽 위 끝에 비녀장을 꽂은 단단한 나무)를 넣고 비녀장(장부맞춤의 한 부분에 두 재를 꿰뚫어 꽂아서 장부가 빠지지 않도록 하는 굵은 나뭇조각)을 채운다. 추녀뿌리에 구멍을 뚫어 단단한 나무를 끼우고, 도리(장혀) 밑에서 가로로 걸리도록 다른 목재를 끼워 넣는다. 추녀뿌리에 수직으로 끼워 넣은 목재를 강다리, 도리 밑에 걸치도록 끼운 목재를 비녀장이라 한다(좀더 자세한 설명은 앞의 주 참조). 강다리는 도리에 걸어서, 추녀가 들리는 힘에 저항한다. 간혹 완전히 노출된 강다리도 있다. 이런 경우에는 보이는 부분에서 비녀장을 하지 않고 판목을 댄 뒤 추녀뿌리 위에서 비녀장을 넣어 보기 좋게끔 만들기도 했다.

4 선자서까래

선자서까래에서 '선자'는 한자로 '扇子'라고 쓴다. '선'扇은 '사립문'을 가리키는데, '부채'라는 뜻도 있다. 다시 말해, 선자서까래(선자연扇子椽)란 부채 모양으로 배열된 서까래를 말한다. 추녀가 있는 모서리 부분에서 서까래를 처리하려면 선자서까래처럼 부챗살 모양으로 걸거나, 아니면 평서까래가 추녀까지 나란하게 걸리는 '나란히서까래', 선자서까래와 나란히서까래의 중간 정도 되는 '마족서까래'(마족연馬足椽)로 처리하는 수밖에 없다.(장기인, 『목조: 한국건축대계 5』, 보성각, 1998, 305쪽) 나란히서까래는 모서리 부분에서 하중의 대부분이 추녀에 집중된다는 단점이 있다. 선자서까래라 해도 자체적으로 하중을 완전히 지탱한다고 볼 수는 없지만, 어느 정도는 하중을 분담할 수 있다.(장기인, 위의 책, 305쪽) 외관상으로도 선자서까래가 보기에 더 좋다.

선자서까래의 계획과 시공은 어렵다. 일본에는 고대건축에 선자로 처리하는 기법이 있었지만 지금은 모두 없어졌다고 한다.(신영훈, 『우리문화 이웃문화』, 문학수첩, 1997, 107쪽 참조) 또한 중국에도 선자서까래 종류의 기법이 있기는 하지만 어설픈 마족서까래 정도다. 대부분의 관련 책에서는 마족서까래를 선자서까래와 비슷한 기법이며 서까래의 뿌리가 모이는 지점만 다를 뿐이라 설명하고 있지만(장기인, 위의 책, 308쪽), 실제로 치목기법이나 치목을 하기 위한 목수들의 사고과정을 따져보면 오히려 나란히서까래와 더 유사하다.

마족서까래를 걸 때는 책에 써 있는 것처럼 서까래뿌리의 소실점 같은 것은 고려하지 않는다. 마족서까래를 선자서까래와 같은 고도의 치목기법으로 보기는 더더욱 어렵다. 마족서까래는 그 설치가 나란히서까래를 거는 작업방식과 똑같은데, 다만 방향이 부챗살 모양으로 퍼지는 것이 조금 다를 뿐이다.

선자도 그리기

목수들은 선자서까래를 치목하기 위해 선자도扇子圖를 그린다. 그리고 선자도를 통해 선자서까래의 변수를 기록한 작업 양판을 만든다. 현장에서 도편수는 선자도를 전지 크기의 켄트지에 1/5~1/10 축척으로 그린다. 더 크게 그릴 수 있다면 좋지만, 그나마 구하기 쉬운 큰 종이가 전지 크기여서 이 정도로 그릴 수밖에 없다. 이런 제약 때문에 현장에서 그리는 선자도는 조금 부정확할 수밖에 없다.

• 선자도 그리기

그럼 여기서 선자도를 그리는 방법을 생각해보자. 목수들은 앙시도 종류의 선자도를 사용한다. 이 선자도는, 선자 말구 방향에는 평면상의 길이를 쓰고 선자 길이 방향에는 도리의 사선 길이(실제로 서까래가 걸릴 때의 거리)를 사용해 모든 선자를 한 장의 도판에 나타낸다. 이런 식으로 1/5~1/10 축척의 선자도를 그리고, 필요한 변수를 자로 재면서 각 장의 길이(내장·외장·총장), 통, 회사(돌림)의 값을 구한다. 이 선자도에서 곡과 경사는 확인할 수 없다.

선자도 그리는 작업을 대략적으로 설명했지만 실제로 해보면 상당히 복잡하다. 특히 선자도에서 선자서까래 마구리의 위치 나누기, 각 선자의 통 나누기 등은 목재의 규격과도 직접적으로 관련이 있는 만큼 매우 어렵다. 하지만 선자서까래가 추녀 주변에서 실제로 걸리는 작업과정을 관찰해보면, 선자도가 그다지 정확하지 않음을 알 수 있다. 몇몇 목수 기문에서는 더 정확한 선자도와 선자의 변수를 추구하기도 하지만, 선자도에 대해서는 대부분 회의적이다. 따라서 '현장 맞춤'에 좀더 무게를 두는 경향이 있다.

- **앙시도형 선자도의 문제점**

선자도와 변수에 대한 내용에 대해서는, 이론적일지라도 좀더 정확한 정리가 필요하다. 선자서까래 변수의 부정확함은 부정확한 선자도에서 비롯한다.

기존에 사용되는 앙시도형 선자도의 문제점을 정리하면 크게 두 가지를 이야기할 수 있다.

첫째, 선자도는 삼차원 형태의 선자서까래를 이차원 평면도에 강제로 집어넣은 것이기 때문에 갈모산방(292쪽 참고)을 반영할 수 없다. 그런 만큼 길이에 대한 변수가 부정확할 수밖에 없다. 그뿐만 아니라 길이에 대한 변수를 규정하는 문제 또한 불분명하다. 앙시도에서는 곡이나 경사가 안 보여서 선자서까래의 정확한 길이를 알 수 없다. 왜냐하면 추녀와 마찬가지로 서까래의 길이는 부재 자체의 길이가 아니라 각 지점을 이은 길이로 표현되어야 하기 때문이다. 280쪽의 도판 1은 선자서까래 바닥면을 표시한 것이다. 도판에서 보이는 파란색 삼각형은 선자도에서 가정한 선자가 설치되는 면이고, 노란색 삼각형은 실제로 갈모산방 위에 선자서까래가 설치되는 면이다. 그 차이가 미세하다고 볼 수도 있겠지만, 이론적으로는 큰 차이가 있다. 앞서도 한번 밝혔듯이, 이 선자도로 확인 가능한 내용은 부정확한 내장과 외장, 통, 회사(돌림)뿐이다. 곡과 경사는 확인

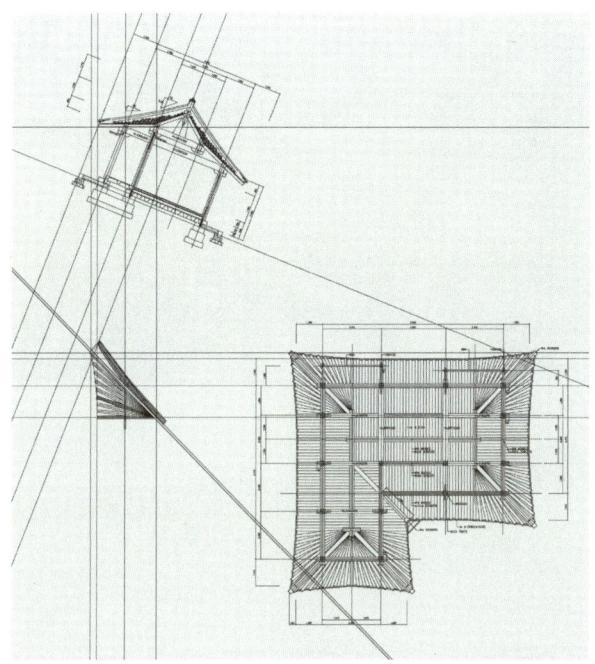

앙시도 형태의 선자도 서까래 마구리 쪽에는 평면도상의 길이를 사용하고, 서까래 길이 쪽에는 서까래의 사선 길이를 사용한다. 이는 서까래가 설치되는 면을 그리기 위해서다.

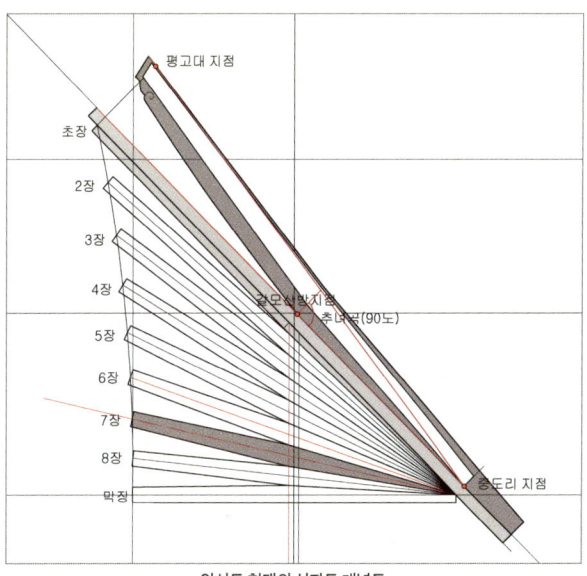

앙시도 형태의 선자도 개념도

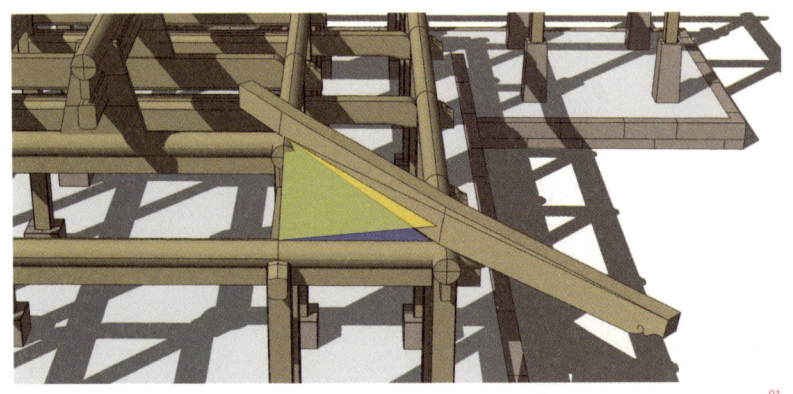

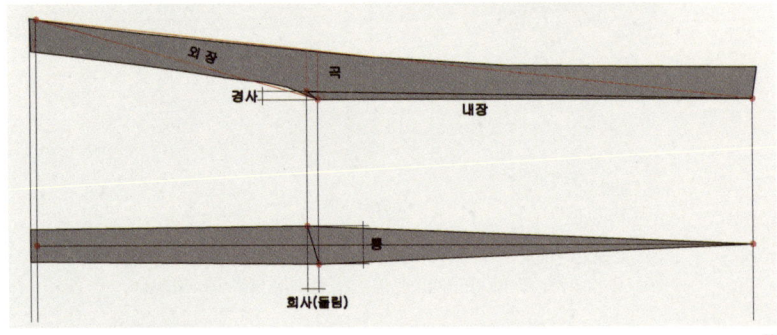

01 기존의 앙시도형 선자도 갈모산방에 따른 변화를 확인할 수 없다. 02 단면도 형태의 선자도 앙시도 형태의 선자도보다 더 많은 정보를 얻을 수 있다.

할 수 없는 것이다.

둘째, 집의 전체적인 처마 곡선과 선자도가 충분한 상호관계를 갖지 못한다는 문제점이 있다. 평연 좌판 위에서 계획되고 치목된 평연에도 앙곡과 안허리곡이 생긴다. 하지만 이 선자도로는 선자 막장과 마지막 평연의 관계(길이와 곡)를 확인할 수 없다.

• 선자도에 대한 접근법

지금까지 살펴본 선자도에는 문제가 있다. 그런 만큼 좀더 정확한 선자도에 대해 고민할 필요가 있다. 선자도에 대한 접근을 달리해야 한다. 선자도에 대한 또 다른 접근법은 선자도를 추녀도처럼 '단면도 형태'로 그리는 것이다. 선자도에 대한 단면도 형태의 개념도(280쪽 도판

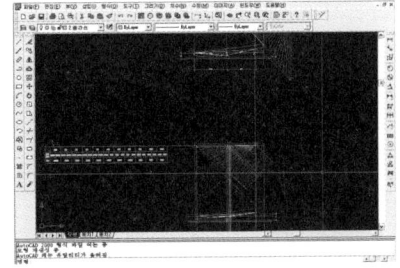

캐드 프로그램 종이의 크기에 상관없이 정밀한 작업이 가능하다.

2)를 보면, 선자서까래의 다섯 변수 중에서 통을 제외한 모든 변수를 확인할 수 있다. 평면도(앙시도)보다는 단면도 형태의 선자도에서 월등히 많은 정보를 얻을 수 있는 것이다.

 선자도는 손으로 그린 1:10이나 1:5 비율의 도면으로는 부정확하다. 이 정도 축척에서는 곡이나 경사 같은 작은 변화들을 정밀하게 그릴 수 없다. 하지만 실제로 집을 지으면서 부정확한 선자도로도 아무 문제 없이 작업이 진행되는 것은, 선자서까래를 들었다 놓았다 반복하면서 현장 맞추기를 하기 때문이다. 사실 실제 현장에서 완벽한 선자도는 필수적인 요소는 아니다. 선자서까래에 관련된 사항들을 정확히 규명하기 위한 이론적인 작업일 뿐이다. 하지만 선자서까래에 대한 이론적인 정리 작업은 반드시 필요하다.

 요즘은 캐드CAD 같은 컴퓨터 프로그램이 있어서 가상공간에서나마 1:1 축척의 선자도를 그릴 수 있다. 원하기만 하면 밀리미터로, 소수 아홉 번째 자리까지도 어렵지 않게 측정이 가능하다. 하지만 이러한 치수는 큰 의미가 없다. 중요한 것은 선자서까래를 분석하기 위한 '접근방법'이다.

선자서까래의 변수

앞서 모든 지붕을 구성하는 부재는 3지점에 구속된다고 했지만, 선자서까래는 조금 특별하다. 선자서까래 역시 구조적인 측면에서는 3지점에 구속된다고 해도 틀린 것은 아니다. 하지만 치목의 관점에서는 4지점으로 이해하는 것이 더 효율적이다. 지붕을 구성하는 부재는 단순하기 때문에 정확한 지점만 확인하면 된다. 선자서까래의 변화가 복잡해 보이긴 하지만 평서까래보다 지점이 하나 더 늘어난 것밖에 없다. 선자서까래의 4지점을 정리하면 다음과 같다.

평고대 지점: 평고대 하단 지점. 처마 곡선을 결정.
갈모산방 지점(高): 갈모산방의 높은 쪽. 추녀에 가까운 쪽.
갈모산방 지점(低): 갈모산방의 낮은 쪽. 평연에 가까운 쪽.
중도리 지점: 선자 뿌리 모임점. 선자서까래의 소실점.

추녀도든 선자도든 지붕을 구성하는 부재의 지점 찾기는 모두 같다.

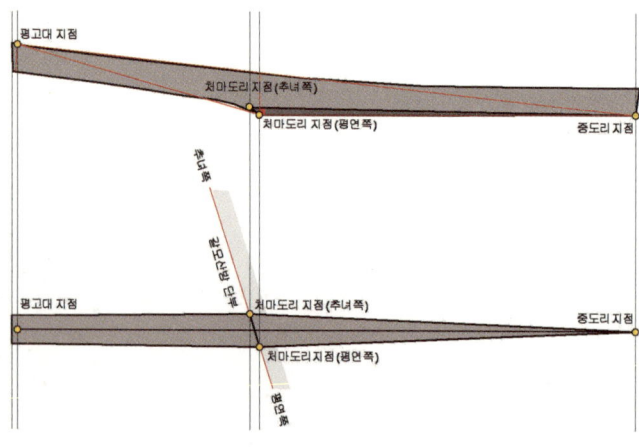

선자서까래 치목에 필요한 지점(4지점) 개념도

다른 점은 추녀도에서의 평고대 지점이 계획하는 사람의 의지에 따라 결정된다면, 선자도에서는 결정된 처마 곡선과 갈모산방에 딱 맞아들어가게끔 선자서까래의 변수를 찾는다는 정도다.

선자서까래의 변수는 목수 기문에 따라 조금씩 다르게 규정하고 있지만, 대체로 길이에 대한 변수(내장·외장·총장), 선자 굵기에 대한 변수(통), 설치 각도에 대한 변수(회사), 평고대 지점에 대한 변수(곡), 갈모산방의 높이 차이로 생기는 변수(경사) 등 다섯 가지로 정리할 수 있다. 일부 목수 기문에서는 평고대에서 선자서까래가 더 내민 길이를 '비장'鼻長 또는 '여장'餘長이라 부르고 하나의 변수로 파악하기도 하지만, 지점을 중심으로 선자서까래를 해석할 때는 둘을 주요 변수라고 할 수 없다. 먼저, 선자연의 다섯 가지 변수에 대해서 이야기해보자.

- **'길이'에 대한 변수 — 총장·내장·외장**

선자서까래는 부챗살처럼 한 점을 중심으로 펼친다. 때문에 각 장枚이 길이가 다 다르다. 선자는 갈모산방 외단을 중심으로 내장과 외장으로

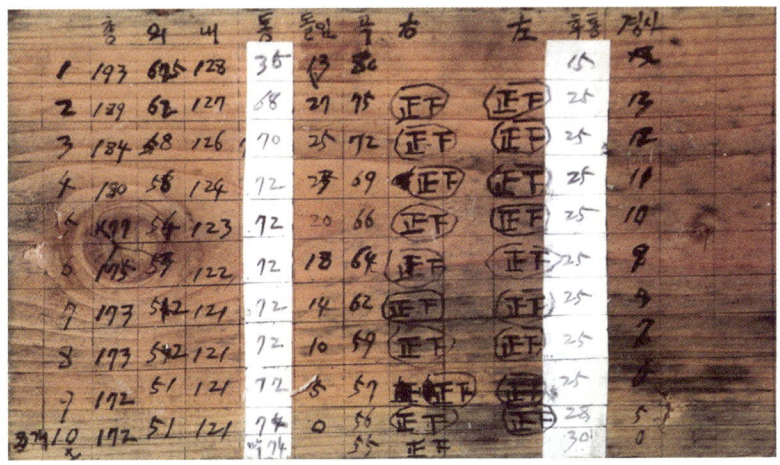

선자서까래를 치목하기 위한 작업 양판 보탑사 영산전을 지을 때 고 조희환 도편수가 작성한 것이다.

나눈다. 선자서까래의 길이는 비례적으로 변하지 않는다. 한옥 처마 곡선이 앙곡과 안허리곡을 가지고 있기 때문이다. 지붕을 구성하는 부재의 '길이'는 (축부재와 다르게) 각 지점을 잇는 길이로 표현해야 하기 때문에 앙시도 형태의 선자도에서는 길이를 정확히 확인하는 것이 불가능하다. 추녀도처럼 단면도 형태의 도면에서는 길이에 대한 확인은 가능하지만, 두 개의 갈모산방 지점이 부재의 중심축에서 벗어나 있어서 길이에 대한 규정은 아직 불분명한 상황이다. 283쪽 도판 '선자서까래의 길이'에 보이는 선자 양판을 보면 내장과 외장의 합이 총장으로 되어 있다. 그러나 추녀도를 생각해보면, 내장과 외장의 합이 총장과 같은 것은 아니다.

각각의 변수는 치목작업이 끝난 후 작업 양판에 따라 치목이 잘되었는지 검측檢測하기가 쉬워야 한다. 검측이 쉽다는 것은 치목작업에서 '측점'測點이 분명하다는 것을 의미하기 때문에 작업이 정확해질 수 있다. 오늘날 목수들은 앙시도 형태의 선자도에서 중심축과 갈모산방 외단이 만나는 지점의 길이를 선자의 길이로 파악하고 치목한다. 하지만 중심축과 갈모산방이 만나는 지점은 치목이 끝나고 나면 위치를 확인할 수 없어서 검측이 불가능하다. 이때 선자서까래의 갈모산방 지점 중에서 낮은 지점을 기준으로 삼으면 길이에 대한 변수와 곡, 경사, 회사 등의 검측이 쉬울 수 있다. 이처럼 선자서까래의 여러 변수를 고려했을 때, 내장은 '갈모산방

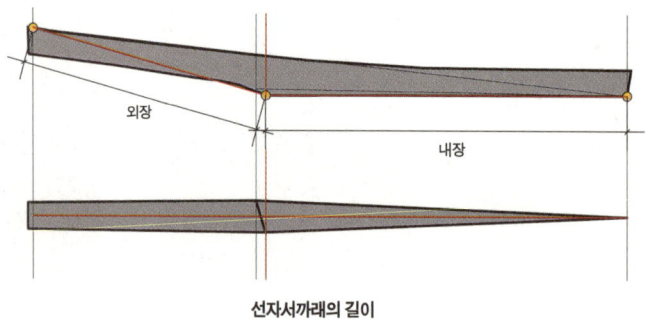

선자서까래의 길이

낮은 지점에서 중도리 지점까지'의 중심축 길이로, 외장은 '평고대 지점에서 갈모산방 낮은 지점까지'의 중심축 길이로 규정하면 효율적일 것이다.

- **'굵기'에 대한 변수—통**

선자서까래는 갈모산방 외단에서 서로 몸을 맞대고 있다. 목재가 가늘면 선자서까래 몸통이 완전히 맞대어 붙지 못하게 되어 집의 내외부에 구멍이 뚫리게 된다. 누마루나 정자처럼 사방이 뚫린 집이면 상관없지만, 사람 사는 집이라면 미장이라도 해서 구멍을 막아야 한다. 통通이란 선자서까래가 갈모산방 외단에서 각재 모양으로 서로 완전히 밀착되는 '굵기의 변수'다.

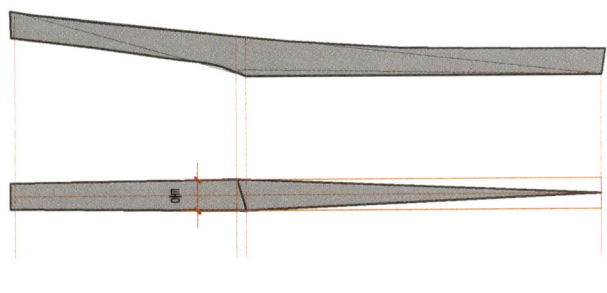

선자서까래의 통

- **'설치 각도'에 대한 변수—회사**

선자서까래는 각 장마다 갈모산방과 만나는 각도가 다르다. 초장은 45도에 가깝게, 막장은 90도에 가까운 각도로 갈모산방과 만난다. 하지만 실제로 작업이 이루어지는 현장에서 모든 각도는 길이로 표현된다. 통이 결정되어 있는 상황이라면 길이만으로도 선자서까래와 갈모산방이 틀어진 정도를 표현할 수 있다. 회사回斜(돌림)는 갈모산방과 선자서까래가 틀어진 각도를 길이로 표현한 것이다.

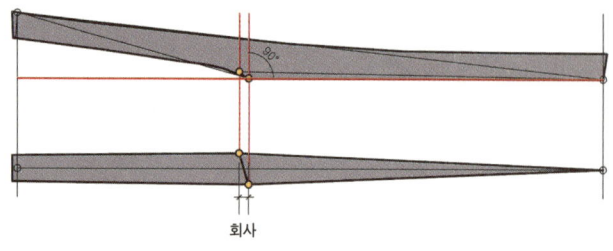

선자서까래의 회사

- **'평고대 지점'에 대한 변수 ― 곡**

선자연에서의 '곡'曲은 추녀도에서 말하는 '곡'과 같다. 앙시도 형태의 선자도에서는 곡을 확인할 수 없어서 지금까지는 도편수의 경험적인 감각으로 곡을 기록했던 것 같다. 게다가 추녀는 처마도리 지점이 분명하기 때문에 곡을 규정하는 원리에 이론의 여지가 없지만, 선자서까래는 갈모산방에서 지점이 틀어져 있어서 곡을 정확히 규정하기가 쉽지 않다. 추녀도와 똑같이 부재의 중심축선을 기준으로 곡을 잡으면 치목하고 나서 치목이 잘되었는지에 대한 검측이 완전히 불가능해진다. 검측이 불가능한 변수는 아무런 소용이 없다. 갈모산방의 낮은 지점에서 서까래 중심선에 평행인 선을 기준선으로 잡으면 검측과 치목이 분명해질 듯한데, 사실 이는 이론에 불과해서 더 분명하게 말하기는 어렵다.

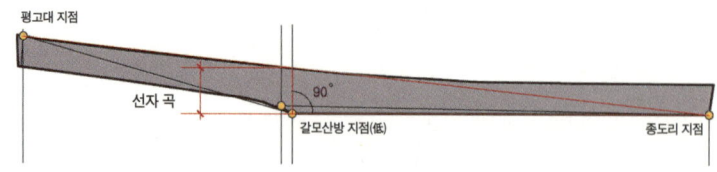

선자서까래의 곡

• '갈모산방 높이'에 대한 변수 — 경사

선자서까래의 경사傾斜를 설명하기란 대단히 어렵다. 경사는 선자서까래를 설치하고 나서도 설명하기가 쉽지 않다. 선자서까래가 설치된 상태에서는 실측이 안 되는 부분이기 때문이다. 선자서까래의 경사는 치목하는 과정 중에 목수의 입장에서 본 개념이다.

선자서까래는 추녀를 건 다음 초장부터 2장, 3장, 4장 등의 순서로 몸통을 붙여가면서 작업한다. 이렇게 작업하다보면 오차가 누적된다. 이 오차를 최소화하는 것이 중요하다. 그래서 선자를 거는 일에는 중요한 작업 포인트가 있다. 선자 내장 쪽의 몸통을 언제나 수직으로 설치하는 것이다. 서로 붙는 내장 쪽의 몸통을 수직으로 설치하지 않고 계속 붙여나가다보면, 오차가 누적되어 사실상 작업 자체가 불가능해진다. 선자는 내장 쪽 몸통이 수직이 되게끔 설치되어야 하는데 갈모산방 윗면은 수평이 아니다. 선자는 갈모산방 위에 설치된다. 갈모산방은 초장 쪽(추녀 쪽)이 높고 막장 쪽은 낮다. 그래서 선자는 비스듬한 면 위에 설치된다. 이렇게 비스듬한 면 위에 설치되기 때문에 '경사'라고 표현하는 치목이 필요하다. 하지만 이 경사는 선자가 걸릴 때 선자통 좌우에 생기는 갈모산방의 높이 차는 아니다. 경사는 작업자의 관점에서, 치목 중에 있는 목재의 밑바닥 축 방향을 기준으로 할 때 좌우 높이가 다른 정도를 나타내는 것이다.

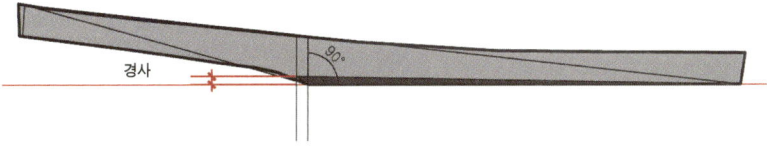

선자서까래의 경사

선자서까래의 마구리 배열

평서까래는 일정한 간격을 두고 배열된다. 그렇다면 선자서까래의 마구리는 어느 정도 간격으로 배열하면 좋을까? 목표는 관찰자가 보기에 선자연 구간과 평연 구간에서 이질적인 느낌이 들지 않게 하는 것이다. 즉 선자서까래 마무리 배열 작업은 선자연 구간과 평연 구간이 통일성을 갖게끔 계획하는 것이라 할 수 있다. 선자서까래를 평서까래와 같은 간격으로 배열하면 보기에 어떨까? 그에 앞서, 선자서까래를 평서까래와 같은 간격으로 배열하는 것이 가능할까? 답은 생각보다 어렵다. 평서까래가 같은 간격으로 쭉 걸리다가 선자서까래 구간에서 뭔가 다른 배열이 느껴지면, 이는 작업이 잘못된 것이다. 잘된 작업은 평서까래와 선자서까래가 눈에 거슬리지 않고 자연스럽게 배치된 경우다. 목표는 간단하지만 이 목표를 만족시키기는 결코 간단하지 않다.

- **선자서까래 배열**

289쪽 도판은 경복궁 근정전의 측면을 임의로 도면화한 것이다. 선자연 구간에서 평고대의 길이는 7,471mm다. 이는 삼차원에 걸친 길이가 아닌 안허리곡을 고려한 앙시도에서의 길이다. 평연은 376mm 간격으로 배열했다. 평연의 간격도 임의로 설정한 것인 만큼 『경복궁 근정전 수리보고서』의 수치와는 조금 다르다. 이러한 경우 선자서까래를 몇 장이나 넣어야 할까?

우선 7,471mm를 평연이 걸린 간격인 376mm로 나누어보면 19.87이라는 수치가 나온다. 이 계산에 따르면 선자서까래를 18~19장 정도 놓으면 될 것 같은데, 『경복궁 근정전 수리보고서』를 보면 실제로는 17~18장씩 배열되었음을 알 수 있다. 그렇다면 7,471mm 평고대에 선자서까래를 18장 배열해보자. 어떻게 배열하면 눈에 거슬리지 않고 보기에 좋을까?

　7,471mm 길이의 평고대에 18장의 서까래를 같은 간격으로 배열하면 그 간격은 약 415mm가 된다. 선자서까래를 415mm 간격으로 일정하게 설치하면 보기에 어떨까? 이는 처음에도 이야기했다시피 376mm 간격으로 배열된 평서까래 구간과는 확연히 다른 배열이다. 이렇게 배열하면 부자연스러움이 금방 눈에 띈다. 선자서까래는 일정한 간격으로 배열해서는 안 되고 눈에 띄지 않게 조금씩 간격을 넓혀야 한다. A에서 E까지는 동일한 간격으로 배열하고 F에서 V까지는 그 간격을 미세하게 넓혀가는 것이다. 이를 기호로 표현하면 다음과 같다.

A=B=C=D=E≤F≤G≤H≤I≤J≤K≤L≤M≤N≤O≤P≤Q≤R≤S≤T≤U≤V

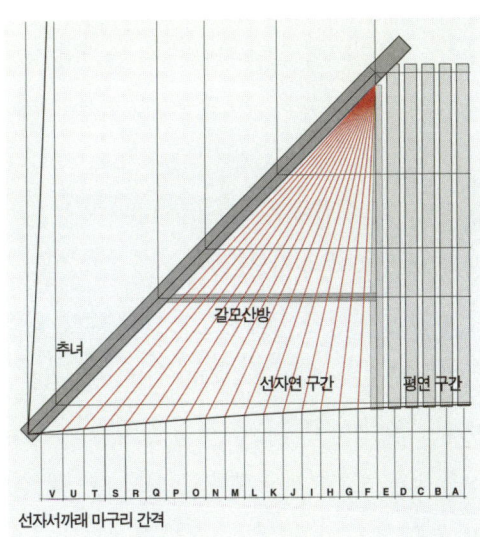

선자서까래의 마구리 눈에 띄지 않을 만큼 넓어지면서 배열된다.

선자서까래 마구리 간격

즉 선자서까래 구간에서는 추녀 쪽으로 갈수록 간격이 조금씩 넓어지면서 서까래가 배열된다. 서까래의 간격을 조금씩 넓혀가기 위해서는 실제로 어떤 방법을 쓸까? 목수 기문마다 접근하는 방식이 조금씩 다른 만큼 단정 지어 말할 수는 없다. 도편수들은 지금도 더 합리적인 방법을 찾기 위해 노력하고 있다.

- **선자서까래 배열에 대한 접근 방식**

현재 목수 기문들에서 이 문제에 접근하는 방식은 크게 두 가지다. 첫째는 갈모산방 위에서 같은 간격으로 나누는 것이고, 둘째는 평고대 위에 직접 '사려 깊게' 배열하는 것이다.

첫번째 방법대로 갈모산방에서 필요한 선자서까래의 개수만큼 같은 간격으로 나누면, 선자서까래 마구리 부분은 저절로 조금씩 넓어지면서 배열된다. 이는 선자서까래가 부챗살처럼 펼쳐지기 때문이다. 합리적인 방법이긴 하지만, 이 방법을 사용하면 추녀 가까운 부분에서 간격이 다소 과도하게 넓어지는 경향이 있다. 홑처마의 경우에는 거의 눈에 띄지 않지만, 부연까지 걸면 사이가 더 벌어져서 눈에 금방 띈다. 이러면 보기에 좋지 않다. 이럴 때는 초장과 2장 부연 사이에 부연을 하나 더 넣기도 하는데, 이런 부연을 '가지부연'이라고 한다.

선자서까래에 가지부연을 다는 것도 하나의 기법이지만, 다른 시각에서 보면 좀 어수선한 느낌이 들 수도 있다. 갈모산방에서 나누는 방법은 쉽고 합리적이긴 하지만 미관상 약간 불안해 보일 수도 있다. 평고대 위에서 직접 간격을 조절하는 두번째 방법은, 막장에서부터 평서까래 간격보다 조금씩 간격을 넓히며 작업을 시작하는 것이다. 이 작업은 수학적인 등차수열을 사용해서 풀 수도 있지만 실제로는 경험에서 얻은 감각이 중요하다. 막장부터 초장까지 자연스러운 간격이 되도록 몇 번이고

가지부연 초장 부연과 2장 부연 사이에 간격이 넓어지면 설치한다. 아산 영인 여민루.

선자서까래의 마구리 배열 이를 조절하면 가지부연을 사용하지 않아도 된다. 이는 취향의 문제로 보인다. 보탑사 통일대탑 선자서까래.

고쳐가며 작업한다.

위의 오른쪽 사진은 보탑사 통일대탑 선자서까래 부분이다. 이 목탑을 작업한 조희환 도편수는 초장과 2장의 부연 간격이 너무 넓어지는 것을 좋아하지 않았다. 밤새 선자도를 고쳐 그리는 모습을 옆에서 자주 볼 수 있었는데, 집의 규모나 성격에 따라 선자서까래의 배열을 매우 중요하게 생각했던 것으로 보인다. 이 방법은 오랜 경험에서 비롯한 직관을 요구한다. 어려운 방법이긴 하지만 또 그만큼 결과물은 매우 정갈하다. 고故 조희환은 처마 곡선의 처리와 선자서까래에 관해서는 특별히 정밀한 작업을 했던 도편수였다.

이처럼 선자서까래의 마구리 배열에서 가장 중요한 것은 자연스럽고 사람들 눈에 거슬리지 않는 배치다. 우리는 이 문제를 계속해서 고민할 필요가 있다.

선자서까래의 통

예전처럼 선자서까래용 목재를 도편수가 직접 고르면 별문제가 없지만, 요즘처럼 제재소에 목재를 주문하는 상황에서는 선자서까래의 통이 중요한 문제가 된다. 선자서까래의 통은 주문해야 할 목재의 직경을 좌우한다. 즉, 돈과 직접적으로 관계되는 문제다. 선자서까래 통은 선자도를 그려서 확인하면 된다. 또한 앙시도에서도 확인 가능하다.

선자서까래의 단면은 갈모산방 위에서 약간 찌그러진 네모 모양을 하고 있는데, 원목은 당연히 좀더 굵은 것을 사용해야 한다. 『문화재수리 표준시방서』(문화재청, 2005, 105쪽)를 보면 선자서까래는 평연보다 1~2치 정도 굵은 목재로 치목한다고 되어 있는데, '평연보다 1~2치 정도 굵은 목재'라는 말은 좀 불분명하다. 더 정확하게 설명하면, 선자도에서 확인한 통보다 $\sqrt{3}$배만큼 굵은 목재가 가장 이상적이다. 그러나 실제로는 선자도에 그려진 통보다 $\sqrt{3}$배만큼 굵은 목재를 주문하지는 않는다. 목재는 말구로 주문하는데, 통이 최대가 되는 갈모산방 지점에서는 목재가 좀더 굵기 때문이다. 평연보다 1~2치 굵은 것보다는 적어도 선자도에서 확인한 통의 1.5배 굵은 목재를 주문해야 갈모산방 지점에서 굵기가 모자라지 않은 선자서까래를 치목할 수 있다.

갈모산방

갈모산방은 선자서까래를 받치는 부재이며 선자서까래의 곡을 보완하는 구실을 한다. 선자서까래는 부재의 크기가 작기 때문에, 선자서까래의 곡은 추녀곡에 비해 상대적으로 작을 수밖에 없다. 선자서까래가 아무리 많이 굽었다고 해도 부재의 상대적인 크기를 생각하면 어려운 일이다.

단면 형태의 선자도를 그리기 위해서는 먼저 갈모산방을 확실하게 계획해야 한다. 갈모산방을 정확히 규정하지 않고는 선자도에서 곡을 말할 수 없다.

갈모산방이 없다면, 처마도리 위에서 추녀의 배와 선자 초장의 하단이 같은 높이에서 뻗어나오게 된다. 선자 초장이 처마도리에서 추녀와 같은 높이로 뻗어나오면, 추녀 마구리의 처리가 아주 이상해진다. 추녀 마구리를 아주 가늘게 해서 선자서까래 마구리와 크기를 맞춘다면, 추녀가 양쪽의 선자 초장 사이에 묻혀버리고 만다. 물론 이런 집을 지을 수는 있지만 힘차게 뻗어나온 추녀의 시원스러운 맛은 사라진다. 결론적으로 갈모산방은 추녀를 강조하고 돋보이게 하는 장치로서의 구실도 한다. 아래 오른쪽 사진은 갈모산방(붉은 부분)과 추녀(노란 부분)의 관계를 강조하기 위해 사진에 색을 입힌 것이다. 갈모산방은 어떤 경우에도 생략될 수 없다.

갈모산방의 높이는 어느 정도가 적당할까? 이런 자질구레한 사항에 대해서는 별로 알려진 것이 없다. 이는 굳이 법칙이나 규칙으로 규정할 필요가 없는 것일 수도 있다. 갈모산방의 높이는, 추녀에 선자 초장(붙임장)이 붙은 뒤 눈에 '보기 좋은 만큼'이면 된다. 좀더 구체적으로 말해서, 추녀가 보이는 부분이 마구리 쪽으로 가면서 살짝 좁아지는 정도면 경쾌하고 좋을 듯하다. 실제로 도편수들은 추녀도를 그리면서 선자 초장과

갈모산방

갈모산방과 추녀

갈모산방을 동시에 계획한다.

추녀도 형태의 선자도

앙시도 형태의 선자도에서는 길이에 대한 변수도 개념상으로는 부정확하고, 더구나 곡과 경사 같은 변수는 확인할 수도 없다. 선자서까래에 관한 좀더 논리적인 이론이 필요하다.

앞서 이야기했던 추녀도를 생각해보자. 추녀도의 지점은 평고대 지점, 처마도리 지점, 중도리 지점의 3지점이다. 이 3지점을 기준으로 내장·외장·곡을 규정한다. 선자도도 이론적으로는 추녀도와 똑같다. 결론부터 말하자면 선자도도 추녀도와 같은 방법으로 그려야 한다. 다만 선자서까래에서는 갈모산방 지점을 두 개로 보아, 4지점을 기준으로 한다. 선자서까래를 지지하는 네 군데의 지점을 찾고 그 지점들을 기준으로 선자의 변수를 규정한다면, 이론적으로는 완벽한 선자의 변수—길이(내장)·통·회사·곡·경사—를 구할 수 있다.

295쪽 '추녀도의 작도과정' 도판은 추녀도와 같은 원리로 선자도를 그려본 것이다. 추녀도를 그리는 것과 거의 같은 작업으로, 앙시도를 그려놓고 단면도 형태를 뽑아내면서 하는 일종의 점 찾기 놀이이다.

이 선자도는 접근방식에서 추녀도와 근본적으로 다른 부분이 있다. 추녀도가 추녀곡을 결정하는 작업이라면, 선자서까래는 이미 결정된 추녀도에 의해 규정되는 앙곡(평고대)에 꼭 맞는 곡을 찾는 작업이다. 서까래 각 장마다 변하는 갈모산방의 높이와 앙곡을 미리 정해두어야 한다. 그렇기 때문에 선자서까래의 장 수만큼 다른 그림을 그려야 하는 번거로움이 있다.

추녀도 형태의 선자도를 그리기 위해서는 먼저 갈모산방과 처마 곡

추녀도의 작도과정 추녀도는 앙시도에서 단면도 형태로 바꿔 그리며 추녀 3지점의 위치를 찾는 작업이다.

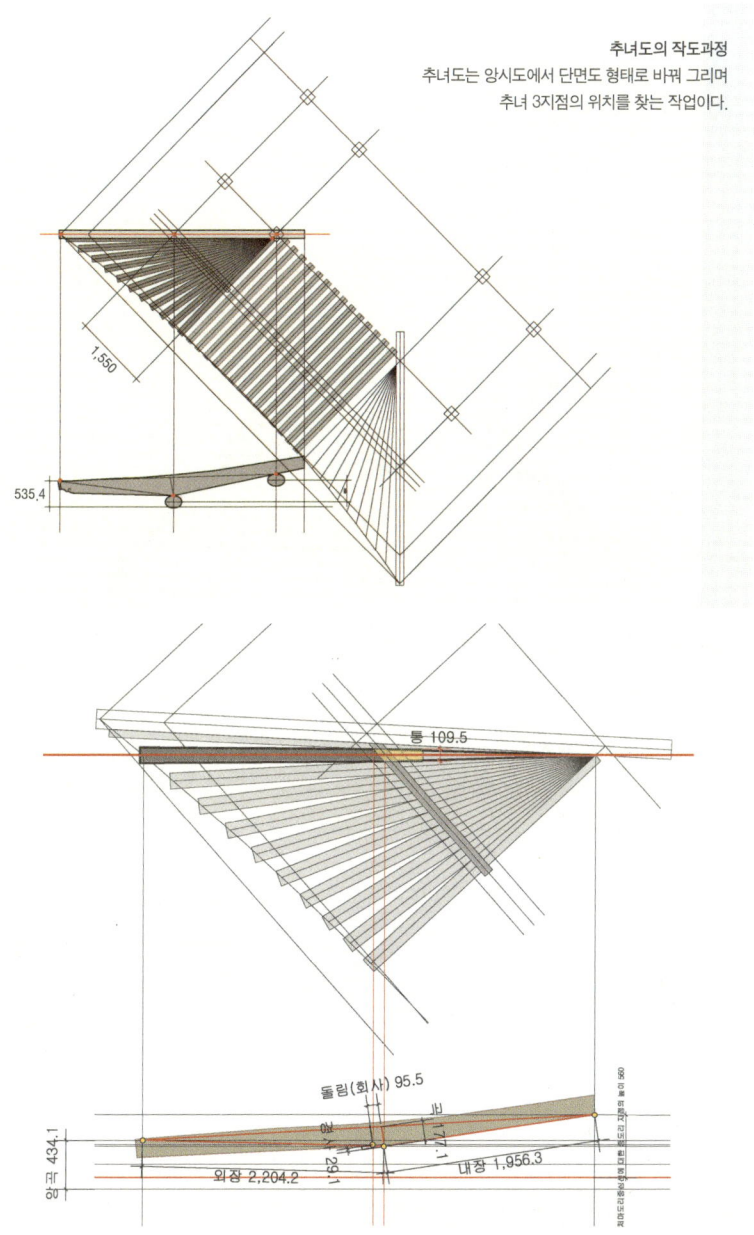

추녀도 형태의 선자도 그리기 예 추녀도를 그리듯이 선자도를 그리면 선자서까래 치목에 필요한 변수들을 직접적으로 찾아낼 수 있다. 다만 선자서까래의 장 수만큼 선자도를 그려야 하며, 갈모산방과 처마 곡선의 앙곡을 먼저 규정해야 한다.

295

선의 앙곡을 규정해야 한다. 이는 앙시도 형태의 선자도에는 없었던 작업이다. 그래서 앙시도 형태의 선자도에서는 곡과 경사 같은 변수를 결정할 수 없었던 것이다. 기준이 되는 높이를 정하고, 그 높이를 기준으로 선자 각 장에 걸친 갈모산방과 앙곡의 높이를 정밀한 도면으로 규정한 후 표로 정리한다. 그리고 각 장마다 앙시도를 돌려가며 단면도를 뽑아내면 된다.

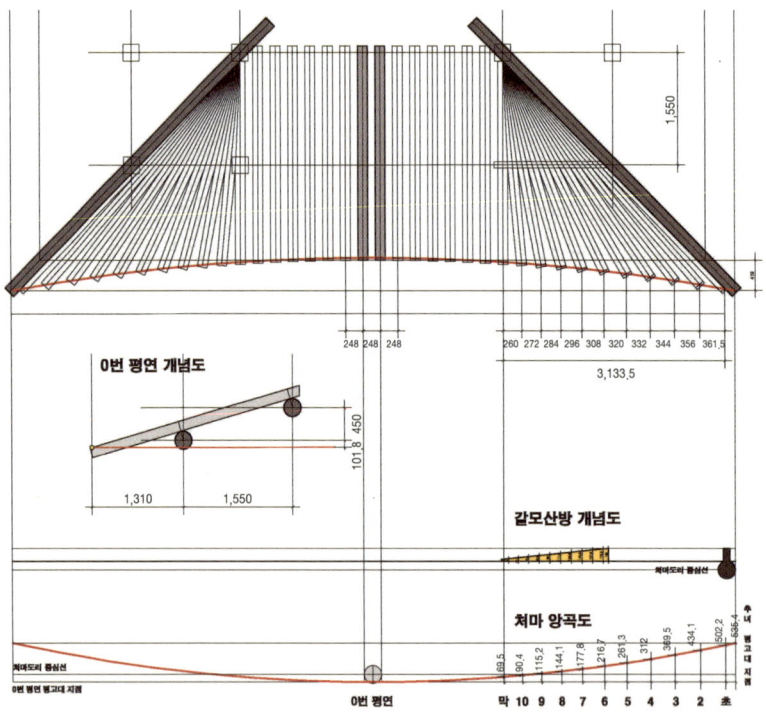

추녀도 형태의 선자도

이미 선자의 변수 규정에서 언급했지만, 현재 목수 기문에서는 지점에 대한 변수 해석방법을 분명하게 규정하고 있지 않기 때문에 정확한 4지점을 찾아도 이 방법을 목수들과 공유할 수는 없다. 현장에서는 아직 적용할 수 없는 컴퓨터 속의 작업일 뿐이지만, 이렇게 하면 이론적으로는 명확해진다.

• 목공사

제9부
수 장 재 · 마 루 · 난 간

집의 골격이 되는 축부를 짜고, 지붕을 올릴 수 있게 추녀와 서까래를 조립하고 나면, 그다음으로 기와공사를 한다. 집을 조립하는 과정에서 비 오는 날을 피해갈 수는 없는 일이니, 나무로 짓는 집은 지붕을 우선 덮어야 하는 것은 당연한 일이다. 목공사는 지붕공사 전후로 성격을 달리한다. 지붕공사 전의 목공사는 지붕의 하중을 견딜 수 있는 구조체의 성격이 강하고, 지붕공사 후의 목공사는 생활에 편하도록 집을 꾸미는 성격이 강하다.

지붕공사 후의 목공사는 수장재, 마루, 난간을 설치하는 작업 정도다. 수장재, 마루, 난간은 가공과 조립에서도 추구하는 목표가 다르다. 축부와 지붕을 구성하는 부재는 직접적으로 힘을 받는 만큼 더욱 튼튼한 구조가 요구되지만, 수장재·마루·난간 작업에서는 견고함보다는 세밀함이 요구된다. 그래서 수장재·마루·난간 공사는 대목과 소목의 중간 영역에 있는 작업이라고 하면 이해하기가 더 쉬울 것 같다. 목재도 강하고 단단하기보다는 마감성이 좋은 것을 사용해야 한다. 그래서 무절無節에 곧은결인 목재를 골라 쓰고, 다른 수종의 목재를 사용한다면 다소 목질이 연하더라도 결이 고운 수종을 선택하게 된다.

수장재·마루·난간 공사는 치목방법도 다양하다. 집의 성격에 따라 그때그때 새로운 방법으로 작업을 시도하기도 한다. 그런 만큼 이런 작업을 설명하자면 끝이 없겠지만, 대표적인 작업방법을 위주로 검토해본다. 지금부터의 작업은 집이 좀더 아름다워지는 과정이다.

1 수장재

'수장'修粧은 일상생활에서 자주 사용하지는 않는 말이다. 수장이란 '꾸미고 치장하다'는 뜻이다. 일반 건축에서 수장공사라고 하면 '내부 인테리어 공사' 정도를 말한다. 하지만 한옥에서는 구조체를 이루는 거의 모든 부재가 외부에 노출된다. 그런 만큼 기둥이나 보도 꾸미고 치장해야 한다.

그렇다면 한옥에서는 대부분의 부재가 수장재일까? 그건 아닐 것이다. 『한국건축사전』(장기인, 보성각, 1993)에서는 수장재의 두 가지 뜻을 밝히고 있다. 하나는 "건축물의 내외부에 노출되어 미려하게 꾸미는 재료의

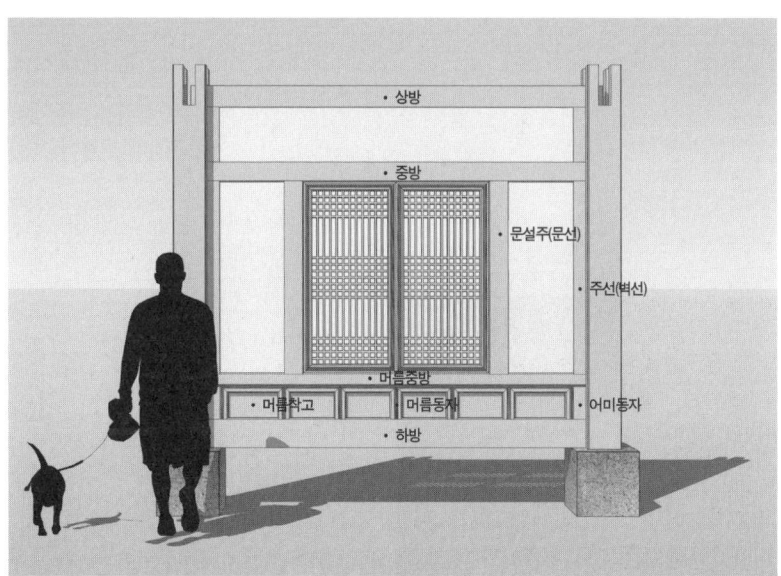

한옥 수장재의 명칭

총칭"이고, 다른 하나는 "목구조체에서 체목體木 이외에 치장이 되는 목재의 총칭"이다. 즉 수장재에는 체목이 포함되지 않는다. 여기서 체목이란 구조체를 이루는 부재를 말한다.

한옥을 짓는 사람들이 '수장재'라고 말하는 부재들이 있다. '수장폭'이라는 말도 있다. 특히 한옥에서 수장폭은 벽 두께와 거의 비슷하기 때문에 매우 중요하다. 한옥을 짓는 사람들은 주선柱線·문설주·상방·중방·하방 등을 수장재라고 부른다.

수장폭

미장하는 방법에 따라 조금씩 차이가 있지만, 한옥에서 수장재의 두께는 곧 벽 두께가 된다. 수장재가 결정되면 포부재나 장혀 같은 다른 부재들도 다 거기에 맞추어진다. 때문에 수장폭은 중요하지만 선택의 여지는 별로 없다. 경복궁 근정전의 수장폭이 5치이니, 선택할 수 있는 벽 두께는 최소 3치에서 최대 5치 정도다. 권위가 느껴지는 큰 규모의 건물에서는 4~5치의 수장폭을 쓰며, 일반적인 살림집 한옥에서는 보통 3치를 쓴다. 3치 목재를 대패질하면 마감치수는 2치 8푼 정도가 된다.

상방·중방은, 수장폭이 3치라면 춤은 5치를 많이 쓴다. 하방은 귀틀

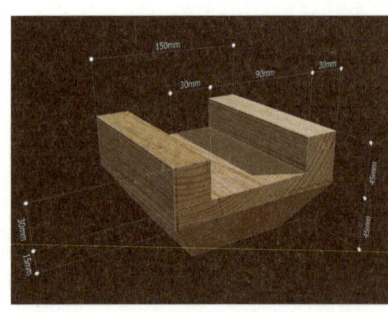

소로

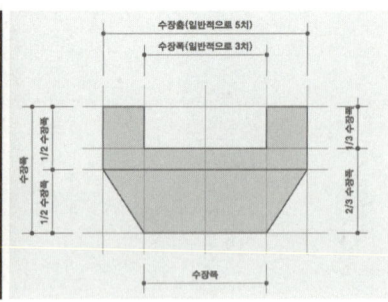

소로 치수 개념도

Special Box

인방

'인방'引枋이란 말은 사전에 '기둥과 기둥 사이 또는 문과 창의 아래나 위를 가로지르는 나무'라고 설명되어 있다. 실제로도 '상방'·'중방'·'하방'을 특별한 구분 없이 '상인방'·'중인방'·'하인방'이라고 부른다.

인방에서 '인'引 자는 '끌다', '당기다'라는 뜻이다. 즉 인방재란 '당기는 힘이 작용하는 부재'를 가리킨다. 그렇다면 한옥의 상방·중방·하방에 이런 종류의 힘이 작용할까? 아무리 생각해도 특별히 당기는 힘이 작용할 것 같지는 않다. 한옥구조에서 인장력에 저항할 필요가 있는 곳은 숭어턱이나 주먹장 같은 결구로 처리하는데, 상방·중방·하방에는 통넣기나 가름장(지방地枋이나 장혀 등의 기둥에 박는 촉을 가운데를 도려내어 두 갈래로 갈라지게 한 장부 또는 그런 방식)을 하는 것이 일반적이다. 특별히 인장에 저항하는 어떤 조치도 없다.

근대건축의 거장 르 코르뷔지에(Le Corbusier, 1887~1965)는 1926년에 '새로운 건축의 5원칙'Les Point D'une Architecture Nouvelle을 발표한다. 그 원칙을 열거하면 다음과 같다.

(1) 필로티
(2) 옥상정원
(3) 자유로운 평면
(4) 수평 띠창
(5) 자유로운 입면

르 코르뷔지에

이 5원칙은 '조적구조'로 집을 짓던 서양인들이 철근콘크리트로 집을 짓게 되면서 건축의 새로운 가능성을 '환호'하는 내용 정도로 이해하면 된다. 돌과 벽돌 등을 쌓아 올려서 벽을 만드는 조적구조에서는 불가능했던, (1)필로티를 만들어 지면에서 집을 띄우고, (2)옥상을 평지붕으로 만들어 정원을 꾸미고, (3)칸막이벽으로 평면을 자유롭게 구성하고, (4)창을 수평으로 얼마든지 넓게 만들고, (5)입면을 마음대로 구성하는 일 등이 가능해졌으니 얼마나 큰 발전인가. 우리는 한옥과 양옥을 구분하면서 철근콘크리트 구조를 양옥에 한한 것으로 생각하는데, 사실 철근콘크리트 구조는 '양옥(서양건축)-조적건축'이라기보다는 '현대건축-새로운 기술'이다.

갑자기 서양건축 이야기를 꺼내는 데는 이유가 있다. 서양건축은 조적건축을 근간으로 발전해왔다. 그래서 르 코르뷔지에의 '새로운 건축의 5원칙'은 의미가 클 수밖에 없다. 서양 사람들이 조적건축을 벗어나게 된 것에 얼마나 기뻐하고 감격스러워 했는지를 한눈에 볼 수 있는 것이 '새로운 건축의 5원칙'이기 때문이다.

서양건축은 조적조로 공간을 형성하기 위해 개구부에 인방lintel을 설치하거나, 아치·볼트·돔을 발전시켰다. 조적구조에서 인방은 중요한 건축요소다. '쌓아 올리는 건축'에서 아치 같은 다른 기법을 사용하지 않고 개구부를 만드는 데는 개구부 위에 인방을 설치하는 것이 무엇보다 중요하기 때문이다. 여기에 사용되는 인방은 '인방'引枋이라는 용어의 뜻도 잘 만족시킨다. 반면 2″×4″ 목조주택(구조재가 2인치×4인치인 경량 목조주택)에서는 개구부 위에 설치되는 부재를 'lintel'이라고 하지 않고 'header'라고 한다.

한옥은 본질적으로 서양의 조적건축과는 구조가 다르다. 한옥은 2″×4″ 목조주택처럼 내력벽을 만드는 구조와도 약간 성격이 다르다. 한옥은 철골구조와 특징이 유사한 가구식 구조다. 한옥은 이미 '수평창'과 '칸막이벽'을 만들기 시작한 지 수천 년이 지났다. 생각해보면, 한옥의 '상방·중방·하방'을 '상인방·중인방·하인방'이라 부르는 것은 뭔가 문제가 있다. 개인적인 생각으로는, 선배 엔지니어들이 상방·중방·하방을 '인방'이라 불렀을 확률은 거의 없어 보인다. 구조적인 관점에서 자연스럽게 쓸 수 있는 말이 아니기 때문이다. 인방이라는 말이 있었다면, 아마도 조적구조에서(한옥에도 조적구조가 있으니) 문얼굴 위에 올리는 부재를 그렇게 불렀을 것이다.

서유구의 저서 『임원경제지』 「미장일 담벼락」 편에 선배 엔지니어들이 '인방=인박'이라는 말을 사용했다는 내용이 있다.

> "… 방옥 사면의 벽을 가리켜 담벼락이라 부른다. 우리나라의 담벼락은 성글고 두텁지 않은 것이 특히 걱정거리이다. 그 제도를 살펴본다. 먼저 인박, 중박을 설치한다. 다음으로 가시새를 박는데 손가락 굵기의 물푸레나무 가지를 사용하여 가시새에 의지하여 가로 세로로 엮어서 삽자리를 만들고, 다시 볏짚으로 꼰 새끼로 튼튼하게 묶는다. …"(서유구, 안대회 엮어옮김, 『산수간에 집을 짓고: 임원경제지에 담긴 옛사람의 집짓는 법』, 돌베개, 2005, 224쪽)

『임원경제지』가 쓰인 조선 후기에 이미 '인방'이라는 용어를 일반적으로 사용한 것은 확실해 보인다. 그렇다고 해도 인방이 한옥의 수장재에 어울리는 용어라고 수긍할 수는 없다. 서유구는 정약용과 더불어 정조·순조 연간의 대학자다. 동시대에 중국에서는 전돌을 이용한 조적건축이 활발했다. 당시에 조영된 수원 화성을 보면, 전돌을 사용한 조적건축에 대한 관심을 읽을 수 있다. 이런 18~19세기의 분위기를 감안할 때, 그래도 인방은 조적건축에 해당하는 용어가 아닐까 싶다.

같은 주변 부재를 고려해서 훨씬 큰 것을 쓴다. 수장재의 폭과 춤의 비례는 경우의 수가 적어 확실히 규정하기가 어렵다. 약간의 단서는 소로小櫨도 수장재로 만든다는 것 정도다. 이것이 예전부터의 방식인지는 알 수 없다. 요즘 목수들은 일반적으로 수장용 목재로 소로를 만드는데, 그렇기 때문에 소로의 갈(수장폭)과 소로 폭(수장춤)의 비례는 곧 수장재의 비례가 된다.

수장재의 치목과 조립·결구

• 수장용 목재

수장용 목재로는 나이테가 치밀하고 잘 마른, 곧은결 목재를 사용하는 것이 좋다. 하지만 곧은결 목재는 수량이 제한되어 있는 만큼 모든 수장용 목재에 사용할 수는 없다. 목재가 반입되면 곧은결 목재를 따로 선별해서 눈에 많이 띄는 수장재감으로 하고, 나머지는 장혀와 같이 눈에 덜 띄는 부분에 사용하는 것이 좋다. 수장용 목재는 충분히 건조한 것을 사용해야 틀어짐이 적다. 시간과 여건이 여의치 않으면 수장재만이라도 인공건조할 필요가 있다.

궁궐의 수장재 매우 치밀한 나이테를 보이지만, 아직 부재별로 수종 검사를 한 수리보고서가 없어 확인할 수는 없다.

일반 소나무는 잘 마르고 곧은결 목재라 하더라도 나이테가 성글어서 수장용 목재로 쓰기에는 좋지 않다. 궁궐에 지어진 집을 살펴보면 나이테가 매우 치밀한 목재가 사용되었음을 알 수 있지만, 문화재 수리보고서에 수장재 각 부재별로 수종 검사를 한 자료가 없어서 그 목재가 강송(춘향목)인지 홍송(잣나무)인지 확인할 수는 없다.

• 수장재 조립·결구

상방·중방·하방은 한쪽을 가름장으로 하고 다른 한쪽에는 통넣기를 하거나, 양쪽을 가름장으로 하기도 한다. 이런 가로재를 조립할 때는 한쪽을 깊이 끼우고 나머지 한쪽을 끼운 다음 산지나 쐐기로 고정하는데, 이런 작업을 '되맞춤'이라 한다. 되맞춤을 할 때는 세로로 약간의 여유가 있어야 하기 때문에 위쪽으로 조이면서 아래에 쐐기를 박아 넣는다. 세로로 조립되는 벽선(벽에 붙은 문설주)이나 문설주(문선)는 가로로 설치되는 상방·중방·하방에 장부맞춤 한다.

근래에 지어지는 집들을 보면, 상방을 넣고 양쪽 주선을 그레질한 다음 중방을 넣고 위로 조인다. 상방과 중방은 가름장으로 하고, 벽선은 위아래로 장부를 남겨서 상방과 중방에 결구한다. 하방을 넣은 뒤에도 마찬가지로 작업한다. 결국 모든 수장재는 위쪽으로 조이면서 조립된다. 그러나 수장재를 위쪽으로 조이면 하방이 초석 면에서 약간 떨어지게 된다. 자연석 초석을 사용한 집은 수장재를 위로 짜 올려도 별문제가 없지만, 정교하게 가공된 화강석 초석을 쓰면서 수장재를 위로 짜 올리면 초석 윗면과 하방이 떠서 보기에 좋지 않다. 하방은 초석 윗면에 딱 붙어 있어야 깔끔하게 마무리된다. 가공한 화강석으로 초석을 한 경우에는 하방과 머름을 아래로 짜 내리고 상방을 위로 짜 올린 다음, 벽선이나 문선을 옆으로 끼워 넣는다. 이런 경우에는 위든 아래든 한쪽은 장부가 없다. 한쪽에 장부가 없는 것이 불안해서, 주선에 정(못)을 박아 기둥에 고정하는 경우도 있다. 각 초석 사이는 가공한 고막이석 같은 것으로 마감한다.

문화재를 보수하면서 집을 해체하다보면, 지금까지 이야기한 수장

01·02 **수장재 조립** 일반적으로 수장재는 위쪽으로 조이면서 조립한다.(ⓒ이광복)   03 **덕수궁의 수장** 수장재는 아래로 짜 내려야 한다.   04 **하방을 아래로 짜는 경우** 주선에 못을 박아 고정한다. 수원 화성 화령전.   05 **운현궁의 수장 결구**
06 **운현궁의 수장 결구 상세**

재 조립법보다 훨씬 다양한 방법들이 동원되었음을 알 수 있다. 우리나라에서 가장 오래된 목조건축물인 봉정사 극락전의 수리보고서에서는, 하방이 기둥에 주먹장으로 결구된 내용을 볼 수 있다. 하방이 기둥에 주먹장으로 물리려면, 하방을 놓은 다음 기둥을 세울 수밖에 없으니 우리가 상상하는 집 짜기보다 훨씬 복잡한 과정을 거친 것이다. 더구나 고주 창방이 중앙의 어미기둥을 관통하고 있다고 하니 요즘의 집과는 매우 다른 집이다.

집에 내다는 벽장은 기둥을 수장재와 같은 폭으로 세우는 경우가 많다. 이런 기둥은 수평으로 걸리는 부재와 더 다양한 방식으로 결구된다. 이러한 작업들은 어떤 특별한 법칙이 아니라 그때그때 창의적인 방식에 따라 이루어진다.

문얼굴(문틀)

한옥은 사방이 문과 창이다. 그런 만큼 한옥에서 창호의 비중은 높다. 한옥의 문얼굴과 문짝은 작업 주체가 달라서 문제의 소지가 있다.

한옥을 지을 때 수장재는 보통 대목이 드린다. 창호의 '문얼굴'은 수장재의 일부다. 대목이 문얼굴을 드리면 소목이 거기에 맞춰 문짝을 만

수장과 문얼굴 보령 신경섭가옥

문얼굴 드리기(ⓒ이광복)

문얼굴의 문받이턱과 모접기 상세

들어 단다. 문짝이 결정되지 않았어도 문얼굴은 만들어야 하기 때문에, 현장소장은 수장을 드리기 전에 창호와 관련된 내용 중에서 굵직한 부분의 결정을 끝내야 한다. 그래야 대목들이 수장 드리는 데 문제가 생기지 않는다. 수장을 드리기 전에 반드시 검토해야 할 것은 문의 겹수, 크기, 울거미(문틀과 같이, 뼈대를 짜서 맞춘 것을 통틀어 이르는 말) 두께와 그에 따른 문받이턱 처리 같은 문얼굴과 관련된 내용들이다.

  문울거미의 두께가 정해지면 모접기 할 폭을 더해 문받이턱을 판다. 문받이턱이 있으면 문의 상방·하방과 만나는 문설주 부분에 문받이턱만큼 턱을 한 번 더 접어야 하고, 모접기를 하면 면이 만나는 부분에 모를 접은 모양을 따라 문설주에 살을 남기고 그만큼의 턱을 한 번 더 잡아야 한다. 손이 많이 가고 신경을 많이 써야 해서 규모 있는 목수 기문에서는 이 일을 전담하는 목수가 따로 있을 정도다. 문얼굴은 눈에 잘 띄는 부분이라 가공도 섬세해야 한다. 이런 작업은 허술하게 하면 문짝을 달면서 다 드러나기 때문에 문얼굴의 수직과 수평을 정확하게 맞추어야 한다.

| 머름

한옥에서는 바닥을 난방하고 좌식생활을 한다. 좌식생활을 하려면 창이 낮아야 한다. 낮게 설치된 창과 하방 사이에 짧은 동자를 세우고 널을 끼운 것을 머름이라 한다. 머름은 한자로 '원음'遠音이라고 적는데, 한자의 음대로 '원음'이라 하지 않고 '멀다'라는 뜻에 한자 '음'을 합쳐 '머름'이라 부른다. 머름은 좌식생활과 밀접한 장치로 한옥의 공간적 특성을 잘 보여준다.

• **머름의 구성**

머름은 하방 위에 어미동자와 머름동자를 수직으로 세우고, 머름동자 사

01 머름동자ⓒ이광복 02 머름의 조립ⓒ이광복 03 머름의 구성 수원 화성 화령전

이에 머름착고遠音着固(하인방, 머름중방 및 머름동자 사이에 끼어대는 널)를 끼운 다음 머름중방을 덮는다. 어미동자는 주선과 같은 폭으로 설치하는데, 주선을 얇게 넣는 경우에는 어미동자의 폭이 넓게 들어간다. 머름착고는 되도록 긴 판재를 나누어 넣어서 나이테 무늬가 연속하게끔 하는 것이 보기에 좋다.

　　머름동자와 머름중방은 제비추리맞춤으로 결구한다. 제비추리맞춤이란 부재 끝을 뾰족하게 해서 끼워 넣는 맞춤방식으로, 방으로 통하는 창호에는 밖에만 제비추리맞춤 하고, 대청에 난 창호처럼 맞춤의 안팎이 다 노출되는 경우에는 양쪽 모두 제비추리맞춤 한다. 그때그때 상황에 맞추어 작업하는 만큼 맞춤방식이 조금씩 다르다. 요즘은 단열문제로 머름착고를 이중으로 넣기도 하는데, 이는 요즘의 요구에 맞춰서 새롭게 도입된 방법이다.

- **머름의 높이**

좌식생활을 하는 한옥에서 머름의 높이는 중요하다. 일반적으로 머름의 높이는 사람의 어깨넓이인 1자 8치(약 54cm) 정도가 적절하다고 알려져 있

머름 완주 화암사(1자 3치)·부여 민칠식가옥(1자 1치)

다.(신영훈, 『우리가 정말 알아야 할 우리 한옥』, 현암사, 2005, 25쪽) 그러나 실제로 재보면 그보다 낮은 1자 1치에서 1자 3치 정도다. 머름 높이에 대한 확실한 자료는 별로 없다. 중요한 것은, 창문 높이(머름 높이)는 좌식생활과 깊은 관계가 있고, 한옥을 짓는 사람은 이 사실을 아주 분명하게 인식하고 있어야 한다는 사실이다.

요즘 설계된 한옥 도면을 보면 특별한 이유 없이 높은 창을 설계하는 예가 많다. 한옥을 짓고서 입식생활을 하겠다면 어쩔 수 없는 일이지만, 한옥을 설계할 때에는 좌식생활에 대해 좀더 깊이 생각해볼 필요가 있다. 머름의 높이는 사람이 앉아서 팔을 걸치기에 편안한 정도가 가장 좋지만, 결국 집주인의 의향에 따라 결정해야 할 문제다.

2 마루

마루는 집채 안에 바닥과 사이를 띄우고 널빤지를 깔아놓은 곳이라고 규정할 수 있지만 한국 사람이라면 누구에게나 익숙한 시설이라 사실 특별한 설명이 필요한 것은 아니다. 한옥을 '습하고 더운 지역에서 발달한 고상식高床式 주거의 마루와 추운 지역에서 발달한 구들이 조화를 이룬 집'이라고 규정한다면, 마루는 매우 중요한 시설이다. 실제로 한옥은 구들 고래둑과 높은 마루가 절묘하게 맞아떨어지는 구조다. 우리가 한옥의 전형이라고 말하는, 구들과 마루가 조화된 집이 이 땅에 완전히 정착한 지는 생각보다 오래지 않다.

현대에도 한옥에서 마루가 유효한 구조인지도 한번 생각해볼 필요

마루와 구들 종학당 보인당

가 있다. 전통적인 방법이니 무조건 좋다고만 할 일은 아니다. 마루구조는 겨울에 특별한 대책이 없다. 대청은 아파트의 거실처럼 집의 중심을 차지한다. 아파트에 살던 사람에게는 한옥에서의 겨울철 생활이 불편하게 느껴질 것이다. 겨울에 추운 대청이 있어서 오히려 감기에 대한 저항력을 키울 수 있다는 의견도 있지만, 실제로 생활하는 사람들은 춥다고 하니 쉽지 않은 문제다. 마루를 놓던 대청 자리에 마루를 없애고 바닥 난방을 하자니 '구들과 마루가 절묘한 조화를 이룬 집'이라는 한옥의 개념에 맞지 않는다. 이런 문제들은 한옥 사용자들의 집단적인 선택으로 결정되고 천천히 개선될 것이다. 실제 사용자들에 의해 마루가 도태된다면 그것도 어쩔 수 없는 일이다. 전통은 변하는 것이다.

| 마루의 종류

마루는 마루청을 까는 방식에 따라 크게 장마루와 우물마루로 나뉜다.

- **장마루**

장마루는 전 세계적으로 사용되는 가장 일반적인 방식이다. 멍에를 걸고, 장선長線을 멍에에 직각이 되도록 촘촘히 건 다음, 장선 위에 마룻널을 쪽매(얇은 나무쪽이나 널조각 따위를 붙여 댐. 또는 그 나무쪽이나 널조각) 해서 이어 붙이는 방법으로, 전통건축에서는 광과 같이 잘 보이지 않는 곳이나 문루 같은 군사시설에 많이 사용되었다.

- **우물마루**

우물마루는 귀틀을 걸고 홈을 내어, 귀틀 사이사이에 청판廳板(마루판)을 끼우는 방식이다. 우리 전통건축에서 볼 수 있는 독특한 방식인데, 우물

01·02 장마루 추사고택 03 우물마루 연경당 대청 04 일반적인 우물마루의 단면 05 경회루 마루의 단면

마루가 발달한 이유는 아직 정확히 알려져 있지 않다. 장마루는 장선만 촘촘하게 드리면 구조적으로 안정된 방법이지만, 목재가 건조수축이 심한 접선 방향으로 한없이 늘어난다는 마감상의 단점도 있다. 우물마루는 귀틀 홈에 끼워 넣는 청판 촉이 부러지면서 망가지는 경우도 있지만, 망가진 곳을 손보기 좋다는 장점도 있다.

우물마루와 장마루 두 방식의 장점을 취한 마루도 있다. 경회루 마루의 단면 개념도를 보면 우리가 알고 있는 일반적인 우물마루의 구조와 조금 다른 것을 알 수 있다. 우물마루와 장마루를 복합적으로 사용했다고 해석할 수 있다.

마루의 구성—귀틀과 청판

마루를 놓기 위해 짜 맞추는 귀틀에는 장귀틀(長耳機), 동귀틀(童耳機), 여모귀틀(廉隅耳機) 등이 있다. 개념적으로 장귀틀은 보 방향으로 놓는 긴 마루귀틀을, 동귀틀은 장귀틀 사이에 도리 방향으로 놓이는 짧은 마루귀틀을 말한다. 일반적으로는 장귀틀이 길고 동귀틀이 짧지만 모두 그런 것은 아니다. 툇마루에서는 장귀틀이 짧고 동귀틀이 긴 경우도 있다. 귀틀은 길이가 아니라 힘의 전달과정으로 판단한다. 마루에서 하중의 전달과정을 생각해보자. 마루 청판은 동귀틀에 결구되고, 동귀틀은 장귀틀에 결구된다. 장귀틀은 결과적으로 기둥 하부에 결구되면서 하중을 전달한다. 귀틀 아래에 동자기둥을 설치하기 때문에 모든 하중이 이런 경로로 전달된다고 할 수는 없지만, 개념적으로는 이렇게 이해하는 것이 좋다. 툇마루를 보면, 청판이 결구되는 동귀틀이 길고 동귀틀을 받는 장귀틀은 짧다. 그러나 아무리 길어도 청판이 결구되는 귀틀은 동귀틀이고, 그런 동귀틀이 결구되는 귀틀은 아무리 짧아도 장귀틀이다. 마당 쪽에 노출되는

귀틀의 구분

모서리 귀틀은 '여모귀틀'이라고 따로 불린다.(장기인, 『목조: 한국건축대계 5』, 보성각, 1998, 151쪽) 이것은 아마도 목재의 미관을 고려한 구분으로 판단된다. 일반적으로 귀틀재는 목재를 길이 방향으로 반절 내어 사용해서 목재의 표면이 드러나는 반면, 노출되는 모서리에 사용될 귀틀은 일반적인 귀틀보다 조금 큰 목재를 사용해서 노출되는 면을 깔끔하게 마감할 필요가 있기 때문이다.

    동귀틀은 눈으로 보기에는 서로 나란하게 놓는 것 같지만, 사실은 한쪽이 넓고 한쪽은 좁다. 이는 청판을 조이면서 끼우기 위함이다. 이 방법은 나중에 마루를 손질할 때도 유효해서, 망가진 청판은 빼버리고 조인 후 청판 막장을 한 장 더 넣는 방법으로 지속적인 유지 보수가 된다.

    청판은 1치 5푼에서 2치 정도의 판재를 사용한다. 청판은 너무 억지로 말려도 좋지 않다. 실제로 인공건조한 청판의 목재가 늘어나면서 귀틀을 밀어내는 경우를 본 적이 있다. 청판은 방사 방향으로 나란히 놓여서 전체적으로 수축과 팽창이 크다. 평형함수율을 맞추기가 어려운 만큼 마른 후 다시 조이는 것이 바람직하다.

3 난간

살림집 한옥에서 가장 화려한 곳은 난간이다. 난간은 안전을 위한 이유도 있지만 장식의 구실도 크다. 난간을 만드는 일은 대목과 소목의 중간 정도에 위치하는 작업이다. 대목이 직접 난간을 만드는 경우도 많지만, 창호공방에 살과 조각을 주문해서 대목이 조립하는 쪽이 더 효율적이다.

난간은 크게 평난간平欄干과 계자난간鷄子欄干으로 나눌 수 있다. 계단이 있는 곳에 휘어서 설치된 교란交欄을 따로 곡란曲欄이라 부르기도 하는데, 처리수법을 보면 의미가 잘 드러나 있다.

| 평난간

평난간은 난간엄지기둥을 세워서 지지하고, 엄지기둥 사이에 난간동자기둥을 세워 살을 짜 넣은 난간이다. 살 모양에 따라 아자교란亞字交欄, 완

곡란 창덕궁

01·02 교란 운현궁 노안당·강화 학사재 03 난간동자기둥과 하엽 상세 강화 학사재 04 난간엄지기둥과 법수法首 상세 법수란 엄지기둥 끝머리를 깎아서 모양을 낸 부분을 말한다. 강화 학사재.

자교란卍字交欄 등으로 나뉘어 불리기도 한다. 난간은 엄지기둥과 동자기둥, 난간지방, 난간띳장(중방), 하엽, 돌난대로 구성된다.

 난간은 살림집에서 가장 눈에 띄는 곳 중 하나다. 눈에 띄는 부분을 시공할 때는 그만큼 계획도 신중해야 하는데, 무작정 설계도면대로 시공하기보다는 집주인(건축주)과 충분히 의논해서 일을 진행하는 것이 좋다.

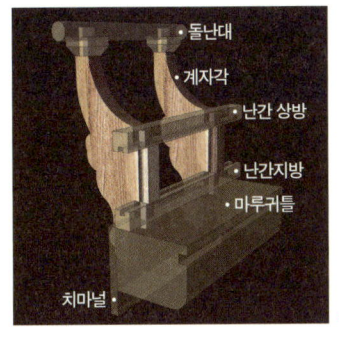

01 계자난간 02 계자난간의 내부 구성
03 계자난간의 구성과 결구 모델링

계자난간

한옥에 관련된 용어에는 재미있는 것이 많은데, '계자난간'도 그중 하나다. 선자서까래가 '부채 모양' 서까래인 것처럼, 계자난간은 '닭 모양' 난간이라는 뜻이다. 계자난간은 난간의 모양이 닭 모가지에서 가슴으로 내려오는 선과 비슷해서 붙은 이름이다.

계자난간은 촉으로 결구되면서 귀틀이나 치마널(난간의 밑 가장자리에 돌려 붙인 널빤지)에 넓은 면적으로 접하고 거기에 못을 박아 고정한다. 평난간에 비해 좀더 단단하게 결구된 느낌이다. 실제로도 교란보다 더 단단하기 때문인지는 알 수 없지만, 계자난간은 중층누각의 난간으로 많이 이용된다. 교란에 비해 손은 덜 가면서도 화려하고, 심리적으로도 내부에서 넓은 공간감을 느끼게 한다.

• 지붕공사

제 10 부

지 붕 공 사

지붕은 그 모양에 따라 맞배지붕(박공지붕), 우진각지붕, 팔작지붕(합각지붕), 모임지붕(4모·6모·8모) 등으로 분류한다. 지붕의 모양은 집의 골격이 되는 목구조에서 이미 결정된다.

맞배지붕은 도리 방향과 보 방향이 분명한, 가장 단순한 구조다. 우진각지붕과 팔작지붕은 지붕 모서리를 추녀와 선자서까래로 처리한 지붕으로, 합각부를 첨가해 꾸민 것 외에 구조적인 차이는 별로 없다. 모임지붕은 지붕구조 전체를 추녀와 선자서까래로 처리한 것으로서, 집의 형태에 따라 4모지붕·6모지붕·8모지붕으로 나눌 수 있다.

지붕은 또한 재료에 따라 기와지붕·초가지붕·너와지붕·굴피지붕·돌너와지붕 등으로 분류할 수 있다. 옛날에는 주변에서 구하기 쉬운 재료로 지붕을 이었다. 벼농사를 짓는 농촌이라면 볏짚으로 지붕을 올렸고, 벼농사를 지을 수 없는 곳에서는 억새나 너와(너새), 굴피로 지붕을 이기도 했다. 얇은 점판암이 나는 지역에서는 돌로 너와를 이듯이 지붕을 이었다.

오늘날 구하기 쉬운 재료란 공급이 풍부하고 값이 싼 재료를 뜻한다. 신축 한옥에서 선택할 수 있는 지붕재료는 '기와' 한 가지라고 해도 과언이 아니다. 한옥을 짓고 싶고 기왕이면 고래등 같은 기와집을 원한다면 소망을 저절로 이룰 수 있는 셈이다. 이제는 기와가 제일 싼 지붕재료가 되었기 때문이다. 시대와 환경의 변화로 기와 외에 다른 재료들은 너무나 비싼 재료가 되어버렸다. 단순히 초가지붕과 기와지붕을 비교해보면, 처음 지붕을 일 때 기와지붕이 초가지붕보다 그 비용이 네 배쯤 된다고 가정해도, 초가지붕은 매년 이어야 하기 때문에 4년만 지나도 비용이 같아지고 해를 거듭할수록 초가지붕에 더 많은 비용이 들어가게 된다. 이를 건축물 생애주기비용이라고 하는데, 굳이 이런 건축이론을 언급하지 않아도 상식적으로 이해할 수 있을 것이다.

여기에서는 기와지붕을 중심으로, 기와를 이기 위한 바탕 처리 그리고 기와를 이는 방법과 검토해야 할 문제들을 살펴보고자 한다.

1 지붕공사의 공정

한옥의 주재료는 목재인 만큼 가급적이면 비를 피하는 것이 좋다. 집을 조립하는 과정에서 비가 오면 난감해진다. 물론 천막으로 덮을 수는 있겠지만, 비바람에 천막이 찢기거나 날아갈 수도 있어 마음이 편치 못하다. 한옥을 짓는 과정에서 지붕공사는 가장 마음이 급해지는 작업이다. 집의 골격이 갖추어지면, 수장을 드리는 일이나 마루 놓는 일 같은 잔손이 많이 가는 목공사는 미뤄두고 맨 먼저 지붕공사를 시작한다. 봄에 기초공사를 하고 집을 짓기 시작했다면, 양력으로 6월 중순에 장마가 시작되니 그전에 지붕을 덮는 것이 바람직하다.

지붕공사는 크게, '기와를 이기 위한 지붕 바탕 꾸미기'와 '기와 이기'로 나눌 수 있다. 기와를 이기 위한 지붕 바탕 꾸미기에 반드시 이렇게 해야 한다는 규정 같은 것은 없다. 요즘은 기와가 무거워져서 지붕의 하중을 줄일 필요가 있는 만큼 어떻게 하면 지붕의 하중을 줄일 수 있을지를 더 고민해야 한다.

문화재를 보수하면서 지붕을 해체하다보면 지붕 바탕에 다양한 방법들이 사용되었음을 알 수 있다. 일반적으로 지붕공사는 산자橵子 엮기(지붕 서까래 위에 흙을 받쳐 기와를 이기 위해, 가는 나무오리나 싸리나무 따위로 엮는 것), 알매흙 깔기(진새 받기), 적심(알매흙 위에 지붕물매를 잡기 위해 메우는 목재) 설치, 보토補土, 강회다짐, 연함椽檻 설치, 기와 이기 순서로 진행된다. 예전에는 판재를 생산하는 것이 어려워서 일반적으로 사용되진 않았지만, 궁궐의 주요

01 기와지붕　02 초가지붕　03 너와지붕　04 굴피지붕　05 억새지붕　06 돌너와지붕
07 맞배지붕 종묘　08 팔작지붕 창덕궁 인정전

우진각지붕 화성 장안문 모임지붕 보탑사 종각·고각

전각에는 연골椽骨 사이에 나무 판재를 서까래 길이 방향으로 덮기도 했다. 이런 나무 판재를 개판蓋板이라 한다. 지붕에 산자 엮기를 하지 않고 개판을 올리면, 산자 엮기와 알매흙 까는 일은 하지 않아도 되고, 내부에서 앙토仰土(치받이: 서까래 위에 산자를 엮고 지붕을 인 다음 밑에서 흙을 바르는 일, 또는 그 흙)할 필요도 없어진다. 요즘은 지붕 하중을 줄이려고 덧서까래를 거는 경우도 많아졌다. 덧서까래는 지붕의 물매를 조정하고 지붕의 하중을 줄이려는 목적으로 사용한다.

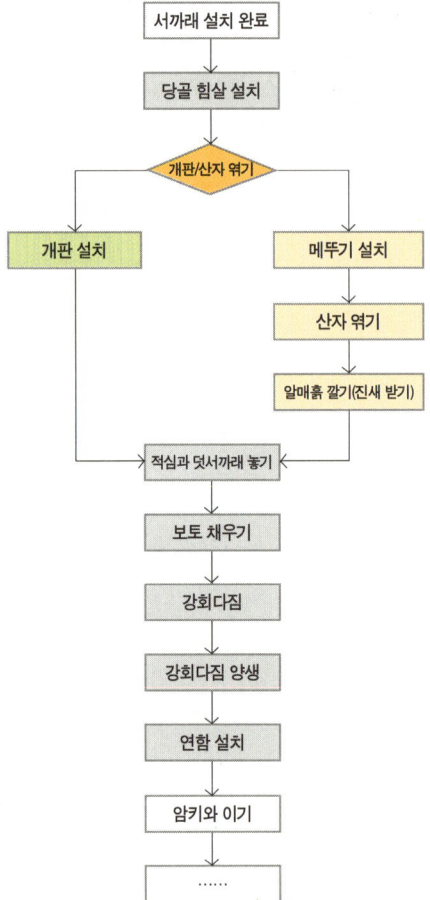

지붕공사의 개념적인 순서도

2 산자 엮기

한옥시공에서 지붕공사는 심리적으로 매우 조급하게 느껴지는 공정이기 때문에 미리 처리해야 하는 소소한 것들을 빼먹는 경우가 많다. 아무리 바쁘다 해도, 빠뜨리는 부분이 생기면 이후의 작업에서 몇 배로 애를 먹게 된다. 부연이 있는 집을 지을 때는 부연을 올리기 전에 부연의 뿌리 부분에 먼저 산자 엮기를 해두어야 한다. 생각해보면 당연한 과정인데 간혹 빼먹는 경우가 있다.

▎산자 엮기 전 할 일

도리 위에 서까래를 올리면 서까래와 서까래 사이에 틈이 생긴다. 이 부분을 '당골'(국어사전에서는 '도리에 없는 서까래와 서까래 사이'를 '단골'이라 설명하고 있다. 하지만 일반적으로는 '당골', '당골막이'라는 말이 훨씬 많이 사용된다)이라 하고, 이 틈을 흙으로 막는 작업을 '당골막이'라고 한다. 산자 엮기에 앞서 거칠게나마 당골막이 작업을 해두거나, 당골막이 할 때 흙을 붙이기 편하도록 골격이 될 힘살을 먼저 설치해야 한다. 당골막이 작업은 개판이나 산자를 설치하기 전에는 아주 쉽지만, 설치한 뒤에는 어렵고 더디다. 예전에는 흙으로 당골을 메우기 쉽게끔 'X'자 모양의 나뭇가지로 힘살을 설치했는데, 요즘 새로 짓는 한옥에서는 간단하게 15cm(6인치) 못을 몇 개씩 박는 정도로 처리하는 것이 일반적이다.

불국사 회랑의 치받이 마감 사진을 보면, 앙토와 평고대 부분의 마

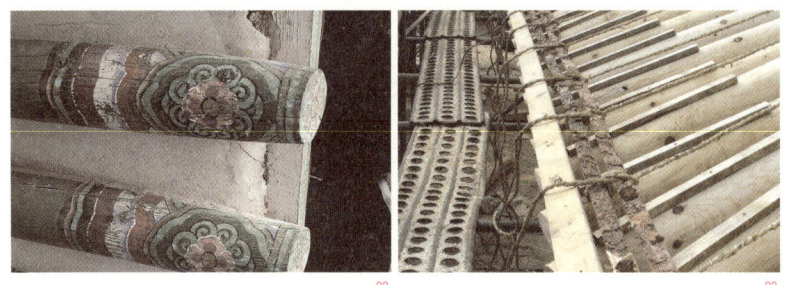

01 당골 힘살 요즘은 6인치 못을 몇 개씩 박는다.　02 불국사 회랑 치받이 마감　03 산자받이재(ⓒ김성철)

감이 어딘가 어색하다. 처마 마감은 원래 저렇게 어설픈 것일까? 물론 그렇지 않다. 이 지붕은 산자 엮기를 하기 전에 한 가지 작업을 빠뜨렸다. 앙토 끝이 배가 부르지 않게 하려면 평고대 부분에 앙토를 미장할 두께가 확보되어야 하는데, 서까래 등(평고대 안쪽)에 나무토막을 올려놓는 것이 그 방법이다. 이런 것은 특별한 공법은 아니지만 최종 마감에 중요한 영향을 미친다. 이 나무토막을 현장에서는 보통 '메뚜기'라고 하는데, 정식 명칭은 '산자받이재'다.(『문화재수리표준시방서』, 문화재청, 2005, 137쪽) 산자받이재라는 용어가 생소한 만큼 이 작업을 빠뜨리는 경우가 많다.

산자 엮기

산자는 서까래의 직각 방향으로 엮는 일종의 '발' 같은 것이다. 산자를 엮어야 그 위에 흙(알매흙)도 올리고, 내부에서 치받이(앙토)도 할 수 있다. 산자 위에 알매흙(진새)을 생략하기도 하는데, 이럴 경우 앙토 작업이 힘들어진다.

산자는 싸리나무나 쪼갠 대나무, 쪼갠 장작과 같이 '가는' 나무로 엮는다. 산자용 재료는 가늘게 사용해야 하는 만큼 잘 썩지 않는 것이 좋다. 또한 내부에서 치받이를 해야 하기 때문에 재료 표면이 너무 매끄러운 것은 좋지 않다. 반듯하게 쭉쭉 뻗은 나뭇가지는 엮어댈 때 작업이 편해서 물푸레나무나 옻나무, 뽕나무 가지 같은 것이 좋다. 버드나무 가지는 금방 썩는 편이라 잘 사용하지 않았다고 한다. 옛날에는 가는 나뭇가

01·02 **산자와 앙토** 임욱 영정각 관리사 사랑채·아산 성준경가옥 부속채
03 **산자감**(ⓒ양재영) 04 **삼줄**(ⓒ김성철)

산자 엮기 산자는 진새가 적당히 삐져나오는 간격으로 엮는다. 산자용 자재의 폭이 너무 넓으면 앙토가 잘 붙지 않는다.(ⓒ김성철)

지를 준비해두었다가 산자 엮을 때 썼지만, 요즘에는 산에서 나무를 해와서 산자 엮기를 하기는 현실적으로 어렵다. 새로 한옥을 지을 때는 제재하고 남은 죽데기 중에서 가느다란 것을 골라서 사용하거나, 일본어로 '기즈리'(木摺)라 부르는 3푼×1치 소각재小角材를 사다 쓰기도 한다.

산자는 보통 새끼로 엮기 때문에 통칭해서 '산자새끼'라고 한다. 하지만 산자새끼라고 해서 새끼줄로만 엮는 것은 아니고 삼줄이나 칡넝쿨 같은 것들도 사용된다. 삼줄은 새끼처럼 엮어서 사용하고, 칡넝쿨은 그대로거나 가늘게 갈라서 사용하기도 했다. 문화재 보수공사는 원형을 조사해서 원래 기법대로 복원하는 것이 목적이지만, 신축 한옥에서는 구하기 쉬운 끈을 쓰면 된다. 요즘은 건축자재상에서 새끼줄을 잘 팔지 않는다. 구하기 쉬운 끈 종류면 되지만, 집을 짓는 데 비닐 끈이나 나일론 끈을 쓰기는 모양이 좋지 않고 마음도 놓이지 않는다. 철물점에서 구할 수 있는 삼줄 정도면 적당해 보인다.

산자는 적당한 간격으로 엮어야 한다. 산자를 너무 성글게 엮으면 알매흙을 올릴 수 없고, 산자가 너무 촘촘하면 앙토하기가 나쁘다. 산자를 엮고 진새를 받으면 내부에서 진흙이 삐져나오는 게 보이는데, 나중에 앙토하면 이렇게 삐져나온 흙과 일체가 된다. 진새가 적당히 삐져나올 수 있는 간격으로 산자를 엮으면 되는 것이다. 이 간격은 산자 굵기에 따라 다른데, 산자의 간격을 얼마로 해서 일정하게 엮기보다는 산자와 산자 사이의 틈이 5푼에서 1치 정도가 되게 하면 진새가 적당하게 삐져나오게 할 수 있다.

3 알매흙 깔기 (진새 받기)

산자 엮기가 끝나면 산자 위에 진흙—진흙과 마사토의 비율은 보통 3:1로 한다—을 얇게 이겨 까는 작업을 한다. 현장에서는 이 작업을 '진새 받는다'고 하는데, '진새'라는 말은 사전에 없는 말이다. 진새는 주로 현장에서 쓰이는 용어다. 사전에 등재된 용어는 '알매흙'이다. 그냥 '알매'라고도 하는데, 『한국건축사전』에서는 "한식기와를 일 때 산자 위에 까는 흙"(장기인, 『한국건축사전』, 보성각, 1993)으로, 『문화재수리표준시방서』(문화재청, 2005, 126쪽)에서는 '강회다짐 위에 암키와를 고정시키기 위해 까는 혼합재'라 설명하고 있다. '산자 위에 까는 흙'과 '암키와를 고정시키기 위해 까는 흙'이 다르다는 것은 확실한데, 지역에 따라 혹은 와공에 따라 조금씩 다르게 부르는 형편이다. 이런 탓에 작업 진행에 대해 이야기하다보면 서로 동문서답하는 일도 종종 생긴다.

알매흙이 산자 틈으로 삐져나오면 내부에서 앙토하는 흙과 서로 엉

알매흙 깔기(ⓒ김성철)

알매흙 깔기

겨 한 덩어리가 된다. 초가집에서 알매흙을 까는 작업 없이 산자만 펴 깔고 초가지붕(이런 지붕을 '건새지붕'이라고 한다)을 올린 사례가 간혹 있기는 하지만 일반적으로 산자를 깔면 알매흙 까는 작업을 해야 한다.

  진흙은 동그랗게 만들어서 지붕 위로 던지는데 백토에 굴려서 표면이 질지 않게 한다. 요즘은 시멘트가루에 굴리는 것이 일반적이다. 한옥을 지으면서 현장에서 가장 처음 진흙을 쓰는 공정이 바로 알매흙 까는 작업이다. 집을 지으면서 진흙을 사용하는 공정은, 지붕공사의 알매흙 깔기와 홍두깨흙 받는 작업, 미장공사에서 초벽·맞벽 치는 작업과 앙토(치받이) 작업 등이다. 일정과 토량이 충분히 예상된다면, 처음 진흙을 쓸 때 다음 공정에 사용할 진흙을 미리 준비해두는 것이 좋다.

Special Box

김홍도
〈기와 이기〉

333쪽의 알매흙 깔기 사진을 보면 김홍도의 〈기와 이기〉가 연상된다. 옛날이나 지금이나 이 작업의 풍경은 거의 비슷하다. 진흙을 둥글둥글하게 뭉쳐서 올리는 이러한 공정은 지붕공사에서 두 번 있다. 알매흙을 깔 때와, 수키와를 이면서 홍두깨흙을 받을 때다. 집이 아주 높으면 크레인을 이용하기도 하지만, 적당한 규모에서는 이렇게 알매흙을 한 덩어리씩 던지면서 펴 까는 것이 효율적이다.

〈기와 이기〉가 현실감 있는 그림이기는 하지만 시공을 모르는 사람이 보면 오해할 만한 부분들이 있다. 기둥 다림을 보면서 지붕기와공사를 하는 경우는 없다. 기와를 일 때도, 암키와 조금 깔고 수키와 덮고 하는 식으로 작업하지도 않는다. 실제로 집을 지을 때는 여러 공정이 동시에 진행될 수 없다. 실제 기와를 이는 작업은 연함을 박고 암키와를 모두 깐 다음, 내림마루(지붕면에 따라 경사져 내린 마루의 총칭. 용마루에서 처마로 흘러내리는 마루)를 정리하고 홍두깨흙을 놓으면서 수키와를 덮는 과정으로 진행된다. 그런 만큼 〈기와 이기〉는 기와 이는 작업을 개념적으로 그린 그림이다.

김홍도 〈기와 이기〉 국립중앙박물관

4 개판 설치

살림집 한옥은 일반적으로 서까래 위에서는 산자 엮기와 알매흙 깔기를 하고 서까래 아래에서는 앙토를 한다. 안에서 볼 때 서까래 사이에 앙토 한 부분을 연골(椽谷)이라 하는데, 앙토를 하고 나서 몇 년 지나면 그곳에서 흙부스러기가 떨어지기 시작한다. 목재가 건조하면서 조금씩 집이 움직이기 때문에 아무리 미장을 잘해도 마찬가지다. 이를 방지하기 위해 서까래 위에 판재를 올리는데, 이 연골에 올린 판재가 앞에서도 말했듯이 '개판'이다.

개판을 올리면 작업도 편하고 앙토가 떨어지는 일이 없어서 좋지만, 판재가 귀한 시절에는 개판으로 연골을 처리하는 것이 무척 어려운 일이었다. 문화재를 보수하다 궁궐건축 정도에서나 볼 수 있는 방식이다. 대청 같은 주거공간에서 흙이 떨어진다면 좋은 주거환경이라 하기 어렵다. 그래서 요즘은 산자를 엮고 앙토를 하기보다는 개판 설치를 더 많이 한다. 개판은 산자 엮기, 알매흙 깔기, 앙토 바르기를 대체하는 작업이라서 많은 비용이 들지 않는다.

| 골개판과 널개판

개판은 서까래 위에 판재를 올리는 방법에 따라 골개판과 널개판으로 나뉜다. 골개판은 연골을 따라 판재를 올리고, 널개판은 서까래의 직각 방향으로 걸쳐지게 판재를 올리는 방법이다. 방향성이 있는 목재의 특성을 생각하면 널개판으로 시공하는 편이 구조적으로 더 안정적이다. 하지만 마감의 관점에서는 골개판으로 올리는 것이 보기에 좋다.

골개판과 널개판 『근정전 보수공사 및 실측조사보고서』, 문화재청, 2003. 12, 32쪽.

그렇다면 선배 엔지니어들은 이 문제를 어떻게 해결했을까? 관찰자의 시각에서 연골이 노출되는 부분은 골개판으로 깔고, 반자를 해서 보이지 않는 부분은 널개판으로 깔았다. 요즘은 무조건 골개판으로 하는 경향이 있는데, 이를 보면 선배 엔지니어들이 훨씬 더 유연한 사고방식을 가지고 있었던 듯하다.

설치 시 주의사항

산자 엮기를 할 때 마감을 위해 서까래 등에 산자받침을 올렸던 것처럼, 개판을 올릴 때도 평고대와 만나는 부분을 세심하게 처리할 필요가 있다. 개판과 평고대가 만나는 부분은 목재가 마르고 변형되면서 간격이

개판 고정 양쪽에 못을 박으면 축 방향으로 갈라지기 쉽다. 동구릉.

개판 고정 못은 한쪽에만 박고, 다른 한쪽은 구부려서 고정한다. 보탑사 적조전.

벌어질 수 있다. 이런 이유 때문에 평고대에 홈을 만들고 개판은 반턱을 깎아서 맞춘다. 마감을 고려한 이런 세세한 작업들이 집의 최종 품질을 결정한다. 평고대에는 5푼 정도의 깊이로 홈을 파는데, 그 위치는 개판 두께에 따라 적절히 맞춘다. 개판을 1치로 쓰면 5푼 위치에, 8푼으로 쓰면 4푼 위치에 맞추어 홈을 판다.

개판을 올릴 때는 널개판이 구조적으로 더 튼튼하지만, 보이는 부분은 골개판으로 깐다. 개판을 고정하기 위해 못을 박는데, 개판 양쪽에 못을 박으면 목재 길이 방향으로 쭉 갈라져버린다. 판재는 갈라지기 쉬운 재료인 만큼 골개판을 설치할 때는 한쪽에만 못을 박고 다른 한쪽은 옆에다 못을 박은 뒤 구부려 고정한다. 이런 못치기 방법을 현장에서는 '거멀치기'라고 한다. 보기 좋으라고 골개판으로 까는데 개판이 가운데로 쭉 갈라져버리면 널개판으로 까는 것만도 못하게 된다.

선자서까래 개판

선자서까래의 연골 면은 갈모산방 쪽으로 갈수록 좁아져서 앙토하기가 어렵다. 아무리 정성스럽게 발라도 앙토가 자꾸만 떨어진다. 실제 작업에서는 이런 문제도 큰 고민 중 하나다. 한옥은 목재가 마르면서 지속적으로 조금씩 움직이기 때문에 좁은 부분에 바른 앙토는 떨어지지 않을 수가 없다. 선자서까래에 앙토를 하면 지저분해 보이는 것은 예나 지금이나 마찬가지다. 이 문제는 선배 엔지니어들에게도 고민거리였던 듯하다. 운현궁·낙선재·연경당 등을 답사해보면 선자서까래 부분에만 개판을 덮은 것을 볼 수 있다. 사실 운현궁을 자주 다니면서도 단 한 번도 알아채지 못했는데, 현장에서 선자서까래 부분의 앙토 미장이 깔끔하지 못해 고민하고 있을 때에 마침 이런 해결책이 눈에 쏙 들어온 것이다. 건축

01 **선자서까래 사이** 치받이가 깔끔하지 못하고, 떨어지기 쉽다. 추사고택.
02·03 **선자서까래 개판** 낙선재·수원 화성 화령전

에 관련된 모든 것이 변해도 결코 변하지 않는 것이 있다면 그것은 건축 엔지니어들의 '마감 의지'인 것 같다.

5 적심과 덧서까래 놓기

ㅣ 적심

한옥의 가구가 오량집 이상이 되면 중도리 부분에 움푹 들어가는 곳이 생긴다. 이러한 부분을 보토로 채우면 지붕이 너무 무거워져서, 지붕의 모양을 만들면서도 하중에는 부담이 가지 않는 재료가 필요하다. 가장 무난한 재료는 잘 마른 목재이며, 이러한 목재를 '적심'이라고 한다. 신축이 아닌 집을 중수하는 경우에는 못 쓰는 구부재舊部材로 채운다. 못 쓰는 구부재는 건조 상태가 좋아서 적심으로 쓰기에 적당하다. 한편으로, 문화재를 보수할 때는 이 적심층에서 많은 정보를 얻을 수 있어서 더욱 신중히 조사하게 된다.

　　적심은 지붕면을 예상하면서 설치해야 한다. 가장 좋은 방법은 실을 띄우는 것이지만, 실제로 적심목은 덩어리가 크고 무거워서 실을 얌전하

적심 못 쓰는 구부재는 적심으로 쓰기에 적당하다.(ⓒ남상규)　　적심 설치(ⓒ이대근)

게 걸어두고 작업하기가 쉽지 않다. 번거롭더라도 수시로 실을 띄워보는 것이 좋다.

덧서까래

지붕물매를 조정해야 하거나 하중을 줄여야 할 때 덧서까래를 설치하는 경우가 있다. 덧서까래는 본서까래 위에 설치하는 데서 붙은 이름이다. 한자로 '허가연'虛家椽이라 하는데, 글자 그대로 '헛집(지붕물매를 고르게 하려고 우거진 곳에 이어 짓는 덧집)을 하나 더 짓기 위해 사용하는 서까래'라는 뜻이다.

    옛날에는 지붕물매를 조정하는 데 덧서까래를 사용하는 경우가 많았다. 예를 들어, 삼량집을 짓는데 서까래가 너무 숙으면 보기 싫으니 지붕물매는 뜨게 하고 덧서까래를 걸어서 기와물매는 되게 하는 것이다. 덧서까래는 요즈음 기와가 무거워지면서 지붕 하중을 줄이는 데 더 중요하게 사용되는 방법이다. 덧서까래를 설치할 때는 덧서까래를 고이는 고임목 설치에 신중해야 한다.

덧서까래 서울 동묘·보탑사 적조전

6 보토 채우기와 강회다짐

보토 채우기

일반적으로 보토補土는 패어서 우묵해진 곳에 흙을 보태어(補) 채워 넣는 작업을 말하거나 또는 그 작업에 쓰이는 흙을 가리킨다. 기와공사에서 보토라고 하면, 적심층이 고르지 않은 곳을 메우고 물매를 잡는 데 사용하는 흙을 말한다.

일반적인 한옥시공 도면에는 보토를 10cm 정도 펴 깔도록 되어 있지만, 무조건 10cm씩이나 펴 깔아서 지붕 하중만 늘릴 필요는 없다. 적심을 올릴 때는 지붕 곡선을 예상하면서 신중히 작업해서 보토를 최대한 적게 쓰는 것이 좋다. 『문화재수리표준시방서』를 보면 보토 1m³를 만드는 데 필요한 재료는 "진흙 0.9m³, 마사토 0.3m³, 그리고 생석회 7.8kg"이라 되어 있다. 시방서의 배합 비율에 의하면, 보토의 주재료는 진흙이다. 적심을 지붕 곡선에 맞춰서 완전히 가지런하게 처리할 수는 없다. 마른 나무 사이사이를 진흙 종류로 꼼꼼히 메워 넣으라는 의미다. 생석회를 제외하면 보토 1m³에 진

보토 적심 사이사이의 틈을 꼼꼼히 메우는 작업이다. 김대건 신부 생가.(ⓒ강현관)

지붕 강회다짐 귀신사 대적광전(ⓒ양재영)

흙과 마사토의 비율은 3 : 1이다.

| 강회다짐

진흙이 주재료인 보토층 위에서 기와 이는 작업을 하기에는 불편한 점이 있다. 진흙은 점성이 있어서 신발 바닥에 묻은 흙이 바닥기와(암키와)에 다시 묻어 온통 범벅이 된다. 점성이 없는 흙으로 단단한 층을 만들면 작업이 훨씬 수월하므로, 마사토와 생석회를 배합해서 지붕 강회다짐을 한다.

『문화재수리표준시방서』에는 1m³의 강회다짐을 만들 때 생석회 128kg과 마사토 1.1m³를 배합하도록 되어 있다. 생석회의 양은 무게로, 마사토의 양은 부피로 표현되어 있어서 배합 비율이 눈에 잘 안 들어온다. 생석회 128kg을 부피로 환산해보자. 생석회의 비중은 2.3~3.2인데, 비중을 2.5로 계산해보면 다음과 같다.

$$x\text{m}^3 \times 2{,}500\text{kg/m}^3 = 128\text{kg}$$
$$x\text{m}^3 = 128\text{kg} \div 2{,}500\text{kg/m}^3$$
$$x = 0.0512\text{m}^3$$

마사토 1.1m³에 생석회 0.05m³를 섞으면 부피비가 약 20:1이 된다. 그런데 마사토와 생석회의 배합비가 20:1이라는 것은 조금 이상하다. 생석회의 함량이 너무 부족하다는 생각이 든다. 『문화재수리표준시방서』에서는 지붕 강회다짐의 목적을 누수 방지와 기와 침하 방지라 설명하고 있다. 지붕 강회다짐의 목적이 기와 침하 방지에 있다는 데는 수긍할 수 있지만(배합비를 조정한다는 전제하에서) '누수 방지'라는 말에는 동의하기 어렵다. 마사토에 생석회를 아무리 많이 섞더라도 강회다짐층을 방수층으로 보기에는 어렵기 때문이다. 전통적으로 지붕에 강회다짐을 했는지도 알 수 없는 일이다. 옛날에는 강회가 귀해 분벽粉壁을 할 석회도 넉넉하지 않았으니, 일반 건물에 지붕 강회다짐을 했을 가능성은 거의 없다. 강회다짐의 목적과 배합비는 다시 검토할 필요가 있다.

7 기와의 분류

한식기와는 지붕 바닥에 빗물을 받는 암키와를 먼저 깔고 그 사이를 흙(홍두깨흙)으로 막으면서 수키와를 덮는다. 기와를 덮는 방식에는 암키와 수키와의 구분 없이 암키와처럼 생긴 것으로 깔고 덮는 방식도 있고, 한쪽은 넓고 한쪽은 좁은 수키와를 포개지도록 까는 토수吐首기와 방식도 있다. 한식기와는 수키와에 언강(수키와를 이기 위해 수키와 위쪽에 달려 있는 턱. 이 턱에 다른 수키와 아래쪽 끝을 물려서 인다)이 달려 있어서 밖에서는 보이지 않게 포개지는 매우 발달된 형식이다.

놓이는 방식에 따른 분류

바닥에 깔리는 기와를 암키와·여와女瓦·바닥기와라 하고, 암키와 사이를 덮는 기와를 수키와·부와夫瓦라 한다. 기와의 처마 부분은 막새로 마

토수기와 남한산성 발굴 출토 기와, 토지공사박물관.

한식기와 수키와가 언강으로 겹치는, 매우 발달된 형식이다.

무리한다. 암키와에 와당瓦當이 내려 달린 것을 내림새라 하고, 원통형의 한쪽 끝에 와당이 달린 수키와를 막새라고 하는데, 요즘은 암막새·수막새라는 이름으로 쉽게 구별해서 부른다. 같은 모양의 수키와라도 사용되는 위치에 따라 부고付高라 불리거나, 수마룻장·머거불이라 일컬어지기도 한다. 이러한 이름들은 쓰임에 따른 명칭이다.

표면 처리에 따른 분류

기와는 표면 처리에 따라 소소기와(素燒瓦, 설구이기와)·그을림기와(燻瓦), 오지기와, 유약기와로 나뉜다. 기와를 성형 건조해서 바로 구우면 벽돌과 같은 적색이나 갈색의 기와가 만들어지는데, 이런 기와를 소소기와라고 한다. 소성의 최종과정에서 솔잎과 소나무를 태워 기와 표면에 탄소질을 고착시킨 기와를 그을림기와라고 하는데, 보통 한식기와라 하면 이 그을림기와를 말한다. 그을림기와는 설구이기와에 비해 안정된 탄소막을 형성하고 있어 방수성과 내구성에서 훨씬 우수하다.(장기인,『기와』, 보성각, 1993, 113쪽) 오지기와(소금구이기와)는 소성 말기에 소금을 넣어, 분해된 나트륨가스와 점토 속의 규산 성분을 반응시켜 표면에 유리질을 형성한 것이다. 유약기와는 성형 건조한 기와에 유약을 발라 구워서 표면에 유리질을 형성시킨 것이다. 둘 다 흔히 사용되는 기와는 아니다.

크기에 따른 분류

기와는 크기에 따라 (특소와)·소와·중와·대와·(특대와)로 나눌 수 있다. 수키와는 기와의 길이를 재고 암키와는 기와의 폭을 재서, 9치이면 소와, 1자이면 중와, 1자 1치이면 대와로 분류한다. 지금은 기와가 규격화되어서 소와·중와·대와 등으로 분명하게 나뉘지만, 옛날에 만들어진 기와를 조사해보면 꼭 이런 규격에 맞지도 않을뿐더러 요즘 기와에 비해 훨씬 큰 기와도 많이 보인다.

기와는 집의 규모에 맞춰 사용된다. 집이 작으면 소와, 집이 크면 대와 하는

홍주성 안회당 보수공사에서 조사된 기와 중와의 길이가 1자, 대와는 1자 1치, 특대와는 1자 2치인데, 이렇게 1자 5치 이상 되는 기와도 자주 볼 수 있다.

식이지만 분명한 규칙이 있는 것은 아니다. 그보다는 서까래의 간격에 맞춰서 기와를 선택한다는 설이 유력하다. 서까래가 9치 간격으로 걸리면 소와, 1자 간격으로 걸리면 중와, 1자 1치 간격이면 대와를 쓴다고 하는데, 분명하게 제시된 자료나 연구는 아직 보지 못했다.

중와B

한옥 설계도면을 보면 '중와B'라는 표현이 보인다. 그냥 '중와'가 아니고 왜 '중와B'일까? 예전에는 폭이 300mm로 같은 중와라 할지라도 길이에 따라 '중와A'(길이 330mm), '중와B'(길이 360mm)로 구분되어 있었다. 하지만 중와A는 규격이 애매해서 오늘날 중와B와의 경쟁에서 완전히 도태되었다. 실제로 중와A는 사용되지 않는다. 그런 만큼 이제는 중와A, 중와B라는 구분이 필요 없어 보인다. 하지만 도면이 대물림해 내려오기 때문인지, 대부분의 도면에서는 아직까지도 '중와B 3겹 이기' 같은 표현이 쓰이고 있다.

8 암키와 겹쳐 이기의 방식

기와는 흙을 성형해서 경화시킨, 지붕을 덮는 재료다. 기와는 나라마다 조금씩 다르고 시대별로도 다르다. 오늘날 흔히 사용되는 기와는 한식기와 외에 이탈리아식 기와라 불리는 토수기와 형태의 기와와, 스패니시 기와라고 불리는, 암키와와 수키와가 일체를 이룬 기와가 있다. 기와마다 기와를 이는 방법이 조금씩 다르다.

이음발과 물림깊이

한식기와는 암키와(바닥기와)를 겹쳐 깔고, 암키와와 암키와 사이를 수키와로 덮는 형식이다. 수키와에는 '언강'이라는 것이 있는데, 토수기와에 비해 마감을 깔끔하게 할 수 있도록 발달된 장치다. 암키와는 서로 맞대어 일 수가 없다. 만약 암키와를 맞대어 이면 지붕에 비가 새기 때문에 어느 정도 겹쳐 이어야 한다.

한식기와를 일 때는 겹쳐 이는 정도에 따라 '3겹 이기'와 '2겹 이기' 또는 '석장 물림'과 '두장 물림' 등으로 구분해 부른다. 기와를 겹쳐 일 때 기와가 겹치지 않고 노출되는 부분의 길이를 '이음발'이라 하고, 암키와가 서로 겹치는 부분을 '물림깊이'라고 한다.

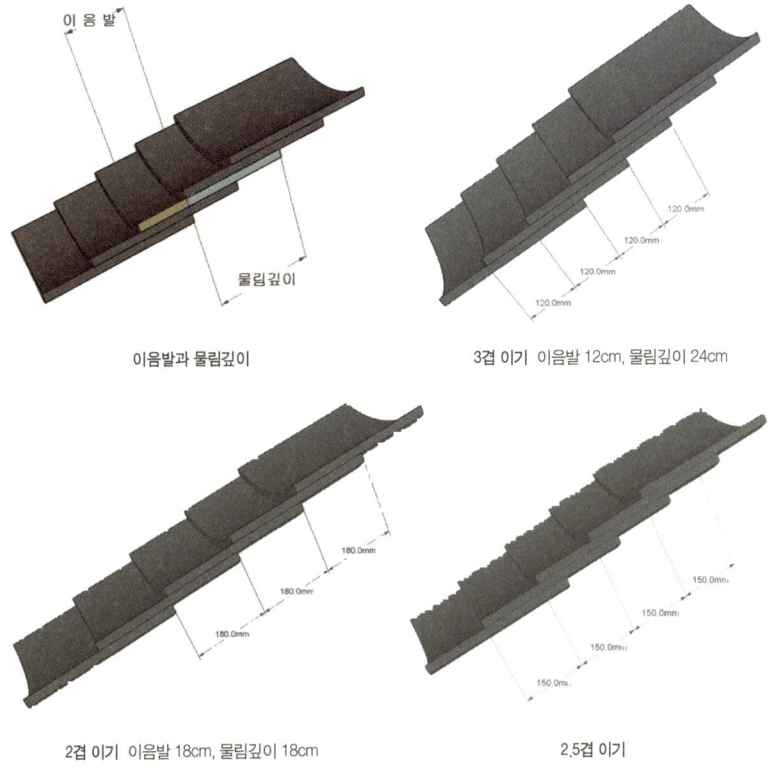

이음발과 물림깊이

3겹 이기 이음발 12cm, 물림깊이 24cm

2겹 이기 이음발 18cm, 물림깊이 18cm

2.5겹 이기

겹쳐 이기의 방식

3겹 이기란 기와를 2/3 정도 겹쳐서, 겹쳐진 기와가 어디서나 3겹이 되게 하는 이기 방법이다. 결국 중와(폭 300mm, 길이 360mm)로 3겹 이기를 하면 기와 한 장에서 노출되는 부분(이음발)은 12cm가 된다. 위의 첫번째, 두번째 그림은 중와 3겹 이기를 그린 것이다. 모든 부분에서 3겹인 것을 눈으로도 확인할 수 있다.

2겹 이기는 기와의 면을 1/2 정도 겹쳐서, 절단했을 때 모든 기와의 면이 2겹이 되도록 이는 방법이다. 중와로 2겹 이기를 하면 기와 한 장의 이음발은 18cm가 된다.

 3겹 이기나 2겹 이기에 대한 설명은 납득이 간다. 하지만 2.5겹 이기란 말이 통용되는 것은 조금 우스운 일이다. 중와 3겹 이기를 하면 기와 이음발이 12cm가 된다. 중와 2겹 이기는 기와 이음발이 18cm다. 요즘 설계서를 보면, 기와 이음발이 3겹 이기와 2겹 이기 이음발의 중간인 이음발이 15cm가 되게 하는 이기 방법을 '2.5겹 이기'라고 임의적으로 사용하고 있다. 하지만 이는 절대로 2.5겹 이기가 아니다. 기와를 얇게 반 겹으로 켜낼 수도 없거니와, '기와 몇 겹'이라는 말 자체가 정수를 나타내는 말이기 때문이다. 349쪽의 '2.5겹 이기' 도판을 보면 2.5겹 이기가 정말 엉뚱한 말임을 알 수 있다. 좀더 합리적인 용어가 필요하다.

| 이음발로 표시하는 겹쳐 이기

한국공업표준규격(KS)으로 생산되는 요즘의 기와는 과거에 비해 무거워졌다. '암키와'(중와)만 봐도, 조선시대 기와는 3.5~4.0kg 정도였지만 요즘 기와는 5.74kg 정도다. 기와 무게만 50%가량 무거워진 것이다. 뼈대를 이루는 목구조는 예전과 별반 달라지지 않았는데 지붕 무게만 무거워졌으니 기와의 하중이 중요한 문제로 대두되었다. 그런 만큼 지붕 무게를 줄이기 위한 여러 가지 방법이 시도되고 있다. 덧서까래를 걸어서 적심과 보토의 하중을 줄이려는 노력도 하고, 일부 중요 문화재 건물에 한정된 경우이긴 하지만 기와를 얇게 만들어서 적극적으로 중량을 줄이는 방법도 시도되고 있다.

 이 모든 시도는 '지붕의 전체 고정하중'을 줄이려는 데 목적이 있다. 이토록 진지하게 노력하고 있으면서, 지붕 하중의 중심이 되는 기와 이기의 겹수 문제를 세밀하게 다루지 않는 것은 이상한 일이다. 지붕 하중의 검토가 중요사항으로 떠올랐다면, 이제는 '3겹 이기', '2.5겹 이기', '2겹 이기'란 용어를 폐기할 때가 되었다. 현실적으로 기와는 3겹 이기보다 더 촘촘히 잇지는 않는다. 또 아무리 헐겁게 이더라도 2겹 이기보다 더 헐거워지는 경우도 거의 없다. 결국 (중와의 경우) 기와 이기는 '이음발 12cm 이기'에서 '이음발 18cm 이기'까지 세분할 수 있다.

  이음발 12cm 이기 – (중와) 3겹 이기
  이음발 13cm 이기
  이음발 14cm 이기
  이음발 15cm 이기 – (중와) 2.5겹 이기
  이음발 16cm 이기
  이음발 17cm 이기
  이음발 18cm 이기 – (중와) 2겹 이기

  기와 이기를 이렇게 '몇 겹 이기'가 아니라 '이음발 몇 cm 이기'로 표현하면 이로운 점이 있다. 한옥 짓는 일을 10여 년 하면서도 '2.5겹 이기'라고 하면 머릿속에 퍼뜩 떠오르지 않았는데, '이음발 15cm 이기'라고 하면 그 말 자체로 시공할 부분이 즉각적으로 연상된다. 그뿐만 아니라 기와를 적산積算하는 문제도 좀더 선명해지고 쉬워진다.

Special Box

기와의 적산

기와공사가 끝났을 때 기와가 많이 남아도 안 되지만, 일하는 중에 모자라게 되면 더욱 곤란하다. 기와의 수량을 정확히 계산하는 능력은 한옥을 짓는 사람에게는 필수적이다. 당연한 얘기지만 참 어려운 문제이기도 하다. 운반과 작업 과정에서 발생하는 파손 정도를 정확하게 예상할 수 없는 만큼, 기와의 적산에 정답이 있다고 말하기는 어렵다.

현장을 운영하는 사람이 기와의 적산과 관련해 예상할 수 있는 것은 계산으로 도출된 '정미正味수량'뿐이다. 작업 도중에 기와가 파손되는 것은 작업 전에 미리 정확한 수량을 산출하는 일과는 별개의 문제다. 설계서에는 정미수량에 5%를 더해서 기와 수량을 계산한다. 하지만 조그마한 착각에 의해, 설계도서에서 산출된 기와의 수량과 실제 작업에 들어가는 수량이 엄청나게 차이 나는 일도 종종 일어난다. 이런 것 때문에 설계서만 믿고 기와를 주문할 수는 없다. 매번 도면을 보면서 기와의 정미수량을 계산해서 확인하고 기와를 주문하는 습관을 들여야 한다. 기와의 수량은 단위면적(1m²)당 소요 수량과 지붕의 면적을 곱해 계산한다.

기와 소요 수량 = 단위면적(1m²)당 소요 수량 × 지붕의 면적

단위면적에 따라 필요한 기와의 수량을 전부 외우려는 사람도 있다. 하지만 기와의 규격 또는 기와를 이는 방법에 따라 소요 수량이 변하는 만큼 이 수량을 다 외운다는 것은 사실상 불가능하다. 그보다는 기와 수량 산출 방식을 이해하면, 여러 조건에 따라 변하는 기와의 소요량을 그때그때 적절히 도출해낼 수 있다.

단위면적당 소요되는 암키와 수량

중와 암키와의 규격은 300×360mm다. 일반적으로는 3겹 이기를 한다. 따라서 3겹 이기를 했을 때 단위면적(m^2)당 소요 수량을 산출하는 가장 일반적인 방법은, $1m^2$를 기와 한 장의 면적(0.30×0.36m)으로 나눈 다음 겹수인 3을 곱하는 것이다. 2겹 이기일 때는 2를 곱하고, 2.5겹 이기일 때는 2.5를 곱한다. 하지만 앞서도 언급했듯이 실제로 기와를 이는 방법은 훨씬 더 다양할 수 있어서, 단순히 '몇 겹 이기'로 기와 수량을 산출하면 좀더 다양한 기와 이기에서 수량을 계산하기가 어려워진다. 기와의 소요 수량은 몇 겹 이기에 관계없이, 단위면적을 노출되는 이음발의 면적으로 나누면 계산도 쉽고 활용 범위도 훨씬 넓다. 중와 3겹 이기의 단위면적 소요 수량을 '노출되는 이음발'의 면적으로 계산하면 다음과 같다.

$$1/(0.30 \times 0.12) = 1/0.036 = 27.78(장)$$

좀더 실제 작업에 가깝게 계산해보자.

$$1/(0.31 \times 0.12) = 1/0.0372 = 26.88(장)$$

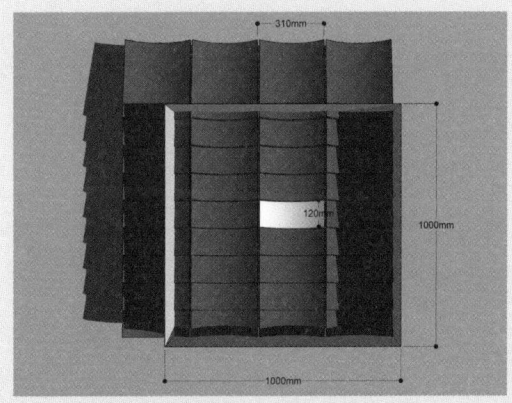

단위면적당 소요되는
암키와의 수량

여기에서 중와 폭을 31cm로 계산한 까닭은, 중와의 폭이 30cm라고 해도 실제 작업에서는 약간의 여유가 필요하기 때문이다. 와공들이 중와를 이기 위해 연함 파는 것을 재보면 31cm 정도다.

단위면적당 소요되는 수키와의 수량

수키와의 적산은 암키와의 적산에 비하면 쉬운 편이다. 단위면적당 수키와의 소요 수량은 기와를 몇 겹으로 이든지에 관계없이 모두 같기 때문이다. 다만 기와의 규격에 따라 조금씩 달라진다.

중와로 단위면적당 수키와의 소요 수량을 한번 산출해보자. 길이 방향 1m에 들어가는 수키와(중와)의 수량은, 길이 1m를 수키와의 길이인 30cm로 나눈 수치인 약 3.3333…장이 된다. 이때 너비 1m에 들어가는 수키와의 골 수는 중와 암키와의 폭인 31cm로 나누어 계산하는데, 약 3.2258…골이 산출된다. 따라서 $1m^2$에 들어가는 중와 수키와의 수량은 3.3333…장과 3.2258…골을 곱한 약 10.75장으로 계산된다. 이를 수식으로 표현하면 다음과 같다.

길이 1m에 들어가는 수키와(중와)의 수량
1÷0.3=3.3333…(장)

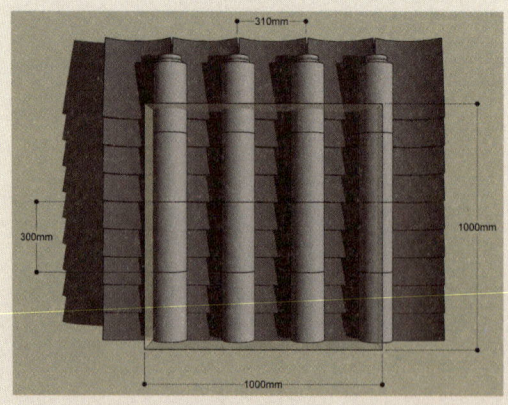

단위면적당 소요되는
수키와의 수량

너비 1m에 들어가는 기와의 골수
1÷0.31=3.2258…(골)

1m²에 들어가는 수키와의 수량
3.3333…(장)×3.2258…(골)=10.752559…(장)

암키와와 수키와를 제외한 다른 특수 기와들은 별다른 계산이 필요하지 않다. 도면을 보면서 하나 둘 세어보는 것으로도 충분하다. 특수 기와의 경우는 수량을 파악하기보다는 어떤 무늬와 형태를 사용할 것인지, 그런 기와를 기성품으로 구할 수 있는지 아니면 주문제작을 해야 하는지, 또 주문제작을 하게 되면 시간과 비용이 어느 정도 드는지 등에 대한 검토가 빨리 진행되어야 한다. 기와 공사에서 시간이 지체되는 이유는 주로 이런 문제들을 미리 검토하지 않았기 때문이다.

일반적으로 막새 같은 특수 기와를 주문받아 제작하는 데는 40일 이상이 걸린다. 그래서 기와를 이어야 할 일정이 예상된다면 충분한 시간을 두어 기와 수량을 미리 검토하고, 막새와 같이 특별한 주문이 필요한 것들에 대해서는 구체적인 사항을 정리해두어야 한다.

9 연함 설치와 기와 나누기

| 연함

암키와는 바닥면이 곡면이다. 따라서 첫 장을 놓을 때는 받침이 필요하다. 단면이 삼각형인 목재에 암키와 곡선에 맞추어 기와 안장을 파는데, 이것을 연함橡檻, 椽含이라고 한다.

　연함은 암키와의 욱은(욱다: 안쪽으로 조금 우그러져 있다) 깊이(약 2치)와, 깎아내고 남겨야 할 높이(최소 1치 이상)가 있어서 3치 정도의 춤을 가진 목재(일반적으로 폭 2치×높이 3치)를 켜서 사용한다. 대와를 사용할 때는 춤 3치로는 모자라기 때문에 좀더 큰 목재가 필요하다.

　연함은 와공이 암키와 곡선에 맞추어 자귀로 판다. 하지만 요즘은 각도를 조정하는 지그소 jigsaw(실톱)로 연함을 파는 모습을 더 자주 볼 수 있다. 연함은 목재와 함께 주문해서 목수들이 먼저 대패질해두어야 하는

연함 파기 · 연함(ⓒ김성철)

중와 암키와 중와로 생산된 기와도 딱 떨어지는 1자는 아니다. 그때그때 조금씩 다르고, 생산된 공장마다도 조금씩 다르다. 연함은 현장에 반입된 기와를 보고 파야 한다.

기와 나누기 기와를 이면서 임의로 기와 나누기를 할 수는 없다. 착고 때문이다. 기왓골의 너비는 착고 길이에 의해 결정된다.

데, 간혹 이 작업을 빠뜨리는 일이 있어 주의해야 한다.

기와 나누기

건축공사에서 벽돌을 쌓거나 타일을 붙일 때 합리적이고 보기 좋게 배열하기 위해 '벽돌 나누기', '타일 나누기'를 한다. 줄눈을 미세하게 조정해서 벽돌이나 타일의 개수가 정수로 떨어지도록 하는 작업이다. 그렇다면 연함을 팔 때도 벽돌 나누기처럼 간격을 조정할까? 가만히 생각해보면, 기와를 설치할 길이에 따라 기와 골 수를 정수로 떨어지게 조정할 것 같기도 하다. 하지만 실제로 와공은 '기와 나누기'를 하지 않는다. 그저 기와만 보고 연함을 판다.

사실 한식기와는 기와 나누기를 할 수 없다. 임의로 기와의 골 간격을 조정하면 나중에 기성품으로 생산된 착고(좁고 짧은 사이의 빈 곳에 끼어 댄 널이나, 지붕마루 적새 밑의 기왓골을 막은 수키와)를 채울 수 없기 때문이다. 그럼 어떻게 해야 할까? 연함을 설치할 때는 지붕의 중심에서부터 양쪽으로 배열해나간다. 기왓골은 정수가 되게 하고, 나머지는 내림마루의 위치와 너새(지붕 합각머리 양쪽으로 마루가 지도록 기와를 덮은 부분)의 넓이로 조정한다.

10 암키와 이기

▎받침장 내밀기

연함 위에 걸치는 암키와 첫 장을 '받침장'이라 한다. 받침장은 내밀기 나름이지만, 일반적으로 기와 길이의 1/3 정도를 내밀어 설치한다. 받침장 내민 길이는 일정해야 가지런하고 보기 좋다. 그래서 아래 사진처럼 연함을 만들다 남은 토막으로 받침장 내민 길이에 맞추어 턱을 만든 임시 연장을 만들어 쓰거나, 그냥 받침장 내민 길이에 맞추어 나무토막에 못을 박아 사용하기도 한다. 어떤 연장을 만들어 쓰든, 받침장 내민 길이는 모든 기와골에서 같아야 한다. 받침장은 그리 중요해 보이지 않지만, 실제로는 밖에서 집을 볼 때 눈에 가장 잘 띄는 부분이다.

암키와 받침장(초장) 설치

기와 곡선 잡기

연함 설치가 끝나면 기와를 이기 시작한다. 기와 이기는 내림마루 바로 안쪽 골부터 시작한다. 먼저 줄을 (약간 느슨하게) 띄우고 새우흙을 깔면서 최초의 기와 곡선을 잡는다. 한옥에서 기와의 곡선은 밑으로 처지는 현수곡선懸垂曲線이다. 각 골의 기와 곡선도 현수곡선인데 용마루의 기와 곡선도 줄을 띄워서 현수곡선으로 만든다.

새우흙 다져 넣기

암키와의 바닥은 곡면이다. 연함을 파는 것과 같은 이유로, 암키와를 놓을 때는 기와가 좌우로 움직이지 못하게 흙을 다져 넣어야 한다. 이 흙을 새우흙이라 한다.

『문화재수리표준시방서』에는 새우흙 1m³를 만드는 데 "진흙 0.9m³, 생석회 7.8kg, 마사토 0.3m³"를 배합하라고 되어 있다. 기와가 밀려나지 않게 하기 위해 진흙을 사용하는 것을 생각해보면, 새우흙의 배합에는 진흙이 주를 이루는 것이 합당해 보인다. 하지만 작업과정에서 신발 바닥에 들러붙는 진흙 때문에 기와면이 지저분해질 수도 있다. 새우흙은 어느 정도 점성이 있어야 하지만 너무 끈적거려도 좋지 않다.

암키와 곡선 잡기(ⓒ이대근)

11 수키와 이기

▎막새와 와정

막새는 기와 끝에 매달려 있어서 간혹 빠지는 경우가 있다. 막새가 빠져서 아래로 떨어지면 사람이 지나다니다 다칠 수도 있다. 그래서 옛날부터 막새에는 '와정'瓦釘을 박았다. 막새 등에 구멍을 뚫고 긴 못을 박아 막새를 고정시키는 것이다.

　　와정은 외부에 노출되어 있어서 녹이 슬기도 한다. 와정이 빗물에 노출되는 것을 막고 장식도 겸해서, 도자기로 봉우리를 만들어 와정 머리에 고정하기도 한다. 이 봉우리를 '연봉'蓮峰이라고 한다. 연봉을 올리는 것은, 연봉을 특별히 맞춤으로 만들어야 하기 때문에 그만큼 특수한 경우라고 할 수 있다. 요즘에는 일반적으로 언강(수키와를 이기 위한 수키와의 위쪽 턱. 그 턱에 다른 수키와의 아래쪽 끝을 물려서 인다)에 있는 구멍에 동선(구리선)을 묶어서 1.5~2자쯤 안쪽에 못을 박아 고정한다.

▎기와 이기와 기와 고르기

수키와를 일 때에는 기와의 곡선을 조정할 수 없다. 그래서 암키와를 깔 때에 기와면이 자연스러운 곡선을 그리게끔 신중하게 깔아야 한다. 수키와는 홍두깨흙을 채우면서 가지런하게 모양을 잡으며 인다. 기와를 이고

01 막새 빠져서 떨어지는 경우가 종종 있다. 02·03 와정 동구릉 수릉 04 와정 종묘
05 연봉 보탑사 통일대탑 06 언강 언강에 있는 구멍에 동선을 묶고 안쪽에 못을 박아 고정한다.
07 수키와 이기 홍두깨흙을 채우면서 가지런하게 모양을 잡는다.(ⓒ이대근)

10여 년이 지나면 기와 면이 조금 흐트러지는데, 이렇게 흐트러진 기와 면을 일부 보수하는 작업을 '기와 고르기'라고 한다. 기와 고르기는 조만간 지붕에서 누수가 예상되지만 전면적으로 기와를 다시 일 필요는 없을 때 한다.

　기와 고르기는 수키와를 모두 걷어내고 암키와는 그냥 둔 채 기와 면을 어느 정도 손본 다음 다시 수키와를 덮는 작업이다. 기와 고르기를 할 때는 바닥기와(암키와) 면을 전체적으로 가지런히 조정할 수 없어서 수키와를 이기가 어렵다. 어떤 경우에는 바닥기와 면에서 조금 들뜬 상태로 수키와를 이어야 하는 부분도 생긴다. 그러면 홍두깨흙이 옆으로 노출될 수 있다. 불가피한 상황이지만 보기에는 썩 좋지 않다. 기와를 처음 이면서도 옆으로 홍두깨흙이 보이는 경우가 있는데, 이는 애초에 바닥기와를 잘못 인 것이라 할 수 있다.

홍두깨흙 채워 넣기

수키와를 이면서 수키와 속에 진흙을 길게 채워 넣는데, 이 흙이 홍두깨흙이다. 흙을 뭉친 모양이 홍두깨를 닮아 붙은 이름이다. 『문화재수리표준시방서』에는 홍두깨흙 $1m^3$를 만드는 배합비를 "진흙 $0.9m^3$, 생석회

홍두깨흙 추사고택 솟을대문의 지붕

홍두깨흙 시간이 지나면 쉽게 빠져나간다.

7.8kg, 마사토 0.3m³"로 규정하고 있다. 생석회 7.8kg을 무시하면 진흙과 마사토의 부피 비는 3:1이다. 여기서 7.8kg의 생석회에는 그다지 기대할 만한 구실이 없어 보인다.

    진흙으로 뭉쳐진 홍두깨흙은 시간이 지나면 서서히 빠져나가기 시작한다. 원형을 중시하는 문화재 보수에서는 어쩔 수 없지만, 일반적인 신축 한옥에서는 홍두깨흙을 만들 때 시멘트 같은 재료를 넉넉히 넣어 단단하게 만드는 것이 더 바람직하다. 전통적으로 홍두깨흙의 배합 비율을 고수할 수도 있지만, 때로는 시대에 맞게 효율적으로 활용하는 자세 또한 필요하다.

12 회첨골 기와 마감

처마가 'ㄱ'자 모양으로 꺾이어 굽은 곳을 회첨會檐이라고 한다. 회첨은 '처마가 모인 곳'이라는 뜻이다. 회첨 지점에 세운 기둥을 '회첨기둥'이라 하고, 회첨부에 있는 추녀를 '골추녀', '회첨추녀'라고 한다. 기와지붕에서 누수 등의 문제가 가장 많이 생기는 곳이 바로 회첨이다. 그만큼 시공에 신경을 많이 써야 한다.

회첨골 처리

회첨골에는 암키와와 수키와를 와도瓦刀로 깨뜨려서 설치해야 한다. 추녀마루에도 기와를 45도로 깨뜨려서 설치하지만 추녀마루 속에 감추어져 기와가 잘 보이지 않는다. 반면 회첨골에는 기와를 깨뜨려 인 것이 여과 없이 노출되어 보기에 좋지 않다. 좌우를 45도로 잘라낸 회첨골용 기

회첨골 기와 마감 회첨골은 깨뜨린 기와가 그대로 노출되어 보기에 좋지 않다.

회첨골에 사용되었을 것으로 추정되는 막새 국립경주박물관

회첨골 동판 깔기

와를 만드는 일은 그리 어려워 보이지 않지만 아직까지 그런 기성품은 없다. 때문에 현장에서 기와를 최대한 깔끔하게 깨뜨려서 만들어야 한다.

회첨골 동판 깔기

기와지붕에서 누수문제에 가장 취약한 곳이 회첨골이다. 문화재를 수리하다 보면 누수가 되어 목부재가 썩는 일이 가장 많이 발견되는 문제이기도 하다. 그래서 요즘은 기와를 일 때 회첨골 바닥에 동판을 까는 경우가 많다. 동판은 비철금속非鐵金屬을 취급하는 곳에서 두루마리 화장지처럼 말려 있는 기성품을 길이에 맞추어 구입한다. 일반적으로 구하기 쉬운 동판은 폭이 60cm밖에 안 되기 때문에 한 폭을 깔면 효과가 그다지 크지 않다. 그래서 동판을 두 폭이나 세 폭을 연이어 놓고 접어 올린 다음 함석가위로 잘라서 이쪽저쪽으로 한 번씩 접어 꺾는다. 그리고 서로 단단하게 물리게끔 만들어서 설치한다.

13 마루기와 이기

| 착고·부고·적새

내림마루는 수키와를 이면서 먼저 정리하고, 수키와를 다 이면 용마루를 설치한다. 용마루는 착고着高 위에 부고付高를 놓고, 그 위에 암키와를 뒤집어 여러 장 겹쳐 쌓는 적새를 올린다. 적새는 3단·5단·7단·9단과 같이 홀수로 올리고, 내림마루에는 용마루보다 조금 낮춰서 올린다.

착고는 수키와와 수키와 사이를 막아주는 기와다. 수키와 토막으로 막기도 하지만 보기에는 좋지 않다. 요즘은 기성품으로 만들어진 착고를 사용하는데, 수키와와 정확하게 밀착시키기 위해 와도로 모서리를 조금씩 따서 맞춘다. 부고는 수키와를 옆으로 뉘어 인 것이다. 착고와 부고 속에는 홍두깨흙을 채워 넣는다. 내림마루는, 바깥 너새 쪽에는 착고를 이고 안쪽에는 수키와 열에 맞추어 부고를 인다. 추녀마루는 수키와와 45도로 물리기 때문에 기왓골에 맞추어 수키와로 인다.

지붕 바닥을 이는 암키와는 측면이 직선이 아니어도 크게 상관이 없지만, 적새로 쓸 암키와는 측면이 반듯해야 한다. 기와는 고온에서 소성될 때 등 쪽으로 휘는 변형이 생긴다(도판 5). 그래서 암키와는 대부분 적새로 쓰기에 적당하지 않다. 휜 암키와로는 용마루 적새를 가지런히 쌓는 게 불가능하다. 기와를 주문할 때 적새용 기와를 따로 주문하면 선별해서 보내주기도 한다.

01 착고·부고·적새·숫마룻장   02 착고 채우기   03 부고 이기   04 적새 올리기
05 암키와의 변형 변형된 암키와로 적새를 올리면 가지런하지 못하다.

머거불 장구매기 보탑사 영산전   맞춤 제작한 머거불 강화 학사재

망와·머거불

지붕마루를 일 때는 그 끝에 망와望瓦(바래기기와)를 올린다. 지붕마루의 마구리면을 처리하기 위해 설치하는 기와는 머거불이다. 머거불은 기와 토막으로 이고, 회로 그 틈바구니를 미장하듯 메우기 때문에 깔끔하지 못하다. 그래서 특수한 머거불을 주문 제작하기도 한다. 예전에도 이 부분은 여러 가지 무늬나 그림으로 장식한 기와판을 이용해 막았다. 예나 지금이나 신경 써서 처리하는 부분이다.

14 기와 청소 및 마무리

10 지붕공사

모든 공정이 마찬가지겠지만, 기와 이기가 다 끝났을 때 기와면이 말쑥하고 깨끗한 것이 좋다. 하지만 하늘을 날아다니면서 기와를 일 수는 없는 일이라서, 기와면이 흙과 강회로 범벅되는 것은 피할 수 없다. 그러면 어쩔 수 없이 기와면을 청소해야 하는데, 기와에 묻은 얼룩은 강회와 흙을 혼합한 것이라서 잘 씻기지도 않는다. 그렇다고 고압분무기 같은 것으로 청소하면, 아직 충분히 단단해지지 못한 홍두깨흙만 뒤죽박죽으로 만들 수 있다. 묘책이 없기에 먹물을 타서 뿌리는 소동을 피우기도 한다. 그러나 기와에 묻은 강회 얼룩은 한 해 겨울을 나면 저절로 떨어져서 없어진다.

집 짓는 사람의 입장에서 보면, 무리하게 물청소를 하는 것은 좋지 않다. 가장 바람직한 것은 기와를 이면서 흙과 강회가 최대한 조금만 묻게끔 신경 써야 한다는 정도다.

기와 청소 동구릉 수릉·아산 맹사성고택

▪ 마감

제11부
미 장 공 사

상방·중방·하방·주선·문얼굴 같은 수장재를 드리고 나면 외椳를 엮고 미장을 한다. 한옥 미장은 미술의 소조 작업처럼 나뭇가지로 뼈대를 만들고, 진흙처럼 점성이 있는 재료를 발라서 벽을 만드는 작업이다. 나뭇가지로 뼈대를 만드는 작업을 '외엮기'라 한다. 외 엮은 뼈대 양쪽에 진흙과 같이 점성 있는 재료를 바르는데, 먼저 바르는 흙벽을 초벽, 맞은편에서 바르는 흙벽을 맞벽이라고 한다. 현대적인 미장 개념에서 보면, 초벽과 맞벽은 합쳐서 '초벌벽'이 된다.

진흙은 마르면서 갈라진다. 순수한 진흙만으로는 갈라짐 없는 깔끔한 마감벽을 만들 수는 없다. 그래서 모래와 마사토와 같이 건조수축이 없는 재료로 사벽砂壁을 만들어서 마감한다. 이런 것이 일반적인 한옥의 미장벽이다. 좀더 공을 들여서 소석회와 삼 여물을 개어 마감면을 만들기도 하는데, 이것을 회벽(분벽)이라고 한다.

한옥의 벽 두께는 수장재 두께를 벗어나기가 힘든데, 3~4치 두께의 흙벽만으로는 충분한 단열 기능을 확보할 수 없다. 미장벽 두께만 보면 한옥이 춥다는 말도 전혀 근거가 없는 것은 아니다. 춥지 않은 한옥을 지으려면 단열 모르타르 같은 흙벽 대체 재료에 대해 신중하게 검토할 필요가 있다. 한편으로 아직은 한옥, 흙벽, 자연재료, 그리고 참살이wellbeing 같은 개념들이 혼재되어 있어서 한옥에 개량된 재료를 사용하는 것에 회의적인 반응을 보이는 사람들도 많다.

흙벽의 뼈대가 되는 외엮기는 잔손이 많이 가는 작업이라 의외로 인건비가 많이 든다. 진흙을 개고 바르는 일도 매우 고된 작업인 데다가 한옥을 짓는 일도 적어서 한식 흙벽을 바르는 미장 기술자도 줄어드는 형편이다. 요즘은 ALC패널이나 와이어패널 같은 신공법들이 도입되어 단열 기능을 향상시키는 동시에 시공 속도를 빠르게 하는 방법도 검토되고 있다. 건식공법乾式工法 또한 적극적으로 검토하고 도입할 필요가 있다. 서유구가 『임원경제지』에서 주장한 '관벽板甓 하는 건식공법'은 오랜 시간이 지났어도 아직 일반적으로 시공되지 않고 있다. 미장과 관련된 시공은 한옥에서 논쟁의 여지가 많은 부분이다.

여기에서는 일반적인 한옥 미장의 개념에 대해 검토하고, 미장에 대한 문제점과 대체법을 생각해본다.

1 미장 계획

▎미장의 공정

전통적인 한옥 벽은 외를 엮고 흙을 바르는데, 이 공정은 몇 차례로 나누어서 진행된다. 대체적인 흐름은 외엮기→초벽→맞벽→고름질(초벽을 한 벽이나 방바닥을 반반하게 다듬는 일)→사벽→분벽 순서다. 일반 건축에서 미장공정은 초벌벽→재벌벽→정벌벽 순서로 진행된다. 여기서 '일반 건축의 미장공정'이란, 벽돌을 쌓거나 콘크리트를 타설한 벽 바탕에 마감재로써 미장을 진행하는 작업을 말한다. 하지만 한옥 벽은 벽돌이나 콘크리트 같은 바탕이 있는 것이 아니고, 수장재 사이에 뼈대가 되는 외를 엮은 상태에서 양쪽을 바르기 때문에 초벌벽을 초벽과 맞벽으로 나누는 것이다. 앞서도 말했듯, 먼저 바르는 벽을 초벽이라고 한다. 초벽初壁을 바르고 꾸덕꾸덕 말라갈 즈음에, 다시 맞은편에서 초벽과 같은 재료로 미장을 하는데 이를 맞벽이라 한다. 초벽과 맞벽은 진흙이 주재료여서 건조수축은 피할 수가 없다. 그런 만큼 초벌벽이 충분히 건조되어 다 갈라질 때까지 기다리는 것이 좋다. 급한 마음에 초벌벽이 다 마르지도 않은 상태에서 다음 일에 들어가면 모든 작업이 엉망이 되기 십상이다.

　　초벌벽이 충분히 말라서 다 갈라지고 나면 재벌벽을 바른다. 재벌벽은 주재료가 모래와 마사토여서 모래벽이라는 의미로 '사벽'砂壁이라 하며, 재벌벽과 합쳐서 재사벽이라고도 한다. 석회가 귀한 시절에는 사벽

초벌벽·재벌벽·정벌벽

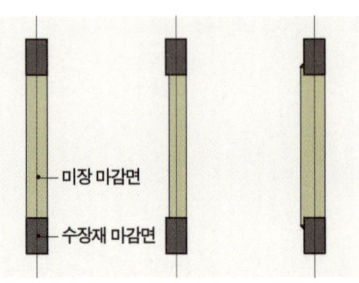

미장 마감면과 수장재 마감면의 관계 한옥에서 외부미장을 한 면은 수장재와 맞추기도 하고 몇 푼 빠지게 마감하거나 졸대를 대서 수장재를 감싸는 경우도 있다.

이 마감면이 되는 경우가 일반적이었다. 궁궐이나 세도가 정도만 석회로 분벽을 했다. 요즘은 눈처럼 하얀 벽에 대한 특별한 의미가 없지만 예전에는 대단한 치장이었던 것으로 보인다.

미장 마감선

미장 마감선은 미장면의 처리 위치나 집의 마감에 따라 조금씩 다르다. 한옥은 기둥과 수장재가 외부로 노출되면서 모양을 만들고, 그 수장재 사이사이를 미장으로 처리한다. 따라서 수장재와 미장면의 마감 관계를 정리할 필요가 있다. 미장 마감선은 같은 집에서도 곳곳이 다 다를 수 있다. 그래서 전체적으로 미장 마감선을 먼저 정리해두어야 외엮기 작업부터 거기에 맞추어 차질 없이 진행될 수 있다. 마감선에 맞춰 먹을 놓는 것도 좋고, '실마감표'처럼 따로 미장 마감표를 만들기도 한다.

일반적인 외벽은 미장면을 수장재보다 1~2푼 정도 더 들어가게 마감한다. 그러면 미장하기도 쉽고 수장재가 강조되어 보기에도 좋다. 시간이 지나면 목재가 마르면서 미장한 벽과의 사이가 벌어진다. 이렇게 되면 미관상으로나 기능상(단열)으로 문제가 된다. 품질이 표준화된 건축

11 미장공사

01 **수장재의 수축** 불국사 회랑
02 **미장 처리** 수장재를 졸대로 감싸서 벌어짐을 가렸다. 창덕궁 연경당.
03 **미장벽** 보탑사

자재를 사용하는 것이 아니라 천연의 목재를 사용하는 한옥은 이런 문제를 피하기가 어렵다. 이 문제의 해결책으로 시도된 방법 중에서는 창덕궁 연경당의 미장법이 눈에 띈다. 연경당 외벽은 수장재에 가느다란 졸대를 박고 미장으로 살짝 덧씌우는 방법으로 처리되었다.

살림집 한옥에서 내부에 덧벽(속벽) 없이 도배를 할 때는 수장재 마감면과 미장 마감면을 평평하게 해야 도배를 깔끔하게 할 수 있다(374쪽 오른쪽 도판). 미닫이 창호가 감춰지는 두껍닫이 부분은 미닫이창이 옆으로 움직여야 하니까 미장벽이 불룩하게 튀어나오지 않게끔 주의해야 한다. 미장면을 평평하게 처리하지 못한다면 차라리 배가 약간 들어가게 하거나 수장재보다 1~2푼 모자라게 미장하는 편이 낫다.

창호 덧홈대(창문을 이중으로 달기 위해 덧대는 창문틀)에 맞춰 덧벽을 설치할 때는 미장 마감면을 크게 신경 쓰지 않아도 된다. 화방벽을 설치할 부분은 사벽(재벌벽)이나 분벽(정벌벽) 바를 두께를 고려하지 않고 수장재 마감면

375

까지 초벌벽으로만 발라둔다. 화장실이나 주방을 현대식으로 꾸미기 위해 방수 처리를 하고 벽돌을 쌓은 뒤 돌이나 타일로 마감하는 경우에는, 별도로 단면 상세도를 검토해서 미장과 개구부 콩틀 등의 처리에 주의를 기울여야 한다. 이런 단면 상세도와 마감은 실마감표를 작성하면서 통일성 있게 맞춰가는 것이 좋다.

2 외엮기

신석기 유적지나 선사유물전시관을 가보면 볼거리의 하나로 움집을 복원해둔 곳이 많다. 그런데 어디를 다녀봐도 그럴듯하게 복원했다는 생각이 드는 곳은 별로 없다. 신석기인들은 벌거벗고 다니는 유인원 비슷하게 묘사하고, 움집은 나무 몇 가닥 세워놓고 그 위에 마른풀 올린 정도로 꾸며놓았다. 복원한 움집에서 오늘날의 연장인 톱으로 나무 켠 자국이 보이는 것은 어찌 보면 흠이라 말할 거리도 안 될 만큼 움집에 대한 근본적인 개념부터 잡혀 있지 않다. 사실 조금만 생각해도, 그런 움집에서 불을 피우고 생활하지는 않았으리라는 것은 쉽게 알 수 있다.

국립부여박물관에 전시된 움집은 신석기시대의 움집을 복원한 것 중에서 그나마 사실에 가까운 부분이 있다. 바로 서까래와 억새로 엮은 이엉 사이에 진흙을 두툼하게 올린 부분이다. 신석기시대 사람들이 진흙을 밖에만 발랐는지 아니면 안팎으로 발랐는지는 알 수 없지만, 최소한

움집 국립부여박물관

외를 엮은 다음 외부에만 흙을 바른 사례 움집과 비슷하다. 아산향교 앞 거름간.

외엮기를 한 흙벽 아산 임욱 영정각 안채

내부에서 불을 피우고 살았다면 진흙 같은 불연재료를 사용했을 것이다. 움집은 지붕이라거나 벽이라고 지칭하기에 어중간한, 지붕과 벽이 분화되지 않은 구조다. 집이 점점 발전하면서 지붕과 벽은 분리된다. 억새로 엮은 이엉 밑의 진흙층은 지붕에서는 산자와 알매흙(진새)이 되고 벽에서는 외엮기와 초벽·맞벽이 된다고 볼 수 있다. 한옥에서 산자 엮기와 외엮기는 개념적으로 출발점이 같다고 볼 수 있다.

외의 구성요소

'외'는 흙을 바르기 위한 뼈대다. 수장재에 힘 받을 만한 목재를 세로로 박아 넣고 가느다란 나뭇가지를 외새끼로 엮은 것이다. 수장재에 힘살이 되도록 수직으로 박아 넣은 목재를 '중깃'이라 하고, 중깃에 눕혀서 엮은 외를 '눌외', 세워 엮은 외를 '설외'라 한다. 외를 엮는 새끼줄이 굵으면 미장하기가 나쁘기 때문에 새끼줄을 보통 굵기보다 가늘게 만드는데, 이런 가느다란 새끼줄이 외새끼다. 새끼줄 외에도 칡넝쿨이나 삼줄 등 다양한 재료가 쓰였다. 중깃에 외를 엮는 것이 좀 약해 보이면 힘살(중깃 사이에 세로로 설치)이나 가시새(중깃 사이에 가로로 설치) 같은 것으로 보강하고 외를 엮었다.

외엮기를 한 흙벽 청양 윤남석가옥

외엮기의 실제

문화재를 보수할 때는 원형을 조사하고 원형에 가깝게 보수하지만, 신축 한옥 공사에서는 가장 저렴하고 효율적인 방법으로 뼈대를 만든다. 요즘 새로 짓는 한옥에서는 1치 2푼 각재로 중깃을 삼고, 3푼×1치 '기즈리'로 외를 엮는 것이 보통이다. 예전처럼 외새끼로 힘들게 외를 엮을 필요는 없다. 전통적인 외엮기를 하면 인건비가 생각보다 많이 든다. 그리고 새끼줄이나 끈으로 엮으면 건들건들하니 단단하게 고정되지 않는다. 외를 엮는 것보다 잔못으로 고정하면 더 단단해진다. 신축 한옥을 짓는 데는 에어태커air tacker로 박아도 무방하다.

3 초벌벽(초벽·맞벽)

외엮기가 끝나면 초벌벽을 바른다. 초벌벽은 '외를 엮은 뼈대'에 양쪽으로 바르기 때문에 초벽과 맞벽으로 구분한다. 이때 먼저 바르는 면을 초벽, 나중에 바르는 면을 맞벽이라고 한다.

| 초벌벽의 재료

초벌벽에 사용되는 재료에는 점성이 있는 진흙과 짚여물 등이 있다. 미장할 진흙은 시간을 충분히 두고 먼저 이겨놓는 것이 좋다. 현장에서는 지붕공사를 하면서 알매흙을 올릴 때 조금 넉넉하게 개어서, 미장할 때 쓸 흙까지 준비해두는 것이 좋다.

 진흙의 주요 성분은 실트silt와 점토다. 점토 같은 매우 작은 흙알갱이는 물과 혼합되면 부피가 늘어나고 마르면서는 부피가 줄어든다. 진흙에 물을 축이고 이겨서 바르면, 건조하면서 갈라지는 것을 피할 수 없다. 그래서 짚을 썰어 진흙에 섞어서, 갈라져도 서로 잘 엉겨 있게끔 한다. 재벌벽은 초벌벽이 충분히 건조해서 갈라질 때까지 기다렸다가 발라야 한다. 조급한 마음에 제대로 마르지 않은 초벌벽에 재벌벽을 바르면 속에 바른 진흙이 마르면서 갈라진다.

 여물은 보통 소를 먹이기 위해 썰어놓은 짚을 말하는데, 미장공사에서는 '균열 방지를 위해 사용하는 섬유질 보강 재료'를 일컫는다. 미장

01 **초벌벽** 진흙과 짚여물을 섞어 바른다.
02·03 **짚여물** 짚은 다소 흐물흐물한 것이 좋다.
작두로 썰어 사용하는 모습.

공사는 초벌벽→재벌벽→정벌벽 순서로 진행되고, 이 순서에 따라 여물도 거친 재료에서 시작해 점차 가늘고 부드러운 재료를 쓴다. 종류로는 짚여물·삼여물·종이여물·털여물 등이 있고, 예전에는 마분(말똥 속의 섬유질)이나 왕겨 같은 것을 쓰기도 했지만 일반적으로는 짚여물과 삼여물이 많이 사용된다. 짚여물은 볏짚을 썰어서 사용하는데, 짚은 싱싱하고 잘 말라서 빳빳한 것보다는 거의 썩다 만 것처럼 흐물흐물한 것이 좋다. 『문화재수리표준시방서』에는 짚여물을 30~90mm 정도로 썰어서 사용할 것을 권하는데, 작두로 썰다보면 대략 50mm 정도로 썰린다.

초벌벽에 사용할 흙 100 l를 만드는 데, 자른 짚을 초벽에는 0.6kg을 넣고 맞벽에는 0.4kg을 넣도록 규정하고 있다.(『건축공사표준시방서』〔대한건축학회, 기문당, 2006〕의 표 150501과 표 150502. 『문화재수리표준시방서』에는 규정된 배합비가 없다) 실제로는 초벽용 흙을 만들 때 짚을 무게로 달아서 섞지는 않아 이런 규정은 너무 모호하다. 전통적인 관점에서도 반드시 짚을 얼마만큼 넣어

짚여물과 진흙의 교반   맞벽 바르기

야 한다는 규칙 같은 것은 없다. 현장에서는 가래나 삽으로 교반攪拌(균일한 혼합 상태가 되도록 휘저어 섞음)이 되는 정도에서 적당히 섞어 사용한다.

초벌벽의 실제

예전에는 중깃에 설외와 눌외를 어느 정도 균형 있게 배열해서 외새끼로 엮었기 때문에 안팎으로 바르는 흙의 양이 비슷했다. 그래서 일반적으로 내부에서 초벽을 먼저 발랐는데, 내부의 건조 환경이 안 좋은 탓도 있고, 내부를 먼저 바르고 밝은 외부에서 맞벽을 바르는 것이 작업 능률에서도 좋기 때문이다. 하지만 요즘은 중깃에 한 방향으로 눌외만 엮는 경우가 많아서 외를 엮는 쪽에 비해 중깃이 설치된 쪽에 흙을 훨씬 두껍게 발라야 한다. 그래서 초벽은 외를 엮은 쪽에서 먼저 바른다. 초벽을 밀어 넣듯이 꽉꽉 누르면서 바르면 흙이 반대편으로 삐져나와 중깃과 중깃 사이의 공간을 메워주고, 그렇게 되면 반대편에서 맞벽치기가 훨씬 수월해진다.

4　재벌벽과 정벌벽

사벽

모래와 백토를 주재료로 미장한 벽이 사벽砂壁이다. 사벽은 초벽과 맞벽을 바르고 고름질을 한 다음 재벌벽으로 바르기 때문에, 현장에서는 보통 '재사벽'再砂壁이라 부른다. 사벽은 생석회를 구하기 어려운 시절에 백토와 모래를 적당한 비율로 혼합하고, 진하게 끓인 해초풀이나 느릅나무 즙, 닥풀, 찹쌀풀 등 구하기 용이한 자연산 접착제를 섞어서 발랐다. 결

01 **초벌벽과 재벌벽**
02 **황토의 사용** 요즘은 재사벽을 하면서도 일부러 얼개미에 황토를 쳐서 섞는 경우가 많다.
03 **요즘의 황토 재사벽**

국 사벽은 자연산 접착제의 점성으로 벽을 바르는 것인데, 요즘 시각으로 보면 마감벽으로서 표면 강도가 조금 의심스럽기도 하다.

예전에 미장을 하면서 추구한 목표는 흰색 벽을 만드는 것이었다. 옛날에는 생석회를 생산하기가 힘들어서, 아무나 분벽을 할 수 없도록 규제했다. 그만큼 흰색 벽은 매우 고급스러운 마감이었다. 여러 문헌을 살펴보면 "굴림백토를 만들어 벽체를 치장하기도 하고"(신영훈, 『한국의 살림집』, 열화당, 1983, 301쪽), "보령산 백토를 바르면 백옥 같은 흰 벽을 만들 수 있었다"(서유구, 안대회 엮어옮김, 『산수간에 집을 짓고: 임원경제지에 담긴 옛사람의 집 짓는 법』, 돌베개, 2005, 303쪽)는 내용을 확인할 수 있다. 옛날 사람들은 흰색 벽을 아주 선호했지만, 요즘 사람들은 흰색 벽에 별 감흥이 없다. 백시멘트, 흰색 페인트가 넘쳐나는 시대이니 흰색 벽에 별스러운 감흥이 없을 만도 하다. 도리어 흙색을 내달라는 주문이 많다. 그래서 요즘은 회사벽을 하면서 일부러 얼개미(체)에 황토를 쳐서 색을 맞추어 섞기도 한다. 같은 미장을 하면서도 굴림백토로 미장하던 시절과는 추구하는 바가 완전히 다른 것이다.

석회를 전혀 쓰지 않은 순수한 사벽은 강도가 충분한 마감으로 보기 어렵다. 이는 예전에 회를 구하기 힘들 때 쓰던 방법이다. 일반적으로 한옥을 짓는 현장에서 사벽이라고 하면 '회사벽'灰砂壁을 말한다. 앞서 설명

석회죽 교반

재벌벽과 정벌벽

한 사벽 재료에 회(생석회를 피운 소석회)를 섞어서 미장한 것이다. 재료는 백토·모래·생석회를 1:1:1의 비율로 섞은 삼화토三華土를 사용한다.

분벽

분벽粉壁은 '회벽'灰壁 또는 '회반죽벽'이라 부른다. 일반적으로 한옥의 미장에서는 분벽을 정벌바름이라고 하지만, 사벽으로 마감하는 경우에는 마지막에 바르는 사벽이 정벌벽이 된다. 미장벽은 재료의 배합법이 다양하고, 특히 집을 보수할 때 완전히 해체되기 때문에 목구조에 비해 유구가 거의 없다. 그런 만큼 아주 오래된 분벽은 거의 남아 있지 않다. 분벽은 순수하게 소석회와 해초, 삼여물을 섞어서 바르기도 하고, 석회와 모래를 5:1 정도의 배합비로 섞어서 바르기도 한다.(건설교통부·건축학회, 『건축공사 표준시방서』, 「미장공사」편)

5 화방벽

외를 엮은 심벽心壁은 두께가 얇아서 겨울에 춥고, 강한 충격이 가면 부서지기도 한다. 단열·보안·방화의 목적으로 벽 밖에 조적벽을 덧댄 것을 화방벽火防壁이라고 한다.

화방벽의 분류

화방벽은 쌓은 높이에 따라서 온담과 반담으로 나눈다. 온담은 창방까지 벽을 완전히 싸서 바른 것이다. 반담은 중방까지 쌓는다. 일반적으로 화방벽은 창방까지 높이 쌓지 않기 때문에 화방벽이라고 하면 대부분 반담을 말한다. 화방벽은 용지판龍枝板(벽이 무너지지 않도록 기둥이나 문지방 옆에 대는 널빤지 조각)을 대고 기둥을 노출시키는 것이 일반적이지만, 기둥까지 완전히 싸 바른 것도 종종 볼 수 있다.

용지판의 구실

용지판은 화방벽을 쌓을 때 마구리벽에서 마감 구실을 하면서 작업 중에는 규준틀의 구실도 한다. 용지판의 모양은 유심히 봐두어야 한다. 화방벽은 체감遞減 없이 수직으로 쌓는다. 보통 담장이 위로 올라갈수록 체감이 있는 것과는 다르다. 외따로 서 있는 담장은 체감을 두어야 안정감이 있지

01 기둥을 전부 싸 바른 온담 종묘 정전 배면   02 기둥을 노출시킨 온담 종묘 영령전 배면

01 기둥을 전부 싸 바른 반담 연경당 02 기둥을 노출시킨 반담 동구릉 수릉
03·04 용지판 동구릉 수릉 05·06 화방벽 보탑사 요사채·아름지기 사옥

만, 집의 외곽을 형성하는 화방벽은 수직으로 서야 보기에 좋다.

용지판은 목재가 마르면서 뒤틀리기 쉬운 만큼 1치 5푼 이상의 판재를 사용하는 것이 좋다. 잘 지은 한옥의 용지판을 보면 아주 정교하게 처리되어 있다. 화방벽은 외부로 노출되는 부분이어서 눈에 잘 띄는 만큼 다양한 무늬를 넣어 화방벽을 아름답게 꾸미기도 한다. 일반적으로 자연석이나 사괴석四塊石(벽이나 돌담 또는 화방벽을 쌓는 데 쓰는 육면체의 돌) 같은 재료로 쌓고, 계속 이어지는 무시무종無始無終의 무늬를 비롯해 여러 가지 무늬로 1자에서 1자 반 정도를 장식한다.

Special Box

미장 보강재료
삼여물과 해초풀

삼여물

초벌벽에서는 짚여물 같은 거친 보강재료를 사용하지만 재벌벽, 정벌벽으로 작업이 진행될수록 점차 가늘고 고운 보강재료를 사용한다. 일반적으로는 삼여물을 많이 쓰는데, '수염'이라고도 한다.

삼여물은 마麻(대마·아마 등)에서 뽑아낸 섬유질이다. 철물점에서 삼여물을 달라고 하면 잘 알아듣지 못하고, 스사すさ(균열을 막기 위해 벽토에 섞는 여물 등의 섬유질 재료)를 달라고 하면 대개 나이 많은 철물점 주인은 알아듣는데, 이 말은 삼여물을 얘기하는 일본말이다. 요즘 철물점에서는 삼여물을 준비해두고 팔지 않는 만큼 좀 시간 여유를 두고 주문해야 한다.

삼은 조금 뻣뻣하고 갈색이어서 하얗게 분벽을 할 때에는 물에 한참 끓여서 사용한

01 삼여물 강경 옛 한일은행 사벽 02 삼여물 03 삼여물 삶기 04 삼여물 털기

다. 삼을 물에 끓이면 부들부들하고 유연해지면서 표백이 되는 효과가 있다. 물에 끓인 수사는 잘 말린 다음에 뭉친 것을 여물털이개로 풀어 사용한다. 털이개로 털어서 퍼지 않으면 모래나 석회와 섞을 때 뭉쳐서 작업하기가 어렵다.

해초풀
오늘날에는 미장작업을 하면서 시멘트 같은 재료를 결합재로 사용하는 것이 당연한 일이 되었지만, 이런 재료가 없던 시절에는 해초풀 같은 천연재료를 결합재로 사용했다.
해초풀은 해초(청각채·듬북·은행초 등)를 끓여서 걸러낸 자연산 접착제다. 이런 해초풀은 최종적으로 미장벽의 강도를 결정하는 결합재의 구실도 하지만, 끈적끈적한 점도를 유지해서 작업이 원활하도록 한다. 어떤 실험 결과에 의하면, 해초(도박)를 끓인 물은 다시마나 미역을 끓인 물에 비해 500배 이상의 점도가 있고, 접착력은 찹쌀풀에 비해 2.66배, 도배용 풀에 비해 1.45로 높다고 한다.

01 해초 02 해초 끓이기 03 해초 끓인 물 거르기 04 해초풀

• 마감

제 12 부
창 호 공 사

오늘날의 관점으로 보면 한옥을 첨단 주택이라 하기에는 무리가 있겠지만, 18세기까지만 해도 한옥은 전 세계에서 최첨단에 있는 주택이었다고 할 수 있다. 당시에 한옥은 난방시설과 채광시설에서 세계의 어느 주택과 비교해도 전혀 손색이 없는 집이었기 때문이다.

인류는 동굴을 피신처로 사용하기 시작한 이래, 움집을 거쳐 여러 형태로 집을 발전시켜왔다. 인류가 집을 발전시키면서 중요하게 추구한 것 중 하나는 '밝은 내부'다. 서양의 조적건축에서는 꼭대기가 뾰족한 첨두아치 방법으로 내부의 채광기법을 발달시켰다. 유리와 전기가 널리 보급되기 시작하면서부터 실내가 밝아지는 건 당연한 일이 되었지만, 집의 발전과정을 보면 자연채광으로 실내를 밝게 하는 것은 건축의 중요 목표였다.

한옥은 실내가 밝다. 직사광선이 아니라 창호지에 투과되고 확산된 부드러운 빛이 실내를 밝게 한다. 조적건축에서 첨두아치 같은 장치는 그것이 충분히 발전한 시대에도 일반 주거용 건물에 설치하기에는 조금 비싼 기법이었을 것이고, 그래서 서양 주택의 실내공간은 한옥의 실내공간에 비해 어둡고 칙칙했을 것으로 추측된다. 유리와 전기가 당연한 시대가 되었지만, 한옥 창호의 특성을 충분히 아는 것은 한옥의 특성을 이해하는 데 매우 중요하다.

요즘 일반적으로 쓰이는 창호와 구별되는 한옥 창호의 특징은 창호지를 붙이는 장지문이라는 것이다. 따라서 공간의 구성과 창호지를 붙이는 방식에 대해 깊게 고민해볼 필요가 있다. 또한 개폐방식과 창호의 크기를 결정하는 방법, 창호가 여러 겹으로 구성될 때의 디테일도 중요한 요소다. 이 장에서는 이런 사항들을 중심으로 한옥 창호를 이해해본다.

1 창호의 분류

창호窓戶는 건물에 달린 온갖 창과 문을 통틀어 이르는 말이다. 창호는 여러 관점에서 분류되어 다양한 이름으로 불린다. 문 하나를 두고도 분류에 따라 각기 다르게 부르는 것이다. 복잡해 보이지만 집을 지을 때는 다 필요한 명칭들이다. 예를 들어 '덧문으로 쓰인 띠살 들문'이라는 말은, 문이 설치되는 위치와 살 모양 그리고 개폐방식을 차례대로 설명하고 있다.

　창호를 분류하는 기준으로는 크게 '개폐방식', '재료', '살 모양', '창호지를 붙이는 방법', '설치 위치' 등을 들 수 있다. 각각에 해당하는 창호의 종류는 아래와 같다.

　여러 관점에서 문을 구분하는 것도 중요하지만, 이런 분류가 한옥 창호의 특징을 한번에 잘 보여주는 것은 아니다. 그렇다면 한옥 창호의

구 분	종 류
개폐방식	여닫이문, 미닫이문, 들문, 안고지기, 미서기문, 회전문, 고정문 등
재료	목문, 스테인리스문, 알루미늄문, 플라스틱문, 강화유리문 등
살 모양	띠살, 만살, 빗살, 아자살, 완자살, 용자살 등
창호지 붙이는 방법	맹장지, 명장지, 도듬문 등
(여러 겹으로 구성될 때의) 설치 위치	덧창, 사창, 영창, 흑창, 갑창 등

창호의 분류

특수성을 잘 보여줄 수 있는 방법이 있을까? 한옥 창호의 특징은 무엇일까? 한옥 창호는 목재가 주재료이고, 목재 한 가지만으로 완성되는 것도 있지만, 대부분은 창호지를 붙인다. 이런 문을 통틀어서 장지문障-門(국어사전에서는 장지문을 '방과 방 사이, 또는 방과 마루 사이에 칸을 막아 끼우는 문'으로 설명하고 있어서 '맹장지문'의 성격이 강한데, 여기서는 '종이 바른 문'이란 포괄적인 의미로 사용했다)이라 한다. 장지문은 맹장지盲障-와 명장지明障-로 나눌 수 있다. 맹장지는 창호지를 문짝의 안팎에 바르게 만들어진 문이고, 명장지는 창호를 한쪽에 바르게 만들어진 문이다.

창호지를 쓰지 않고 나무로만 만들어진 문을 통틀어 판문板門이라 한다. 판문은 울거미를 짜고 그 사이를 얇은 나무판으로 막는 것과, 판재에 띳장을 대고 고정한 것으로 나눌 수 있다. 전자를 울판문(우리판문), 당판문 등으로 부른다. 보통 판문이라고 하면 띳장으로 고정한 문을 말하는데, 주로 대문이나 성문 같은 데 사용된다. 구체적인 도식으로 나타내면 오른쪽과 같다.

| 개폐방식에 따른 분류

창호는 열고 닫는 방식에 따라 여닫이문(창)·미닫이문(창)·들문(창)·안고지기(한 짝을 다른 짝에 몰아넣고 창문틀 일부까지 함께 열리게 한 문)·고정문(창) 등으로 나눌 수 있다. 가장 일반적인 개폐방법은 여닫이다. 우리는 하루에도 수십 번씩 이런 문을 여닫는다. 여닫이문이 밀거나 당겨서 여는 문이라면, 미닫이문은 옆으로 밀어서 여는 문이다. 미닫이문에는 문 아래에 호차戶車(미닫이가 잘 여닫아지도록 문짝 아래에 홈을 파고 끼우는 작은 쇠바퀴)와 레일을 달거나 문 위에 레일을 달기도 한다. 문 위에 레일이 있는 것을 행어도어hanger-door라 하는데, 이 또한 미닫이의 한 종류다. 일상생활에서는 분명하게

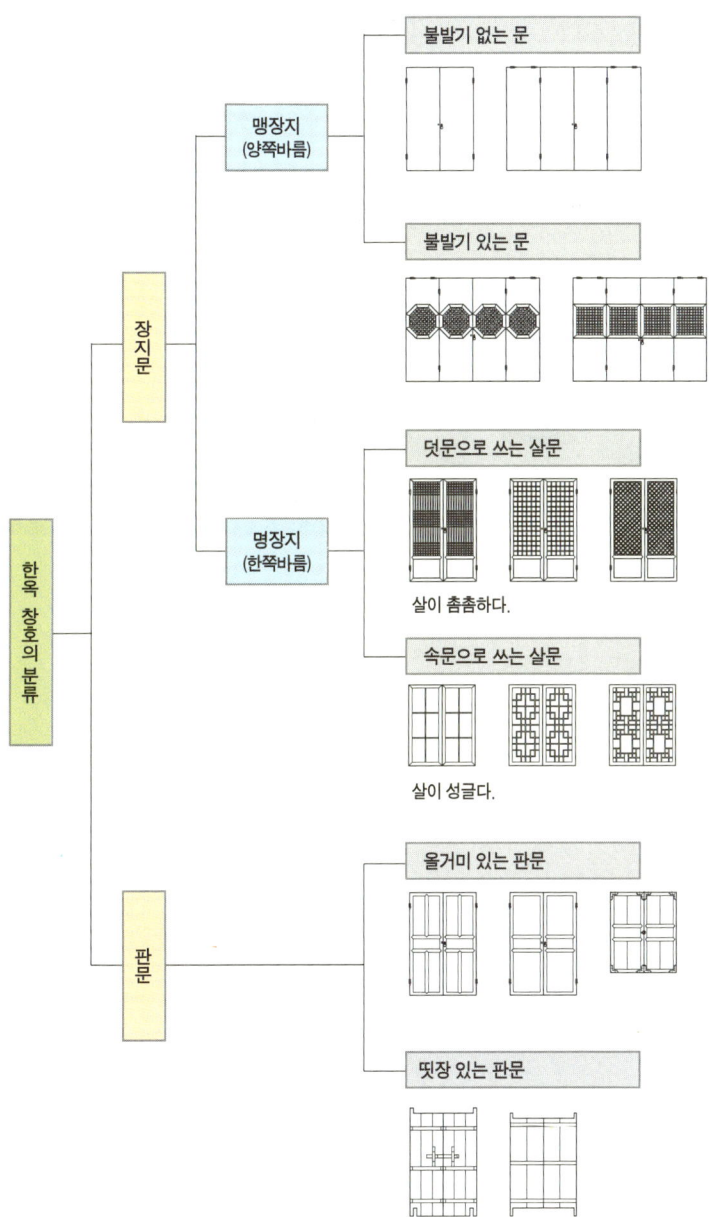

01·02 들어 거는 문 윤증고택 사랑채 내부·덕수궁   03·04 안고지기 낙선재 벽장·운현궁

구분하지는 않지만, 문이 열릴 때 엘리베이터처럼 벽 속으로 들어가는 문은 미닫이문이고, 문이 반만 열리고 두 짝이 겹쳐진 게 그대로 보이는 문은 미서기문(미세기)이다.

한옥에는 문을 열면 완전히 열려야지 반만 열리다 마는 문은 별로 없다. 들문이나 안고지기가 한옥 창호의 이런 특징을 대변한다. 4짝 분합을 모두 여닫이로 만들면, 문을 완전히 열고자 할 때 열린 문짝을 처리하기가 어려워진다. 이럴 때는 두 짝은 여닫이로 하고, 더 열어야 할 필요가 있을 때는 문짝을 들어 올려 걸어 놓는다. 이를 '들문'이라 한다. 공간의 가변성 측면에서 매우 중요한 문 형식이라고 할 수 있다.

요즘 창호의 시각에서 보면 들문의 개폐방식도 특수하지만, 안고지기는 더 독특하다. 안고지기는 미서기와 여닫이가 조합된 문이다. 미닫이로 설치된 문이 열리면서 겹치면, 이 겹쳐진 문의 문틀 일부가 떨어지면서 여닫이가 된다. 윤증고택 사랑채에 있는 안고지기가 유명한데, 조선시대에 지어진 고급 한옥을 보면 의외로 이 문이 많이 사용되었다는 것을 알 수 있다. 특히 두껍닫이를 설치할 수 없는 툇간 같은 곳에서 창호가 두 겹으로 구성될 때, 2짝 여닫이문이 설치된 안쪽 미서기문의 처리는 언제나 고민거리다. 왜냐하면 2짝 여닫이가 모두 열려도 안에 설치된 미서기문은 반만 열리기 때문이다. 이런 경우에 안고지기가 특히 유용한데, 운현궁을 답사해보면 실제로 적용된 사례를 볼 수 있다.

| 살 모양에 따른 분류

장지문은 살 모양에 따라 다양한 이름으로 불린다. 살 모양에 따른 분류에 대해서는 특별히 설명할 것이 없다. 문 이름을 보면 살 모양에 따라 그 이름이 붙었음을 알 수 있는데, 다만 살이 촘촘하게 짜인 것과 성글게 짜인 것에 대한 개념적인 구분은 필요하다. 살이 몇 센티미터 이상이라

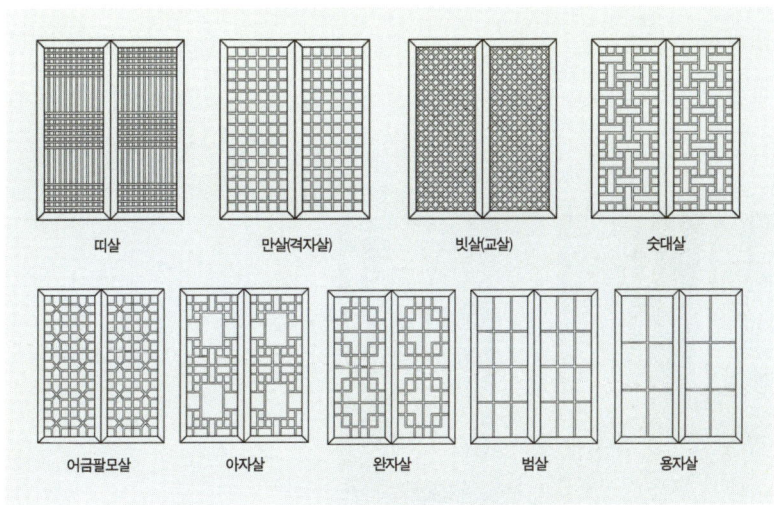

살 모양에 따른 한옥 창호의 분류

야 성글게 짜였다고 잘라 말할 수 있는 건 아니지만, 보통 외부에 노출되는 장지문은 촘촘하게 짜고 내부에 있는 장지문은 성글게 짠다.

장지문과 판문

- **장지문**

한옥 창호는 자연채광을 용이하게 하고 실내를 밝게 만들기 위해 종이를 바르는 문으로 발달했다. 창호지를 붙이려면 문에 살을 짜 넣어야 한다. 살은 창호지를 붙이기 위한 장치다. 비바람을 바로 맞는 장소라면 살에 붙은 창호지가 떨어져서 너덜거리기 십상이다. 그래서 한옥의 창호는 외기外氣와 접한 곳에는 살을 촘촘히 짜고, 비바람을 타지 않는 속문에는 살을 성글게 짠다.

요즘 한옥에는 창호지를 바르는 대신 유리를 끼우기도 한다. 한옥에 도입된 유리문 중에는 디자인이 잘된 것도 있지만, 단순히 띠살 모양에 유리를 끼운 형태도 자주 볼 수 있다. 하지만 촘촘한 살 안쪽에 유리를 끼우면 유리를 닦는 일은 거의 불가능하다. 곰곰이 생각해보면, 원래 외부와 접하는 곳에서 비바람을 맞아도 창호지가 단단히 붙어 있기를 기대

장지문 창호지 바르기(ⓒ강현관)

문틀 양쪽에 창호지를 붙인 미서기문 창덕궁 연경당 사랑채

하고 디자인한 촘촘한 띠살에 유리를 끼우는 것은 조금 이상한 일이다. 한옥에 유리를 끼워야 한다면 유리를 잘 관리할 수 있는 살 모양을 디자인할 필요가 있다. 한옥 창호살은 창호지를 붙인다는 전제에서 여러 모양으로 발달한 것이다.

한옥 창호는 보통 방 쪽에 창호지를 바른다. 한옥의 내부는 한지로 마감되고, 창(문)도 내부에서 창호지를 바른다. 한지로 마감한 방과, 창호지를 붙인 창호는 그 자체로 일관성 있는 내부마감이 된다. 그래서 창호지가 보이는 쪽이 내부이고, 살이 보이는 쪽이 외부이다.

창호지 바르기는 이렇듯 간단하지만, 실제 작업에서는 고민되는 부분이 있다. 외부와 접하지 않고 내부와 내부 사이에 설치되는 문에는 창호지를 어떻게 발라야 하는지가 그것이다.

위 창덕궁 연경당 사랑채 사진에는 문틀만 보이고 문은 빠져 있다. 한옥에서 이렇게 큰방은 미서기문으로 나누어 쓰는 예가 많다. 이처럼

01·02·03 **창호지문**
추사고택 안채·윤증고택 안채·경복궁 강녕전 내부

방과 방이 서로 똑같은 조건일 때, 창호지는 어느 쪽에 발랐을까?

이것과 관련된 자료를 찾아보니, 창덕궁 연경당 사랑채에는 창호지를 문짝 안팎에 바르는 문이 설치되어 있었다.(주남철, 『한국의 문과 창호』, 대원사, 2001, 47쪽 사진 참조) 양쪽 방의 마감과 창호지를 고려했을 때, 창호지를 문짝 안팎에 바르는 것은 어쩌면 당연한 일인지도 모른다. 이렇게 창호지를 문짝 안팎에 두껍게 바르는 문을 맹장지문(盲障-門, 盲障子門)이라고 했다. 창호지를 안쪽에만 바르는 명장지문(明障-門, 明障子門)과 상대되는 개념으로 사용되는 말이다.

한옥에서 창호를 계획할 때 가장 기본이 되는 출발점은 창호지를 어떻게 바를 것인가에 대한 고민이다. 창호지 바르기를 생각하다 보면 공간 내외부의 경계와 위계가 분명하게 정리된다. 특히 대청과 같이 내외부를 경계 짓기 힘든 곳에서는 공간 개념과 창호 계획이 극단적으로 다르게 나타난다. 설치된 창호를 보면, 집 지은 사람이 대청을 어떻게 인식

했는지도 읽을 수 있다.

왼쪽은 추사고택과 윤증고택의 안채 대청 사진이다. 추사고택의 안채 대청은 안마당 쪽뿐만 아니라 뒷마당 쪽에도 창호지 바른 문을 달았다. 안방과의 경계에는 안팎에 창호지를 바른 문을 달았다. 이 집을 지은 사람은 대청을 내부 공간에 더 가깝게 인식하고 있었음을 알 수 있다. 반면에 윤증고택 대청은 전면에 문이 없고 배면에 울거미가 있는 판문을 달았다. 방과 대청 사이에는 띠살문을 달았다. 이 집을 지은 사람은 대청을 외부 공간에 더 가깝게 인식한 것으로 보인다.

실내와 실내를 연결하는 곳에는 문짝 안팎으로 창호지 바르는 문을 설치한다. 이러한 문에는 맹장지문·도듬문·불발기가 있다.

창호지를 안팎으로 바르는 것은 같지만, 맹장지문과 도듬문은 창호지 바르는 방식이 조금 다르다. 맹장지문은 문울거미까지 모두 싸 바르지만, 도듬문은 울거미를 노출시키고 창호지를 바른다. 맹장지문은 문 전체를 창호지로 완전히 싸 바른 문이다. 문울거미조차도 보이지 않게 한다. 관점에 따라 아주 깔끔해 보이기도 하고, 다소 밋밋해 보이기도 한다. 문살은 울거미와 평면이 되게 짜고 살밀이를 하지 않아야 창호지를 울거미까지 깔끔하게 싸 바를 수 있다. 도듬문은 맹장지처럼 안팎으로 창호지를 바르지만 한쪽의 울거미는 노출시키는 문이다. 맹장지와 크게 다를 것이 없지만, 내부 분위기는 많이 달라질 수 있다.

불발기는 문 한가운데 교창交窓(분합分閤 위에 가로로 길게 짜서 끼우는 채광창)이나 완자창(창살이 '卍' 자 모양으로 된 창. 만자창卍字窓)을 짜 넣고 창호지를 붙여서 채광이 되게 문을 바르는 방식으로, 불발기창만을 따로 이야기할 때도 있고 불발기를 한 문 전체를 가리킬 때도 있다. 불발기의 높이는, 불발기 아래쪽 울거미가 앉아 있는 사람의 눈높이 정도가 되게 한다. 문 높이는 대체로 6~7자 내외이고, 불발기창은 아래쪽 울거미가 바닥에서

01·02 **도듬문** 아름지기 사옥   03·04 **불발기문** 창덕궁 연경당 사랑채 대청·강화 학사재 안채 대청

2자 반 정도의 위치에 놓인다. 이 정도의 높이가 채광에도 좋고 심리적 안정감이 있다. 디자인 관점에서도 균형이 맞는다.

• **판문**

내부(방)와 연결된 개구부에는 창호지를 바르는 장지문이 달린다. 반면에 외부와 외부를 연결하는 곳으로 인식되는 공간에는 판문板門이 달린다. 판문은 울거미가 있는 판문과, 띳장으로 연결한 널판문으로 나눌 수 있다.

판재를 하나씩 끼우는, 빈지널문이라 부르는 문도 있다. 주로 곡식을 저장하기 위해 필요에 따라 한 장씩 뺐다 끼웠다 할 수 있는 장치로,

01·02 **빈지널문** 아산 맹사성고택 대문채·홍성 조응식가옥   03·04 **울판문** 하회마을 충효당·경복궁

널에는 숫자를 적거나 대각선으로 먹을 놓아 순서가 섞이지 않도록 했다. 사람의 출입과 채광·환기의 목적이 아니라서 문이라고 말하기 어려운 면도 있지만 재미있는 형태다.

울판문(우리판문, 당판문)   울판문은 문울거미 사이를 판재로 막은 문이다. 장지문이나 울거미판문이 매우 정제된 문짝으로 건물의 수장재와 자연스럽게 어울린다면, 띳장으로 연결한 널판문은 왠지 집에서 겉도는 느낌이 든다.

    살림집 한옥에서 부엌이나 창고 같은 곳에 널판문이 설치된 사례를 자주 볼 수 있지만, 고급 살림집 한옥에서는 띳장으로 연결한 널판문은 대문 같은 독립된 곳에 설치하고 건물 내에는 울거미가 있는 판문을 둔 것을 볼 수 있다. 울판문은 똑같이 판문으로 분류되지만 널판문보다는 장지문과 개념이 더 비슷한 문이다. 장지문이 문울거미를 짜고 그 사이에 창호지를 붙일 수 있도록 살을 넣은 것이라면, 울거미 판문은 울거미를 짜고 그 사이를 판재로 막았다는 점만 다를 뿐이다. 울판문은 방이 아닌 장소(대청이나 창고)에 주로 사용된다. 이런 울거미 있는 판문들도 장지문과 같이 계획해서 주문사항을 정리해두었다가, 창호 공방에서 맞춘 뒤 설치한다.

널판문   널판문은 판재를 띳장으로 고정하고 판재의 첫 장에 촉을 내어 둔테(문둔테. 문장부를 끼우는 구멍이 뚫린 나무. 주로 두꺼운 널빤지로 되어 있다)에 끼운 문이다. 같은 판문이라도 울판문과 널판문은 성격이 크게 다르다. 문을 만드는 작업도 울판문은 소목(창호 공방)이, 널판문은 대목이 만든다.

모든 문짝에는 안팎이 있다. 띳장이 있는 판문은 띳장이 있는 쪽이 안쪽이고, 깨끗한 판이 보이는 쪽이 바깥쪽이다. 성문이든 살림집 대문

01 **널판문** 띳장이 보이는 쪽이 안쪽이고 널이 보이는 쪽이 바깥쪽이다. 종묘 향대청.
02·03 **안팎이 뒤집혀서 달린 널판문** 추사고택 안채 판문·조병옥 선생 생가

01 빗장과 빗장걸이 강화 학사재 02 감잡이쇠와 대접쇠 추사고택 03 안팎이 뒤집혀서 달린 널판문 추사고택
04·05 부러진 촉 추사고택·아산 맹사성고택

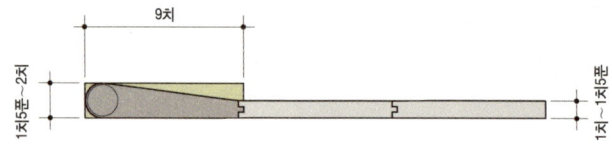

촉을 내는 판재 크기 촉을 부러지지 않게 하려면 촉을 내는 판재를 좀더 두꺼운 것으로 사용해야 한다.

이든 이렇게 안팎을 구분해서 단다. 하지만 띳장이 있는 판문을 부엌이나 창고 출입문으로 달 때는 문제가 있다. 띳장을 안쪽으로 해서 문을 설치하는 것이 원칙이지만, 이렇게 하면 띳장과 문설주가 조금 부딪치는 경우가 생길 수 있다. 그래서 띳장이 노출되도록 안팎을 뒤집어 설치하는 경우가 많다. 사소한 문제로 널판문의 안팎을 뒤집어 다는 경우가 많지만 보기에 어수선하고, 내부에 빗장과 빗장걸이를 만드는 데도 문제가 있을 수 있어 썩 좋은 방법은 아니다.

널판문은 널을 이어 붙이고 대문널에서 촉을 내어 둔테에 걸리도록 만든다. 회전하는 아래 장부에는 대접쇠 같은 철물을 박아서 부드럽게 열고 닫히게 한다. 대문널은 1치에서 1치 5푼 정도의 널을 사용하고, 반턱이나 딴혀(은살대隱—: 두 널빤지를 맞붙이기 위해 쓰는 가늘고 얇은 나무쪽)로 쪽매붙임을 한다. 띳장은 주먹장을 해서 널에 붙이기도 하지만 일반적으로는 못으로 고정한다.

널판문은 무겁다. 그래서 장부가 얼마 가지 못하고 부러지는 일이 많다. 감잡이쇠를 감아서 장부가 부러지는 것을 막으려 해도 잘 부러지는 것은 어쩔 수 없다. 이 문제를 해결하려면, 문을 만들 때 장부를 내는 판을 더 두꺼운 판재로 사용해야 한다. 두꺼운 판에서 장부를 내면 촉이 부러지는 일이 거의 없다. 널판문을 만들 때는 이 정도만 신경 쓰고, 자잘한 철물을 잘 챙겨서 주문하면 문제 될 것이 별로 없다.

여러 겹으로 구성되는 창호

• **덧창**

덧창은 한옥 가장 바깥쪽에 설치되는 문이다. 외기에 접하고 비바람을 직접 맞는 만큼 살을 촘촘히 짜야 한다. 가는 살을 이용해 가로세로로 촘촘하게 짠 창을 세살창(細箭窓)이라 부른다. 덧창에 많이 쓰이는 살은 띠살·만살·숫대살처럼 주로 살이 촘촘한 것들이다. 덧창은 대청에서 안마당 쪽 같은 경우에는 개방성이 큰 4짝 들문으로 구성하지만, 보통은 2짝 여닫이다. 2짝 여닫이는 기둥 안목치수(기둥 굵기를 제외한, 기둥과 기둥 사이 공간의 치수)를 1/4로 나누어서 구성한다.

• **사창**

사창紗窓의 '紗'자는 '비단'이라는 뜻으로, 견직물의 일종인 얇고 가벼운 비단을 바른 창을 말한다. 조지훈의 시 「승무」僧舞에서 "얇은 사 하이얀 고깔은 고이 접어서 나빌레라"라는 구절의 '사'가 바로 창을 바르는 데 쓰이는 것이다. 이 얇은 비단은 방충창 구실을 하는데, 일반적으로 서민

덧창 보탑사 요사채·강화 학사재

01·02 **사창** 보탑사 요사채   03·04 **영창** 보탑사 요사채

들의 살림집에서는 쓰이지 않았다. 얇은 비단은 종이와 마찬가지로 햇빛에 오래 노출되면 푸석푸석해지면서 바스러져서 새것으로 갈아줘야 한다. 관리하기가 보통 번거로운 일이 아니었을 것이다. 세력 있는 가문의 저택에서도 보기가 쉽지 않은, 궁궐에서나 볼 수 있는 특별히 고급스러운 시설이었다.

옛날과는 달리 오늘날의 주택에서는 방충창이 필수적으로 설치되는데, 검은색으로 불소도장을 한 스테인리스망을 많이 사용한다. 사창은 미닫이로 설치하며, 용자살이나 범자살 같은 단순한 모양의 살을 사용한다.

• **영창**

한옥에서 이야기하는 영창에는 두 가지 의미가 있다. 하나는 '유리를 끼운 창'(影窓)이고, 다른 하나는 '방을 밝게 하기 위해 방과 마루 사이에 낸 2짝의 미닫이'(映窓)이다. 영창의 설치 목적이나 기능을 보면, '방을 밝게 하기 위한 창'이라는 의미가 더 적합하다.

낮에 덧창은 열고 영창을 닫았을 때 채광을 좋게 해야 하기 때문에, 영창의 살은 성글게 만든다. 일반적으로 살림집에서는 용자창用字窓을 많이 쓰고, 아자창이나 완자창(만자창)도 사용한다. 창호를 여러 겹으로 구성하면 당연히 단열 기능이 높아진다. 영창도 미닫이 형식이다.

• **흑창**

일상생활 중에는 때때로 낮에 채광을 차단해서 방을 어둡게 할 때가 있다. 이런 기능을 하는 창이 흑창黑窓인데, 겨울에 단열 기능을 높이는 구실도 하고 있어 유용하다. 흑창은 창호지를 문짝 안팎으로 두껍게 바른 것으로, 일반적으로 설치되는 창은 아니다. 새로 짓는 한옥이라면 설치를 고려하는 것도 좋을 것 같다.

• **갑창**

미닫이문은 문짝이 두껍닫이 안으로 들어가며 열린다. 실내에 속벽(현장에서는 그냥 '가베'라고 한다)을 할 때는 살만 만들어 넣고 벽과 같이 평평하게 도배한다. 하지만 도배하지 않은 곳에서는 두껍닫이가 드러나 보인다. 갑창甲窓은 드러나 보이는 두껍닫이에서 미닫이 창호를 가려주는 구실을

속벽을 하는 경우 두껍닫이가 벽과 일체가 된다. 창덕궁 연경당.   **갑창** 강화 학사재

한다. 기능상으로는 창이 아니지만, 떼어낼 수 있게 만들어지기 때문에 문을 주문할 때 하나의 독립된 창으로 생각하는 것이 편하다. 실제로 창은 아니지만, 문을 만들 때 분명히 하나의 문짝으로 취급하기에 갑창이라는 이름이 붙은 것이다.

2 창호 너비 나누기

한옥 창호의 가장 대표적인 유형은, 머름을 설치하고 2짝 여닫이문을 드린 형태다. 2짝 여닫이문을 열어젖히면 열린 문짝이 기둥 안쪽으로 가지런하게 위치하게 된다. 2짝 창호에서 기둥 간격과 창호의 너비는 서로 뗄 수 없는 관계다. 방법은 간단하다. 2짝 창호의 너비는 기둥 안목치수에 약간의 여유를 두고 1/4로 나누어서 결정한다. 그래야 아귀가 딱 맞아떨어진다.

기둥 간격과 2짝 여닫이 창호의 비례관계는 간단하지만 의외로 이 간단한 원칙을 제대로 지키지 못한 사례가 많다. 아래 사진은 서산 해미읍성의 동헌東軒 책실이다. 사진에 보이는 2짝 여닫이문은 굳이 자로 재볼 필요도 없이 얼핏 봐도 너무 크다. 문얼굴이 칸 사이에 비해 너무 크면 문이 열리면서 기둥에 부딪치고, 또 옆 칸의 문과 동시에 열리면 서로 부딪치게 된다.

해미읍성 동헌 책실의 창호 문이 닫힌 때와 열린 때

덧창 기둥 안목치수의 1/4로 설정되어 안정감이 있다. 창덕궁 연경당 안채.

문 너비를 기둥 안목치수의 1/4로 하는 것은 입면에서 보기에 좋고 문 열림이 좋다는 이유에서만은 아니다. '1/4의 원리'가 지켜지지 않으면 더 치명적인 문제가 생긴다. 한옥에서는 문이 여러 겹으로 구성되는데, 바깥 덧문이 이렇게 크면 미닫이 속문을 넣을 수 없다. 설치한다고 하더라도 기둥 안목치수의 1/4보다 크면 미닫이문은 제대로 열리지 않는다. 열어도 다 열리지 않는 이상한 문이 되는 것이다. 이런 문은 속에 미닫이를 넣어 여러 겹으로 만들고 싶어도 실제로는 설치가 불가능하다.

문이 작아도 문제가 된다. 사람이 드나들기에 불편할 뿐만 아니라 보기에 어설프다는 문제도 있고, 문이 열리면서 문고리가 미장벽을 상하게 할 수도 있다. 정설인지는 모르겠지만, 문고리는 기둥 옆에 붙은 문설주인 주선에 닿도록 하는 것이 좋다고 한다. 그도 아니면, 벽이 깨지는 것을 방지하기 위해 문고리 위치에 중방을 설치하거나 '고리받이'를 두어야 한다. 고리받이는 요즘 창호에서 도어 스토퍼door stoper와 같은 기능

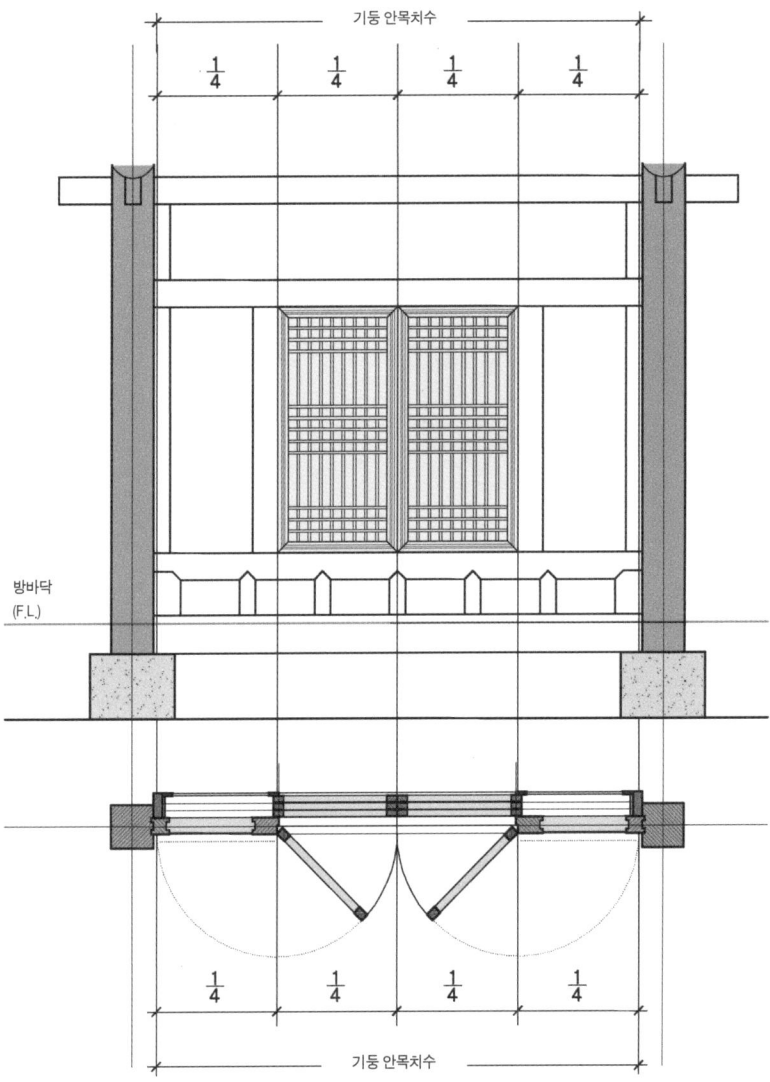

2짝 덧창 기둥 안목치수의 1/4 너비로 결정된다.

01·02 주선이 없는 경우 운현궁·남산 한옥마을
03 문고리가 부딪치는 높이에 설치한 중방
보령 신경섭가옥

을 한다. 위의 1·2번 사진을 보면 심각할 정도로 잘못 설치된 문은 아닌데도 주선이 없어서 벽이 망가져 있는 것을 확인할 수 있다. 창호를 계획할 때는 지속적인 관리의 측면에서 이런 사소한 문제도 반드시 짚고 넘어가야 한다.

3 개구부 단면의 검토

개구부開口部는 채광, 환기, 통풍, 출입 등을 위해 벽을 치지 않은 창이나 문을 통틀어 이르는 말이다. 한옥뿐 아니라 모든 건축 계획에서 개구부 단면을 검토하는 것은 중요한 일이다. 도면 목록에도 개구부의 단면 상세도는 언제나 포함된다. 그런데 요즘 작성되는 한옥 설계도면에는 개구부 상세도가 빠져 있는 경우가 많다. 사실, 있을 수 없는 일이다. 개구부 단면도는 단순히 창이나 문이 설치되는 단면 부분을 계획한 것이 아니라 내외부의 마감과 창호의 관계를 계획한 도면인 만큼 그 안에는 많은 정

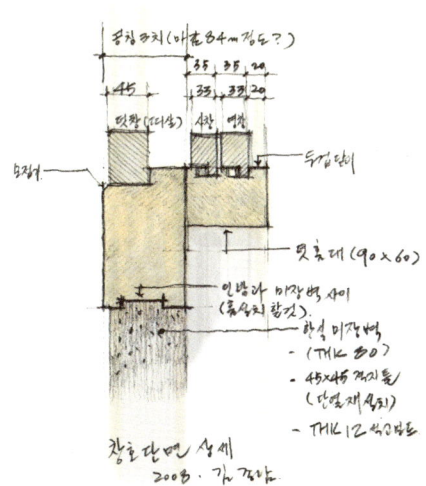

창호 단면도

문받이턱 문울거미 두께와 모접기 폭에 따라서 결정된다. 보탑사 통일대탑.

문받이턱 생각 없이 파면 문울거미가 튀어나오는 경우도 종종 생긴다.

보가 담겨 있다. 도면이 빠졌다면 현장에서라도 개구부 단면 상세도를 그려서 검토해야 한다. 한옥 개구부는 수장을 드리면서 처리해야 할 일이 많다. 문받이턱을 파고, 모를 접는 문제들을 모두 검토해야 한다.

한옥의 덧문은 여닫이로 달린다. 여닫이문은 문을 닫았을 때 문짝이 집 안쪽으로 문틀을 넘어가지 않게끔 받아주는 턱이 있어야 한다. 이를 '문받이턱'이라고 한다. 현장에서는 '도아다리'라 많이 하는데, 영어 '도어' door와 '다리'를 합친 것으로, 어원이 불분명한 현장 은어다. 문받이턱은 문울거미 두께에 맞추어 판다. 수장을 드릴 때는 아직 문을 맞추지 않은 상태이기 때문에 창호 공방과의 문울거미 두께를 먼저 의논할 필요가 있다. 문 상·하방과 문설주 등 문얼굴에 모를 접으면 모접기 한 두께와 울거미 두께를 합한 만큼 턱을 파야 한다. 이런 일이 원활하게 검토되지 않으면 문울거미가 수장재보다 튀어나오거나, 문받이턱이 문울거미 두께보다 너무 커져서 문이 덜컹거리는 일이 생긴다.

여닫이 안쪽에 미닫이문을 설치한다. 먼저 '여러 겹으로 구성되는 창호' 편에서 설명한 대로 사창·영창·흑창 등이 설치될 수 있는데, 그

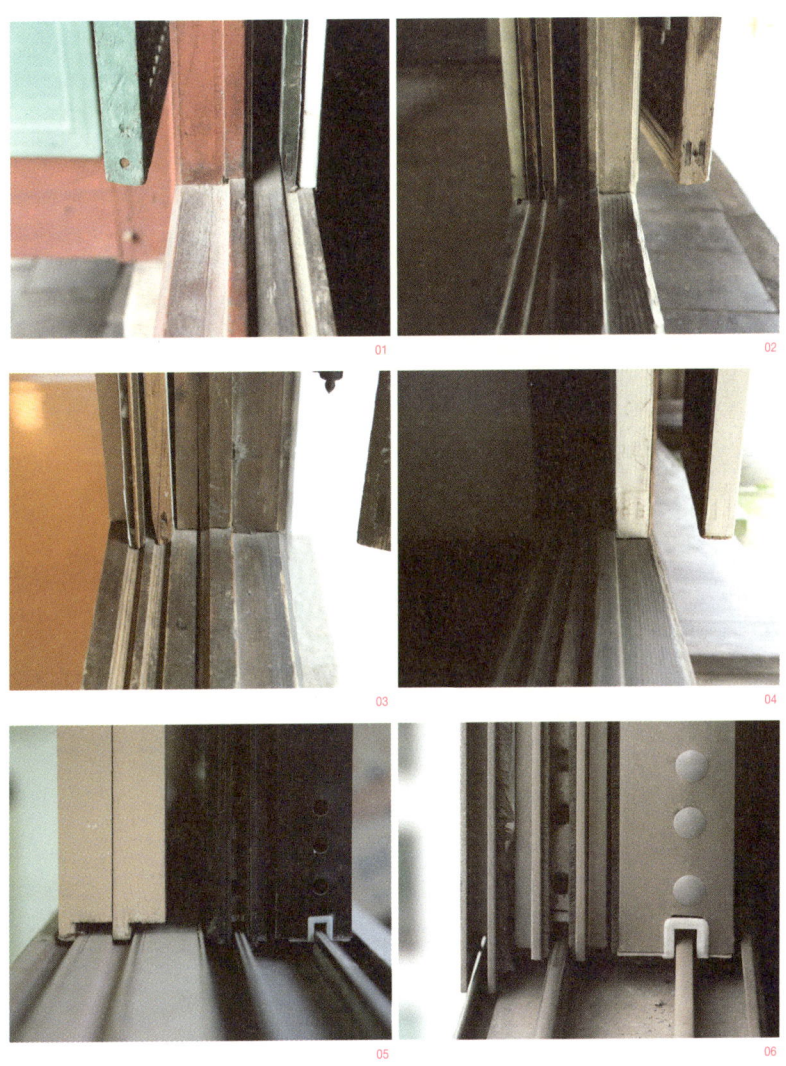

01 **창덕궁 대조전 앞 회랑 창호 단면 구성** 덧홈대와 두껍닫이가 있고 덧창과 영창 2겹으로 설치되었다.　02 **창덕궁 연경당 선향재 창호 단면 구성** 덧홈대와 두껍닫이가 있고 덧창·영창·흑창 3겹으로 설치되었다.　03 **운현궁 이로당 창호 단면 구성** 덧홈대와 두껍닫이가 있고 덧창·영창·흑창 3겹으로 설치되었다. 운현궁 창호에서는 수장재와 미닫이문 사이에 벌어진 공간을 졸대로 막은 것을 볼 수 있다. 부재가 새것이어서 원형이 저런 모양이었는지는 알 수 없다. 운현궁 미닫이에는 풍서란(바람을 막으려고 문지방의 아래위나 문의 양옆에 대는 좁은 나무오리)이 보인다.　04 **창덕궁 연경당 사랑채 누마루 창호 구성** 4짝으로 구성되었기 때문에 덧홈대가 있고, 두껍닫이는 없다. 덧홈대에 홈이 2줄인데, 4짝 미닫이를 설치하기 위한 것이다. 덧창과 영창 2겹으로 구성되었다.　05 **미닫이문 두 울거미 사이의 간격** 미닫이와 미닫이 사이는 문제가 생기지 않는 범위 내에서 가까운 것이 좋다.　06 **털솔 달린 요즘의 창호**

겹수는 계획하기 나름이다. 안쪽에 설치되는 미닫이문이 움직이는 홈대를 '덧홈대'라고 한다. 덧홈대는 문의 겹수와 여닫이의 울거미 두께에 맞추어 계획된다. 요즘은 덧홈대에 레일을 설치하거나 행어도어로 처리한다. 덧홈대는 내부마감에 크게 영향을 미치므로 내부 덧홈대를 노출시키는 방법에 대해서도 신중하게 검토할 필요가 있다.

미닫이는 문짝들이 서로 스치듯이 움직인다. 미닫이문의 두 울거미 사이의 간격은 가까울수록 좋다. 울거미 사이가 넓으면 그 틈으로 바람이 통하고 모기와 같은 작은 벌레들이 드나들 수 있다. 하지만 간격이 가까워도 그만큼 미닫이문이 서로 스치면서 문제도 많이 발생한다. 가장 좋은 미닫이문은, 너무 당연한 얘기지만, 문제가 생기지 않는 범위 내에서 문짝들을 서로 가장 가깝게 설치하는 것이다. 요즘 보급되는 창호를 보면 서로 스치는 부분에 털솔을 달아 미닫이와 미닫이 사이의 문제를 해결하고 있다. 한옥 창호에서도 어떤 방법이든 미닫이 사이의 문제를 해결하기 위한 조치가 필요하다.

4 창호철물

I 돌쩌귀

여닫이문을 열고 닫는 데는 철물이 필요하다. 여닫이문의 문틀과 문짝에 고정해서 열고 닫을 수 있게 만든 철물을 경첩이라고 한다. 경첩은 두 개의 철판이 하나는 문틀에, 다른 하나는 문짝에 고정되어 가운데 작은 기둥 철을 두고 연결된다. 경첩을 현대식 철물로 생각하는 사람들이 많은데, 경첩은 사실 삼국시대부터 사용된 장치다. 예전부터 가구나 병풍 등에 정교하게 만들어진 경첩을 사용해왔다.

경첩은 겉경첩, 숨은경첩, 돌쩌귀형 경첩으로 나눌 수 있다. 돌쩌귀는 경첩의 한 종류로 볼 수 있지만, 일반적으로 경첩은 암수가 서로 분리되지 않는 형태를 말할 때가 많다. 돌쩌귀는 암수 두 개가 짝을 이룬다. 수톨쩌귀는 문짝에 박고, 암톨쩌귀는 문설주에 박아 서로 맞춰서 설치한다. 문짝은 떼어서 창호지를 발라야 하기 때문에 분해와 조립이 쉽도록 암짝과 수짝으로 만들어진 것이다. 문설주에 고정된 것이 암톨쩌귀이고, 문짝에 박아서 뺐다 끼웠다 할 수 있게 한 것이 수톨쩌귀다.

돌쩌귀 화성 화령전

예전에는 돌쩌귀를 문설주와 문울거미에 박아 넣었다. 목재에 철물을 박으면 당장은 단단하게 박힌 것 같아도 시간이 지나면 목재가 건조하면서 헐거워진다. 돌쩌귀를 고정하는 부분은, 오늘날 경첩을 달듯이 나사못을 박아 넣는 방식으로 만들기도 한다. 나사못을 사용하는 것은 전통적인 돌쩌귀 고정 방식은 아니지만 사실 이렇게 처리하는 것이 더 단단하다.

삼배목

들어서 걸도록 만들어진 한옥 문짝은 삼배목三排目에 비녀장을 채운다. 삼배목은 배목 세 개를 연이어 박은 것인데, 배목은 문걸이를 걸거나 자물쇠를 채우기 위해 둥그렇게 구부려 만든 고리다. 배목 두 개는 문틀에 박고 나머지 하나는 문짝에 박아 비녀장을 채운 것이 한 벌이 된다.

들문에 돌쩌귀를 박지 않고 삼배목을 박는 것은 문짝의 무게 때문에 암톨쩌귀가 쉽게 구부러질 수 있기 때문이다. 돌쩌귀가 수직으로 설치되면 문제가 없지만 수평이면 무게 균형이 맞지 않는다. 삼배목은 이런 불균형을 배목 세 개로 간단히 해결한 것이다. 삼배목 또한 비녀장을 빼고 문짝을 떼어서 창호지를 바르기 쉽게 만들어졌다.

걸쇠

들문을 달면, 문을 고정할 걸쇠도 함께 설치해야 한다. 걸쇠에는 두 가지 방식이 있다. 하나는 원형이나 네모난 고리에 목재를 끼워 문짝이 걸리도록 만든 것이고, 다른 하나는 끝을 말발굽이나 갈고리 모양으로 만들어서 문이 걸리도록 한 것이다. 문이 수평이 되게 걸리는 높이에 따라 천

01·02 **삼배목** 부여 민칠식가옥·논산 윤증고택   03·04 **걸쇠** 창덕궁 낙선재 석복헌·아산 맹사성고택

장에서부터 고리 길이를 맞추어 단다.

문고리

문짝을 열고 닫으려면 손잡이가 있어야 하고, 필요할 경우에는 밖에서 잠그기도 해야 한다. 문고리와 배목은 한 쌍을 이루어 이러한 구실을 하는데, 문짝의 규모에 따라 크기별로 만들어진다. 배목과 문고리도 돌쩌귀를 고정할 때와 비슷해서 목재가 마를수록 헐거워진다. 때문에 문고리와 배목은 문울거미를 관통시킨 다음 끝을 구부린다. 그러면 헐거워지거나 빠질 일은 없다. 구부린 부분을 가리기 위해, 꽃무늬를 새겨 만든 장식 철판인 국화쇠(괏쇠) 같은 것으로 장식하기도 한다.

문고리와 배목과 국화쇠는 함께 설치된다. 가장 일반적인 모양은 배

01 문고리·배목·국화쇠 부여 민칠식가옥   02·03·04·05 문고리 서산 김기현가옥·동구릉 수릉·동구릉·윤증고택
06·07 사슬고리 아산 맹사성고택·강화 학사재

목에 둥근 고리를 단 것이지만 네모난 것부터 땅콩 모양까지 다양하게 만들어진다.

사슬고리

사슬고리는 문고리와 거의 비슷해서 잘 구분하지 않지만, 기능은 조금 다르다. 문고리가 같은 평면에 배목을 박고 그 배목에 고리가 바로 달리는 것이라면, 사슬고리는 배목에 사슬을 하나 더 끼워 넣은 것이다. 사슬고리가 필요한 이유는, 424쪽 6·7번 사진처럼 다른 면에 배목이 박힐 때 사용하기 위해서이다. 사슬고리는 주로 내부에서의 잠금장치로 사용된다. 창호가 여러 겹으로 구성될 때는 속 미닫이문이 배목에 걸리는 예가 많다. 이런 경우에는 고리 모양으로 나무를 파내고 배목을 박아야 한다.

기타 창호철물

문고리·사슬고리·국화쇠·돌쩌귀·삼배목·걸쇠 외에도 창호에는 많은 철물장치가 사용된다. 문이 멈추어야 하는 자리에 박는 '원산'遠山과, 안팎에서 문을 잠그기 위한 다양한 잠금장치들이 있다.

01 **원산** 문이 넘어가지 않도록 막아주는 장치다. 02 **재래식 한옥의 잠금장치** 03·04 **창호 철물** 낙선재

한옥 문을 더 원활하게 움직이게 하면서 단단하게 고정하려면, 기능과 디자인이 뛰어난 철물장치를 계속 개발할 필요가 있다. 재료 면에서도 녹이 잘 스는 철만을 고집할 일은 아니다. 황동이나 스테인리스처럼 녹이 안 스는 재료들이 있는데, 철을 두드려 재래식으로 만든 것만을 한옥 철물이라 우길 필요는 없다. 창덕궁 낙선재와 같이 조선시대부터 최근까지 실제 주거공간이었던 곳을 보면 창호철물에 대해 매우 자유로우면서도, 어떻게 만들면 한옥에 어울릴까를 고민한 흔적들을 발견할 수 있다.

5 창호공사의 검토와 진행

한옥은 거의 사방에 문과 창이 있는 만큼 창호의 비중이 높다. 창호공사는 그만큼 중요하면서도 까다로운 공정에 속하는데, 그 이유는 문틀과 문짝 때문이다.

▎문틀과 문짝 계획

한옥을 지을 때 수장재는 대목이 드린다. 그리고 한옥 창호의 문틀은 수장재에 속한다. 앞서도 말했듯이, 대목이 문틀을 드리면 소목이 거기에 맞추어 문짝을 만들어 단다. 이런 작업은 얼핏 생각해도 문제가 생길 소지가 높고, 책임 소재도 불분명하다. 문틀과 문짝 가릴 것 없이 모두 한 군데 업체에서 도맡아 하는 현대식 건물의 공사와 비교하면 이상해 보일 수도 있다. 그렇다고 소목에게 수장재를 드리라고 할 수도 없고 대목에게 문짝을 짜라고 할 수도 없으니 난감한 일이다. 결국 대목과 소목 사이에 생길 수 있는 문제들은 현장소장이 꼼꼼하게 검토하고 계획해서 진행하는 수밖에 없다. 이런 창호공사의 진행 부분에서도 현장소장의 능력을 가늠해볼 수 있다. 현장소장은 대목들이 수장을 드리기 전에 창호와 관련된 모든 내용에 대한 검토를 완료해야 한다. 그래야 대목들이 수장 드리는 데 아무런 문제가 없다. 이때 현장소장이 검토해야 할 것은 창호의 살모양 같은 세세한 것들이 아니라 문의 겹수와 크기, 울거미 두께와 그에 따른 문받이턱 처리 같은 문틀 관련 사항들이다.

창호표 정리

창호공사를 검토하는 데 일관성 있게 정리된 표가 필요하다. 창호 관련 사항을 검토하고 정리하기 위해 만든 표를 창호표라 한다. 창호표는 설계도면에 반드시 포함되지만 현장에서 따로 정리할 필요가 있다.

○○현장 안채 창호표

명칭	규격과 위치	세부	모양	수량	비고
WD/1	규격: 3,150×1,800 4분합 들문 (실측 후 검토) 위치: 안방-대청 사이	불발기 영창 덧홈대 갑창	8각 불발기 용자살 홈 2개 없음	4 4 1 -	도면 참조 궁판 넣지 말 것 선대 포함 문틀 1조 -
WD/2	규격: 1,020×1,800 (실측 후 검토) 위치: 건너방에서 마당 쪽	덧창 사창 영창 덧홈대 갑창	띠살 용자살+방충망 용자살 홈 2개 (현장 설치)	2 2 2 1 -	창호 나누기 검토 선대 없이 위아래 홈대만 속벽과 같이 고정식으로 처리
......					
WW/1	규격: 1,020×1,500 (실측 후 검토) 위치: 안방 남측 　　　건넌방 남측	덧창 사창 영창 덧홈대 갑창	띠살 용자살+방충망 용자살 홈 2개 (현장 설치)	4 4 4 2 -	

창호표의 예

창호지 계획 창덕궁 낙선재 석복헌·아름지기 사옥

창호표를 만들 때 특별한 양식이 있는 것은 아니다. 창호를 빠짐없이 나열하고, 규격과 세부사항 등을 꼼꼼하게 점검할 수 있게 정리하면 된다. 스케치나 도면이 필요한 부분은 따로 그려서 창호표에 첨부하면 좋다. 창호표를 만드는 것도 습관이라서, 이렇게 정리하는 습관을 들여야 작업과정에서 발생할 수 있는 문제들을 줄일 수 있다.

창호지 바르기 계획

창호를 계획할 때는 창호지 바르기도 같이 검토해야 한다. 특히 마구리 처리를 어떻게 할지, 궁판(문 아랫부분에 끼워 댄 나무판)을 넣는 것이 합당한지 하는 문제들이 관건이 된다. 모든 문짝이 내부 인테리어와 일관성을 유지하는지 확인하고, 문이 열리는 방식을 살피면서 노출되는 부분을 검토하면 그리 복잡하지 않은 문제다. 그러나 몇 가지 확신이 안 서는 문제들도 있다. 가령 석복헌 대청에 있는 분합分閤의 경우, 문짝 아래쪽의 마구리를 싸 발라야 하는지 아닌지 판단하기 어렵다. 걸려 있는 모양을 봐서는 싸 발라야 할 것 같은데, 한쪽 여닫이가 열고 닫히면서 쓸리고 찢어질 것이 예상되어 실제로는 바르지 않은 듯하다. 원칙이 있다기보다는 상황에 따라 적절히 판단해서 작업하는 것이 바람직하다.

Special Box

창호의 제작과정

❶ 목재는 노천에서 오랜 시간 비를 맞히면서 숨을 죽인다. ❷ 숨을 죽인 목재는 실내에서 충분히 건조시킨다.

❸ 울거미와 문살의 형태에 맞추어 단면 모양을 만든다. ❹ 문의 크기와 종류에 맞게 울거미와 문살을 마름질한다.

 ❺ 문살 모양에 맞추어 바심질한다.

 ❻ 종류별로 섞이지 않도록 밴딩해서 보관한다.

 ❼ 문살을 종류별로 조립한다.

 ❽ 문살과 문울거미를 조립한다.

 ❾ 문짝을 위치와 종류별로 현장에 반입하고 분류한다.

 ❿ 현장 문얼굴에 맞추어 세부 치수를 조정하고 돌쩌귀 등을 사용해 문을 단다.

• 마감

제 13 부
마 감 공 사

일반 건축공사에서 마감공사는 수장공사로 통칭된다. 그러나 한옥을 짓는 경우에도 이렇게 부른다면 목공사에서 수장 드리는 일과 혼동될 우려가 있다. 그래서 한옥에서는 마감공사라고 지칭하는 것이 혼란을 줄일 수 있다. 한옥 공사에서는 마감공사를 분명하게 구분하기가 쉽지 않다. 외부로 노출되는 마감면을 정리하고 꾸미는 작업을 마감공사라 한다면, 한옥에서는 목부재와 미장면 대부분이 노출되기 때문이다. 이쯤 되면 거의 모든 공정이 마감공사라고 해도 과언이 아닐 것이다. 그래서인지 한옥 공사에서는 마감공정에 대한 개념이 다른 건축에서보다 다소 약한 듯하다. 하지만 최종 마감에 대한 세밀한 검토는 집 짓는 사람에게 무엇보다 중요하다.

한옥에서 순수한 마감공사라고 할 수 있는 것은 칠공사와 도배공사 정도다. 이 외에도 마감과 관련된 많은 공정이 있지만 이는 일반 건축공사와 중첩되는 내용이다. 한옥에서 기름칠과 도배는 마감의 품질을 좌우하는 중요한 공정이다. 하지만 현장에서는 칠공사와 도배공사를 그렇게 중요하게 인식하지 않는 경향이 있다. 목부재의 가공 등을 제외한다면, 사실 내부 전체에서 칠공사와 도배공사가 진행된다고 볼 수 있다. 그런 만큼 칠공사와 도배공사를 잘하기 위해서는 어떤 사항들을 고려해야 하는지 신중하게 고민해 볼 필요가 있다.

집 짓는 공정의 대부분은 순차적으로 진행되고, 일에 대한 접근도 순차적이다. 하지만 마감공사에 임박하면, 전체 공사에 대해 마감에서부터 역순으로 접근하는 사고방식에 익숙해질 필요가 있다. 왜냐하면 마감공사 계획은 최종적인 마감면에서 시작해, 마감재의 두께를 고려하면서 거꾸로 짚어가며 이루어지기 때문이다. 여기에서 '마감공사에 임박하면'이라는 말을 어떻게 이해하면 좋을까? 사실은 마감공사에 임해서 역순으로 사고를 진행시켜야 할 시점은 마감공사가 임박한 때가 아니다. 공사가 진행되는 전 공정에서 이미 마감을 고려하면서 작업이 진행되어야 한다.

여기에서는 한옥 특유의 마감공정인 기름칠과 한지 도배에 대해 알아본다.

1 실마감표

마감공사

마감을 검토하는 데 가장 기본이 되는 도구는 실마감표다. 대부분의 설계도면에는 이런 종류의 표가 첨부되어 있다. 하지만 그렇다 하더라도 현장에서 실마감표를 다시 만드는 것이 좋다. 실마감표의 중요성은, 이미 전체적으로 작성된 마감표를 확인하면서 작업을 진행할 수 있기 때문

실명	구분	마감	문제점 / check
안방	바닥	필름지 2겹+바닥채움 THK450 단열판 THK50 온수파이프+바닥미장 종이장판 3겹	
	벽	외 엮고 회벽 바르기 목조 프레임(단열재 끼워 넣기) 석고보드 9.5mm 2P 한지 바르기 5회(초배1, 재배2, 정배2)	
	천장	목조 천장틀 석고보드 9.5mm 2P 한지 바르기 5회(초배1, 재배2, 정배2)	
	개구부	대청 쪽/ 미장벽에 한지 바르기 5회/ 마당 쪽 창문	

실마감표의 예

에 일이 수월하다는 점뿐만 아니라 실마감표를 만드는 과정에서 설계상 마감의 오류를 대부분 찾아낼 수 있다는 점이다.

　마감공사라고 하면 집을 예쁘게 꾸미고 깔끔하게 마무리하는 작업 정도로 생각하기 쉽지만, 엔지니어는 마감공사를 조금 다르게 인식할 필요가 있다. 마감공사가 어려운 것은 재료들의 두께와 바탕 처리가 모두 다르고 복잡하기 때문이다. 어떤 경우에는 재료끼리의 관계도 매우 중요하다. 개구부를 중심으로 마감 바탕의 처리를 계산하고 전체를 검토하는 이 작업을 성격이 급한 사람은 꼼꼼히 하지 않고 대충 넘어가기도 한다.

　실마감표를 작성할 때는 각 부분별 상세도를 그리는 것이 바람직하다. 실마감표는 바닥, 벽, 천장, 각 개구부 단부, 걸레받이(장판방을 걸레질할 때, 벽의 굽도리가 더러워지거나 찢어지지 않게 하기 위해 굽도리 밑으로 좁게 돌려 바르는 기름 먹인 장판지) 등을 열거하고, 마감과 관계된 내용을 하나하나 검토할 수 있게 작성한다. 특별히 어떤 형식으로 만들어야 한다는 규정은 없지만, 앞의 예시 표와 같이 구분해서 작성하면 알아보기 쉽다.

2 기름칠

나무로 짓는 한옥에서 칠공사는 중요한 마감공사 중의 하나다. 일반적인 건축에서 마감으로 칠을 하는 것을 '도장공사'라 하지만, 한옥에서는 기름칠 외에 다른 칠을 하지 않는 것이 좋다. 그런 만큼 한옥에서는 포괄적으로 도장공사라고 하기보다는 구체적으로 기름칠이라 부르는 것이 나을 듯하다.

▎기름칠의 목적

기름칠을 하면 목재의 나뭇결이 선명하게 살아나서 보기에 좋다. 나무로 지은 집, 특히 한옥에는 기름칠을 해주어야 그 운치를 더할 수 있다. 물론 보기에 좋다는 한 가지 이유만으로 기름칠을 하는 것은 아닐 것이다. 그렇다면 한옥에 기름칠을 하면 어떤 효과가 더 있을까? 언뜻 떠오르는 것은 목재의 수명 연장 효과에 대한 기대다. 바싹 마른 목재에 기름이 침투해 영양을 공급하면서 수명을 늘린다고 볼 수도 있고, 또 기름이 목재 표면에 도막塗膜(물체의 표면에 칠한 도료의 얇은 층이 건조·고화·밀착되면서 피막이 된 것)을 형성함으로써 목질이 공기와 직접적으로 접촉하는 것을 차단해서 목재의 부식을 늦춘다고 볼 수도 있다. 자료를 찾아봐도 마땅한 근거자료를 찾지 못해서, 국립산림과학원(http://www.kfri.go.kr)에 질의해보았다. 목재 표면에, 특히 오래되어 바싹 마른 목조 문화재에 기름칠을 하면 목재의 내구성이 좋아지고 수명이 늘어나는지에 대한 질문이었다. 조금 길더라도, 산림과학원에서 받은 답변의 전문을 인용하면 다음과 같다.

과거 조상들이 목재에 들기름, 생감칠 등의 천연유지를 먹였음에도 불구하고, 목재와 유지 처리에 관련된 세부적인 문헌 또는 보고 내용이 아직 없는 점 저 자신도 매우 안타깝게 생각합니다. 천연유지 처리는 최근에 많이 사용되고 있는 발수제(시중에서 스테인 또는 오일스테인이라고 함)에서 볼 수 있습니다. 발수제의 종류가 매우 다양하고 성분도 용도에 따라 다르기 때문에 한 마디로 요약해 말씀드릴 수는 없습니다. 그러나 천연유지계의 아마인유, 동유, 피마자유, 해바라기씨유 등이 사용되고, 이들은 소량의 파라핀, 왁스, 송지, 볼밀 등과 혼합하여 사용되고 있습니다. 또한 기능성을 높이기 위하여 살균제, 자외선 차단제, 흰개미방지제, 방충제 등과 혼합하여 사용하기도 합니다.

목재에 사용되는 유지는 매우 다양한 성분이 다양한 용도로 사용됩니다만, 기본적으로는 외부로부터 목재 내부로 수분의 침투를 억제해주고, 목재 내부에서 밖으로의 수분 이동은 쉽도록 해주는 발수기능을 갖고 있습니다. 유지가 목재에 침투하여 산화되면 소수 상태로 변환되며 수분의 침투를 억제하고 자외선 등을 차단하는 기능을 이용한 것입니다. 그러나 모든 유지가 이러한 기능으로 변환되지는 않습니다. 유지는 동물의 에너지원 또는 단백질원으로도 이용되기 때문에 유지처리로 인하여 목재해충이나 변색균, 표면오염균 또는 목재부후균이 더 많이 증식되는 경우도 있기 때문입니다.

문화재의 경우, 내구성의 향상도 중요하지만 화재에 대한 예방도 필요하며 또 단청이 잘 올라가야 한다는 점도 중요하다고 생각합니다. 목재의 표면처리(도포, 순간침지, 분무)로는 유지 또는 약재가 목재의 표면으로부터 1mm

도 침투하기 어렵습니다. 장기적이고 항구적인 내구성을 유지하기 위해서 유지 등의 표면처리로는, 그 기능이 아무리 우수한 유지라도 한시적인 수단이 될 수밖에 없다고 생각합니다. 원형을 살려야 한다는 어려움도 있겠지만, 목재가 열화하기 쉬운 부재는 건축물에서 한정되어 있습니다. 또 그러한 피해는 동일한 환경에서 반복적으로 발생하고 있다는 점을 감안하여 기본적인 목재 또는 문화재 보존 대책이 필요하다고 사료됩니다.

· 산림청 국립산림과학원 임산공학부 환경소재공학과

답변은, 기름이 목재에 깊이 침투해 목재의 수명을 늘리는 것은 아니라는 결론이다. 도포나 순간침지瞬間沈漬(염색액에 순간적으로 담가서 염색하는 방법), 분무 방식으로는 기름이 목재 표면에서 1mm도 침투하기 어렵다는 것이 정설이다. 결국 도막을 형성하는 것 외에 다른 효과를 기대할 수는 없을 듯하다. 천연기름칠이 좋기만 한 것은 아니라는 내용도 보인다. 유지는 동물의 에너지원으로 이용되기 때문에 벌레나 곰팡이균을 더 많이 증식시킬 수도 있다. 결론적으로, 우리가 한옥에서 기름칠의 재료로 사용할 수 있는 것 중에는 아마인유亞麻仁油를 가공해서 상품화한 도료들이 가장 좋다고 볼 수 있다.

다시 원점으로 돌아가보자. 목재로 지은 한옥에서 마감칠용 기름에 요구되는 기능은 속건성速乾性, 방수, 발수拔水, 방충, 살균, 자외선 차단 등이다. 그래서 만들어진 목재용 도료가 '오일스테인' 종류다. 하지만 경험상 오일스테인이 그렇게 좋기만 한 도료는 아닌 것 같다. 살균과 방충 효과가 있다는 것은 그만큼 독한 약품이라는 뜻이다. 인체에 유해할 수도 있기 때문에 내부에 바르기는 조심스럽다. 그런 만큼 외부용 도료와 내부용 도료를 분리해서 생각해볼 필요가 있다. 내부용 도료에 요구되는 기능으로는 속건성과 친환경성이 있다. 방수, 발수, 자외선 차단 기능 등은 내부용 도료에는 없어도 무방하다. 대신 사람이 맨몸으로 비벼도 좋을 만큼 인체에 무해한 것이어야 한다.

기름칠의 시기

기름칠은 최대한 시간을 두고 목재가 마른 다음에 하는 것이 좋다. 목재가 충분히 마르지 않은 상태에서 목재 표면에 도막이 형성되면 습기가 빠져나가지 못해서 문제가 생긴다. 서유구도 『임원경제지』에서 중국의 서적을 인용하며 집이 완성되고 어느 정도 기다렸다가 기름칠을 한다고 소개하고 있다.

> 집을 지어 완성한 다음에 반달이나 한 달 정도 기다렸다가 기름칠을 하는 것이 좋다. 그렇게 하지 않으면 습기가 목재 안에 가두어져 밖으로 빠져나갈 수 없어서 반드시 손상을 쉽게 당할 우려가 있다.
>
> · 『다능집』多能集
> (서유구, 안대회 엮어옮김, 『산수간에 집을 짓고: 임원경제지에 담긴 옛사람의 집짓는 법』, 돌베개, 2005, 326쪽)

물론 실제 공사현장에서는 집 짓는 일이 이처럼 시간을 넉넉히 두고 진행되지는 않는다. 가능한 범위 내에서 시간을 두고 기름칠을 하는 것이 바람직하다. 치목이 끝났을 때, 바심질한 결구 부분과 부재 마구리에 먼저 초벌 기름칠을 해두는 것도 좋은 방법이다.

기름의 종류

• **들기름**

한옥을 칠하는 도료로는 주로 들기름을 사용한다고 알려져 있다. 대부분의 한옥 관련 책을 봐도 들기름을 칠하라고 권한다. 생들기름을 칠하면 소나무의 발색이 발그스름해서 더 보기 좋다고 한다. 『아름지기의 한옥 짓는 이야기』(정민자, 랜덤하우스, 2003)를 보면 들기름과 콩물을 섞어서 칠하는 방법을 아주 자세하게 설명하고 있다. 이는 저자가 30년 이상 한옥에 살면서 터득한 방법인 만큼 신뢰할 만하다.

그렇다면 들기름이 도대체 어떤 기름이기에 모든 한옥 관련 책에서 들기름을 권할까? 단순히 선조들이 들기름을 칠했기 때문일까? 구하기 쉬운 참기름이나 포도씨유, 올리브유 같은 기름을 쓰면 안 될까? 답을 먼저 이야기하면, 안 된다이다. '비싼 참기름을 바르면 더 좋지 않을까' 하는 생각이 들기도 하지만 참기름칠을 해서는 절대로 안 된다. 이는 기름의 '건조성'과 관련 있는 내용으로 기름칠 작업에서 반드시 이해하고 넘어가야 한다.

기름은 상온(20~25℃)에서 액체 상태로 존재하는, 물보다 가볍고 물에 용해되지 않으며 점성과 가연성이 있는 물질이다. 상온에서 고체 상태로 존재하면 '지방'이라고 하고, '기름'과 '지방'을 합쳐서 '유지' 油脂라 한다. 유지는 건조하는 성질에 따라 건성유·반건성유·불건성유로 나뉜다. 유지는 공기 중에서 산소를 흡수해 산화·중합·축합을 일으킴으로써 차차 점성이 증가하고 마침내 고체로 변한다. 유지 건조성의 강약은 유지의 구조식에 포함되는 이중결합의 수에 비례하는데, 유지에 흡수되는 요오드의 그램 수를 측정해서 알 수 있다. 이 값을 요오드값이라고 한다. 요오드값에 의해 유지의 건조성을 예상할 수 있다.

구분			요오드값	주요 용도
기름	식물성	건성유 들기름	193~203	페인트, 니스, 인쇄용 잉크
		아마인유	175~205	페인트, 니스, 인쇄용 잉크
		오동유	160~175	페인트, 니스
		콩기름	125~140	식품, 페인트, 약품
		반건성유 면실유	100~116	식품, 비누
		옥수수기름	115~130	식품
		유채기름	94~102	식품, 윤활유
		참기름	103~118	식품, 비누
		불건성유 아몬드유	93~100	향료, 의약품, 식품
		올리브유	75~95	식품, 비누, 윤활유, 약품
		피마자유	80~90	의약품, 윤활유, 약품
	동물성	고래기름	110~150	비누, 가죽 무두질용, 윤활유
		대구간유	120~180	비타민, 가죽 무두질용
		정어리기름	170~190	가죽 무두질용, 페인트, 식품
		청어기름	120~145	가죽 무두질용, 페인트, 식품
지방	식물성	야자지방	8~10	식품, 비누, 약품
		카카오지방	32~41	초콜릿, 의약품, 향유
		팜유	50~60	비누, 양철공업
	동물성	골지	46~56	비누
		돼지기름	45~75	식품, 비누, 의약품, 약품
		소기름	30~45	식품, 비누

유지의 종류·요오드값·용도

표에 따르면, 요오드값이 가장 높은 것은 들기름이다. 들기름을 백과사전에서 찾아보면 '들깨속Perilla에 속하는 아시아산 꿀풀과 식물의 씨에서 얻는 건성유乾性油이며, 합성수지와 함께 니스제製를 만드는 데 쓰이고, 아마인유보다 건조시간이 짧고 피막도 더 단단하여 페인트와 니스

산업에서 가장 많이 쓰이고 있으며, 인쇄용 잉크와 리놀륨을 만드는 데도 중요하게 쓰인다'고 설명되어 있다. 우리나라에서는 들기름을 식용으로도 쓰는데, 들기름의 용도는 우리가 일반적으로 생각하는 것보다 훨씬 광범위하다. 더 중요한 것은 들기름이 자연산 기름 중에서는 요오드값이 가장 높다는 점이다. 다시 말해, 들기름은 가장 빨리 도막을 형성한다. 들기름과 비슷한 종류로 인식되는 참기름은 요오드값이 훨씬 낮다. 참기름은 반건성유로 분류된다. 따라서 한옥에 참기름을 바르면, 건조해 도막을 형성하기도 전에 먼지가 달라붙어 엉망이 될 것이다. 올리브유는 요오드값이 더 낮아서 건조 자체가 불가능하다. 이런 기름을 목재에 바르면 끈적거리는 느낌 그대로 아무리 시간이 흘러도 건조되지 않는다.

- 아마인유

앞의 표를 보면, 들기름에 필적할 만한 건조성을 지닌 기름이 바로 아마인유다. '아마인유'라는 이름은 생소하지만, 유화를 그릴 때 쓰는 '린시드 오일'이라고 하면 들어본 적이 있을 것이다. 아마인유亞麻仁油는 영어로 린시드 오일linseed oil이라고 하며, 유화물감을 건조시키고 광택을 내

오일스테인

기 위해 사용한다. 시중에서 팔리는 목재 도장용 기름은 대부분 이 아마인유를 기반으로 한 제품이다. 페인트 가게에서 쉽게 구할 수 있는 오일스테인이나 본덱스 같은 제품은 아마인유에 건조 기능을 향상시키고 항균·방습·발수·자외선 차단의 효과가 있는 기능성 첨가물과 안료를 배합해서 만든 제품이다. 세계적으로 유통되는 목재용 기름의 기본이 되는 재료가 아마인유이기도 하다.

그런데 들기름을 기반으로 기능성 첨가물을 배합한 제품은 별로 없는 것 같다. 들기름의 생산단가가 비싸서인지, 아니면 세계적으로 생산되는 지역이 한정되어서인지는 알 수 없다. 같은 값이라면 들기름을 기반으로 한 제품을 한옥에 칠하고 싶다는 것이 개인적인 바람이다.

• 송유

『임원경제지』를 보면 한옥 목재에 칠하는 기름에 대한 내용이 언급되어 있다.(서유구, 안대회 엮어옮김, 위의 책, 326쪽) '송유'松油(pine oil)를 바르고 잘 문지르라고 권하는 내용이다. 송유는 말 그대로 '소나무 기름'이다. 정말 그럴듯한 얘기다. 일반적으로 한옥은 소나무로 짓는 경우가 많은 만큼, 소나무에 소나무 기름을 바르는 것이 제일 좋다는 데 이의를 제기할 이유는 없다.

사전을 찾아보면 송유는 '소나무에서 얻어지는 액체 상태의 정유精油로 고무·수지 등의 용제로 사용되고, 살균효과가 있어서 의약용 일반 소독약의 주성분으로 쓰인다'고 설명되어 있다. 송유는 생각보다 폭넓게 사용된다. 의학용 소독약의 주성분으로 쓰인다고 했으니 인체에도 해가 없을 것이다. 그런데 우리가 이 송유를 일상생활에서 구할 수가 있을까? 구하기 쉬운 송유가 있다. 화방에 가면 테레빈유라는 것을 파는데 이 기름이 송유다. 가격도 매우 싼 편이지만, 아직 한옥 지으면서 테레빈유를

칠해 본 적은 없다. 자료를 더 찾아보면, 송유는 요오드값이 360~375 정도이고, 건성유가 아니라 휘발성 기름이라고 나온다. 휘발성 기름이란 말 그대로 다 휘발되어 도막은 거의 형성되지 않는 기름이다. 유화를 그릴 때 린시드오일을 사용하면서 속건성이 필요할 때마다 테레빈유를 적당히 섞는다는 것을 생각해보면, 날씨에 따라 린시드오일이나 들기름에 섞어서 사용할 수 있을 것으로 보인다.

▎기름칠 전 목재면의 바탕 처리

모든 도장작업에서는 먼저 바탕면을 정리해야 한다. 본격적인 기름칠보다 사포질이 더 힘이 드는 작업이다. 특히 목재로 짓는 한옥에서는 사포질이 무엇보다 중요하다. 치목이 끝나고 손대패로 가심하고 나면 목재면은 매우 깨끗한 상태가 된다. 하지만 목재를 조립하는 과정에서 어쩔 수 없이 때가 타게 된다. 미장을 하면서도 흙물이 흐르는 등의 오염은 거의 피할 수 없는 일이다. 건조과정에서 송진이 흐르기도 하는데, 이런 것도 사포로 깔끔하게 밀어내지 않으면 칠을 해도 얼룩덜룩해진다.

이런저런 이유로 얼룩진 목재 표면은 기름칠을 하기 전에 전체적으로 사포질을 해야 한다. 요즘은 사포질을 하는 전동 연장이 있어서 그나

사포질(미장면 보양)(©황준원)

사포질(©황준원)

사포질과 기름칠(ⓒ황준원)

마 힘이 덜 드는 편이다. 사포질을 잘할 수 있는 특별한 비법은 없다. 정성 들여 꼼꼼하게 하는 것이 중요하다.

기름칠의 방법

기름칠은 2~3회 반복해서 한다. 색을 섞어 칠할 때는 목질에 따라 착색이 다르기 때문에 주의해야 한다. 사실 기름칠을 하는 특별한 방법이 있는 것은 아니다. 바탕면을 꼼꼼하게 사포질하고, 몇 회에 나누어 정성 들여 칠하면 된다. 시중에 있는 오일스테인 종류는 건조 속도가 빨라서 특별한 주의를 요하지는 않는다. 그런데 들기름칠을 한다면 주의해야 할 것이 있다. 들기름을 칠한 것으로 보이는 살림집 목조 문화재를 보면, 기름 찌꺼기 같은 것이 묻어 있는 듯한 느낌이 들 때가 많다. 들기름이 빨리 마르기는 해도 페인트처럼 몇 시간 내에 마르지는 않는다. 목재에 기름을 바른 후 닦아내는 작업을 하지 않고 방치하면 표면에 먼지가 끼고 끈적끈적한 느낌이 든다. 번쩍번쩍 광을 낼 필요는 없지만 어느 정도는 정성을 들여 닦아야 한다.

3 도배지와 장판지 바르기

| 한옥에서 추구하는 실내마감

한옥 부재로 쓰기에 적격인 양질의 소나무는 그 자체가 비싸기도 하지만 이를 가공하고 조립하는 인건비 또한 많이 든다. 기와지붕 역시 비용도 적지 않고, 흙으로 하는 미장도 품이 많이 든다. 때문에 한옥은 엄청나게 비싼 집이 되어버렸다. 이렇게 많은 비용을 들여서 한옥을 지으면, 집 내부도 목부재가 다 드러나도록 만들고 싶은 욕구가 생기는가 보다. 그래서 요즘은 도배를 할 때도 내부 기둥이나 수장재 같은 목부재를 노출시켜주기를 주문하는 집주인이 많다.

한옥 내부 부재를 노출한 후 도배하는 것이 요즘의 대세라지만, 개인적으로는 조금 아쉽다. 부재가 모두 노출된 방에서 오래 살다보면 어딘지 모르게 산만하다고 느끼게 된다. 여러 가지 생활집기들을 들여놓아야 하는데 그 산만한 내부를 정리하기란 쉽지 않다.

조선시대에 지은 고급 한옥을 보면, 의외로 '모던'한 느낌이 든다. 사대부들이 추구하던 내부 인테리어의 면모를 쉽게 확인할 수 있다. 내부마감은 집주인의 취향 문제이지만, 조선시대 전통적인 고급 한옥에서는 어떤 인테리어를 추구했는지 알아둘 필요가 있다. 조선시대 고급 한옥의 방을 보면 벽과 천장을 한지로 도배하고 바닥에는 장판지를 깔았다. 문틀이나 문짝 울거미의 마구리 부분까지 상황에 따라 모두 깔끔하

01 성준경가옥 부속채의 도배 02 석복헌의 도배
03 경복궁 천추전 내부 방에 가구와 생활도구가 들어가면 그 자체로 어수선해지기 쉽다.
04 창덕궁 연경당 선향재 내부 05 경복궁 교태전 내부

게 싸 바르기도 했다. 문틀 부분은 5푼 정도 노출시켜서 선을 강조하거나, 도듬문 울거미가 노출되는 정도다. 선비의 방이라는 느낌이 물씬 풍기도록, 간결하고 정갈하게 실내를 꾸민 것이다. 절제되고 품격 높은 디자인이다. 한옥의 내부가 추구하는 궁극의 목표는 이런 것이라고 생각한다.

| 도배하기

• 도배 전 벽 바탕처리

종이로 도배하려면 벽이 평평해야 한다. 내부를 미장할 때는 수장재의 마감면에 맞춰 작업한다. 미장한 벽에 바로 도배를 하면 미장면의 굴곡이 드러나기 쉽다. 아무래도 미장면은 완전한 평면이기가 어려운 만큼 초배나 재배에서 도배지의 가장자리에만 풀칠을 하는 공간 바르기를 하는 경우가 많다. 수장재와 흙벽이 벌어지면서 틈이 생기기도 하는데, 그곳으로 황소바람이 들락거린다. 살림집의 심벽 두께는 3치(90mm) 정도이기 때문에 단열에 심각한 문제가 있을 수밖에 없다. 이러한 문제는 예나 지금이나 마찬가지였던 것으로 보인다. 『임원경제지』에는 이 문제를 보완하기 위해 방 내부에 벽을 한 번 더 만드는 방법이 제시되어 있다.

> 창의 좌우와 윗벽에는 나무널을 빽빽하게 배열하여 벽을 만든다. 그 내부에는 가로세로로 격자살을 만들고, 그 위를 요즘의 장지 만드는 법처럼 두꺼운 종이로 바르면 바람을 피하고 습기를 없애는 데 흙벽보다 훨씬 낫다.
> • 『금화경독기』金華耕讀記(서유구, 안대회 엮어옮김, 위의 책, 227쪽)

벽은 판벽으로 하고, 내부에 장지문의 문살 같은 격자살을 설치하고 도배를 두껍게 하면 내부 환경이 훨씬 좋아진다는 내용이다. 외벽은 450쪽 1번 사진 같은 구성이 될 것이다. 문 위는 미장한 흙벽이라는 것이 조금 다르지만, 좌우에 나무널로 판벽한 모습을 확인할 수 있다.

속벽에는 격자살을 만들고 도배한다고 했는데 그것을 직접적으로 확인할 수는 없다. 운현궁·낙선재·연경당 같은 조선 후기 고급 한옥에서 창이 있는 부분을 관찰해보면 이를 간접적으로 알 수 있을 뿐이다. 문

01 나무널로 문의 좌우 벽을 만든 사례 서산 김기현가옥   02 창문 두껍닫이가 벽과 같은 면으로 정리된 사례 이는 두껍닫이에 맞추어 속벽을 한 것이다. 운현궁 이로당 내부.   03 창문 두껍닫이가 벽에 비해서 튀어나온 사례 창덕궁 대조전 회랑   04 벽 바탕 처리 벽에 각재로 틀을 만들고 그 사이사이에 단열재를 채워 넣는다.(ⓒ강현관)   05 벽 바탕 처리 합판은 화재에 약하고, 석고보드는 충격에 약하다.(ⓒ김성철)

을 여러 겹으로 하기 위해서는 내부에 덧홈대를 마련하고 거기에 미닫이로 사창·영창·흑창 등을 설치한다. 이런 미닫이들은 열릴 때 문짝이 두껍닫이 속으로 들어간다. 벽 전체에 격자를 대고 도배하지 않으면, 두껍닫이와 덧홈대가 튀어나와서 도배를 해도 보이게 된다. 사진처럼 두껍닫이와 벽이 완전히 평평하면 격자로 살을 대고 도배한 것으로 볼 수 있다.

벽에 격자를 대고 창호지 바르듯이 벽지를 바르면 쉽게 찢어질 것 같은데, 『운현궁 수리보고서』를 보니 종이의 두께가 2cm가 넘었다고 한다. 종이가 2cm가 넘는 두께로 견고하게 붙어 있다면 합판만큼이나 단단할 것이다. 요즘은 각목으로 틀을 만들고 그 사이사이에 단열재를 넣은 다음 합판을 붙이거나 석고보드를 댄다. 합판은 충격에 강하고, 석고보드는 열에 강하다. 합판을 한 겹 붙이고 석고보드를 한 겹 더 붙이기도 한다. 건축시공학 관련 책을 보면 이런 '붙임벽' 시공법에 대해 잘 설명되어 있다. 일반적으로 격자틀은 가로 455mm, 세로 303mm로 설치하도록 되어 있는데, 수치가 밀리미터까지 지정되어 있는 것이 특별한 이유가 있어 보이지만 사실 별다른 의미는 없다. 예전에는 3×6자 합판을 910×1,820mm 규격으로 만들었다. 455×303mm라는 규격은 910×1,820mm를 가로 2칸, 세로 6칸으로 나눈 것이다. 요즘은 910×1,820mm 규격과 900×1,800mm 규격이 함께 생산되기 때문에, 격자틀은 붙일 판재의 크기에 맞춰서 합리적으로 나누면 된다. 455×303mm라는 수치에 그 이상의 의미는 없다.

Special Box

천장 반자틀

살림집 한옥에서 천장의 높이는 중요하다. 한옥의 천장은 방에는 반자(지붕 밑이나 위층 바닥 밑을 편평하게 하여 치장한 각 방의 윗면)를 하고 대청은 반자를 하지 않고 그대로 노출시킨다. 왜 방에는 반자를 하고 대청에는 하지 않을까? 반자를 하면서 중요하게 고려해야 할 문제는 천장의 높이다. 한옥에서 천장의 높이를 결정하는 기준은 매우 '인간적'이다. '인간적'이라는 표현이 좀 이상하게 들릴 수 있지만, 천장의 높이를 결정할 때 가장 중요한 기준은 바로 그 방에서 살 '사람'이다. 전통적으로 한옥을 지을 때는 사람의 키를 5자로 생각했다. 5자면 1.5m 정도이니 너무 낮다고 할 수도 있지만, 사람의 눈높이를 생각한다면 그리 낮은 치수는 아니다. 거주하는 사람이 공간을 느끼는 것은 시각에 의해서이기 때문이다.

방 천장의 적정 높이는, 사람 위로 한 사람 키만큼을 더한 것이라고 한다. 이 정도가 가장 안정된 느낌이 드는 높이이기 때문인데, 실제로 이런 것을 예민하게 느끼는 사람도 있다. 그래서 앉아서 생활하는 방은, 앉은키인 2자 반에 5자를 더

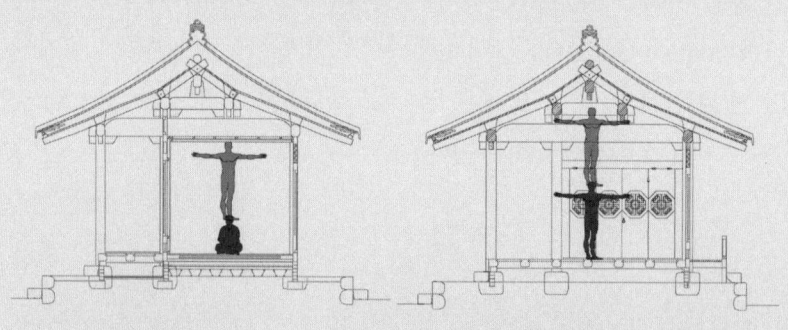

앉은 사람보다 한 길 위에 반자를 설치하는, 좌식생활의 방   움직이는 공간이기 때문에 반자를 설치하지 않는 대청

한 7자 반 정도를 적절한 천장 높이로 본다. 대략 2.25m 내외다. 서서 일하거나 책상에 앉아서 생활하는 사무실 같은 공간의 천장 높이는, 선키 5자에 그 위로 5자를 더해서 9~10자 정도가 적당하다. 따라서, 앉아서 생활하기보다 서서 움직이는 공간인 대청에는 반자를 하지 않는다.(신영훈, 『우리가 정말 알아야 할 우리 한옥』, 현암사, 2000, 180쪽)

천장 반자를 고정하려면 먼저 반자틀을 만들어야 한다. 보통 각목으로 틀을 짜지만, 요즘은 M-bar와 같은 경량 철골자재가 많이 개발되었다. 천장틀은 마감판을 고려해서 나누어 만들고, 전등이 필요한 곳에는 따로 전등받이틀을 보강하는 것이 좋다. 요즘은 이런 기술적인 문제들로 고민할 일은 별로 없다. 중요한 것은 방에 대한 인식이다.

• **도배지**

한지는 일본의 화지和紙, 중국의 선지宣紙와 구분하는 용어다. 한지·화지·선지는 모두 닥나무로 만드는데, 각국 닥나무의 성질이 조금씩 달라서 종이의 질도 달랐던 것 같다. 국산 닥나무는 질이 좋기로 예전부터 이름이 높았는데, 중국 역대 제왕의 진적을 기록하는 데에 고려의 종이만 사용했다는 기록이 있을 정도다.(서정호, 『문화재를 위한 보존 방법론』, 경인문화사, 2008, 220쪽)

국산 닥나무의 줄기 형성층 바깥쪽 조직에 함유된 인피섬유靭皮纖維는 보통 20~30mm이고 긴 것은 60~70mm 정도인데, 양지洋紙의 원료인 목재펄프의 섬유 길이는 2.5~4.6mm 정도라고 한다. 섬유의 길이만 비교해봐도 알 수 있듯이, 한지는 양지에 비해 결합이 강하고 질기며 강도가 뛰어나다. 더구나 특별한 접착제 없이 섬유세포가 엉키면서 구성된 것이라서 산성도 pH 7.89로 중성을 띤다. 양지는 산성도 pH 4.0 이하로 수명이 100년 정도라고 알려져 있다. 신라시대에 만들어진 『무구정광대다라니경』이 지금까지 남아 있는 것을 보면 알 수 있듯이, 한지는 천 년 이상 보존되는 종이이다.(서정호, 위의 책, 223쪽)

한지의 장점을 말하자면 끝이 없다. 그렇다면 한지는 도배지로도 좋을까? 한지를 도배지로 사용하면 습도 조절과 환기 효과를 기대할 수 있다고 하는데, 사실 이런 효과는 미미한 것들이다. 그러나 전통 한지를 도배지로 사용하는 데는 약간의 문제가 있다. 요즘은 한지가 고급 실크 벽지보다 훨씬 비싼데, 이 비싸다는 것 외에도 한지를 도배지로 사용하기 어려운 이유가 몇 가지 있다.

일반적인 도배작업은 전체 도배에 필요한 도배지를 재단하고, 풀칠을 하고, 접어서 재워두고, 하나씩 펴면서 붙인다. 도배지에 풀칠을 하고 바로 벽에 붙이지 않는 것은, 도배지가 수분으로 인해 팽창한 상태에서 붙여야 종이가 다시 마르면서 도배면이 팽팽해지기 때문이다. 도배지에 풀칠을 하고 어느 정도 기다리는 것을 '도배지를 재운다'라고 한다. 그런데 한지는 특별한 접착제를 사용하지 않고 만들어졌기 때문에 재울 수 없다. 한지에 풀칠을 하고 바로 붙이지 않으면 종이 귀퉁이를 잡고 들 수가 없다. 찢어지지는 않지만 잡은 부분이 축 늘어나면서 못 쓰게 된다. 그래서 한지는 한 장씩 풀칠하고 바로 붙여야 한다. 한지 자체의 재료비도 비싸지만, 도배에 드는 인건비도 일반 벽지에 비해 더 많이 들어가는 것이다.

요즘 도배지는 종이를 몇 장 겹쳐 붙인 것이 제품화되어 있다. 이런 종이를 '합지'라고 한다. 좁은 의미에서 합지는 값이 싼 도배지를 말하지만, 의미상으로는 고급 실크벽지도 합지에 해당한다. 도배를 다시 할 때 이전의 벽지를 완전히 떼어낼 필요 없이 표면에 붙은 종이만 떼어내게끔 만들어진 것들이다. 그러면 다시 도배를 할 때 번거롭게 초배하지 않고 바로 정배지를 바를 수 있어서 인건비가 절약되고, 또한 재배 없이 한 번에 정배지를 붙일 수 있다는 장점이 있다. 수제 전통 한지로 도배를 할 때는, 초배·재배·정배를 거쳐 최소한 3겹으로 발라야 한다. 초배는 온통 풀칠해서 붙인다. 재배는 공간 바르기 해서 붙이고, 정배를 온통 바르기 해서 재배와 일체가 되게 한다. 5겹 도배는 재배와 정배를 한 번씩 더 하는 것이고, 7겹 도배는 5겹 위에 재배와 정배를 한 번씩 더 하는 것이다. 이는 보통 노력이 아니다.

사실 요즘은 합지처럼 만들어진 도배 전용 한지도 상품화되어 있어서, 가격이 비싸다

한지

는 점 외에는 특별히 신경 쓸 것이 없다. 건축 자재는 끝없이 개량되고 있다.

장판지

한옥의 방바닥에는 일반적으로 장판지를 깐다. 바닥에 장판지를 깔기로 했다면 경험 많은 도배사에게 작업을 의뢰하면 된다. 장판지를 물에 불리고 하는 소소한 과정들은 생략하기로 하자. 요즘에는 산업인력관리공단에서 시행하는 도배사 자격시험에는 장판지 붙이는 실기시험이 있어서, 도배사 자격증이 있으면 누구든 장판지는 잘 붙인다.

장판을 붙이기 전에는 바닥 청소를 잘 해야 한다. 종이 장판이든 모노륨 장판이든 바닥에 모래 한 톨 없게 하는 것이 중요하다. 옛날에는 사기사발을 엎어놓고 문질렀다. 그러면 오돌토돌한 모래알이 다 빠지면서 바닥이 매끈해진다. 요즘은 스크레이퍼 같은 연장으로 문지르고 진공청소기로 빨아들인다. 종이만 깔면 바닥이 조금 딱딱한 감이 있어서 부직포를 깔고 장판지를 바른다. 장판지는 여러 겹 붙여서 나온 기성품도 종류가 다양해서 그중에서 골라 쓰면 된다.

종이 장판지로 방바닥을 까는 작업에서 어려운 점은 장판지를 기름

장판지 경복궁 교태전

장판지 유관순 생가

에 결이는 것이다. 마룻바닥, 장판지 바닥에는 기름을 잘 결여야 한다. 마룻바닥이나 장판지 바닥에 기름을 결이는 목적은 도막을 만들기 위해서다. 그렇다면 왜 방바닥에 기름 도막을 만들어야 할까? 쉽게 말하면, 방바닥에 김칫국물이나 커피 같은 것이 떨어져도 물걸레로 쓱 닦으면 말끔하게 제거할 수 있어야 하기 때문이다. 종이 바닥에 기름 도막이 없다면, 김칫국물 같은 것이 떨어졌을 때 정말 난감해진다. 하지만 기름만으로 이런 문제를 해결할 수 있게 바닥을 결이는 데는 엄청난 시간과 노력이 필요하다. 게다가 요즘은 이런 일을 전문적으로 해주는 사람도 없다.

한옥을 짓는 사람으로서 장판지 결이는 전통적인 방법을 권해야 하겠지만 솔직히 그것을 강요할 생각은 없다. 한옥이라면 무조건 종이로 장판지를 하는 것이 정통의 방법이라고 말하는 사람도 있다. 하지만 종이 장판지가 진짜로 좋은 재료인지는 한번 생각해 볼 필요가 있다. 방바닥을 미장하고 그 상태로 바로 생활할 수는 없다. 방바닥에는 바닥재가 필요하다. 예전 살림집을 보면 살림살이가 여의치 못한 집은 흙으로 미장한 위에 짚자리를 깔고 생활했고, 좀 여유가 있는 집이라야 종이로 장판지를 발랐다. 더 형편이 좋은 집에서는 좀더 호사스러운 바닥재를 깔았던 것으로 보인다. 『임원경제지』에 그런 상황이 연상되는 내용이 있다.

환혼지還魂紙 기름 장판 만드는 법

잘라 쓰고 남은, 질기고 두꺼우며 다듬이질하여 광택이 나는 종이를 장만한다. 이것을 깨끗한 옹기 안에 집어넣고 여러 날 동안 물에 담가 두었다가 손으로 부비고 찢어서 엉긴 것을 푼다. 물기를 제거하고서 느릅나무 즙과 저호초楮糊艸(닥풀)를 고루 섞어서 반죽한다. 구들장을 깔고 바른 흙이 말랐으면 먼저 휴지를 한두 겹 풀로 바른다. 휴지를 바르고서 바로 환혼지 반죽을 흙손을 사용하여 구들장 위에 아주 얇게 사벽토 바르는 방법대로 바른다. 이때 고른 두께로 바르는 일이 매우 중요하다. 요철이 생겨 울퉁불퉁하거나 실낱같은 틈이 생기는 것을 몹시 꺼린다. 환혼지 바르는 일이 끝나면 불을 때어 구들장을 달군다. 구들장이 마르기를 기다렸다가 책을 자르는 날이 넓은 칼을 뉘어 옹이가 생겼거나 평탄하지 않은 부분을 갈거나 깎아낸다. 풀칠하는 붓에 들깨기름을 적셔서 결이되 빠진 곳이 없도록 쉬지 않고 두루 결인다. 다시 구들장을 달구어 대엿새 지나고 나면 최상의 전장全張 기름 장판이 만들어진다. 사방을 두른 벽 아래 벽과 구들장이 만나는 곳은 따로 질기고 두꺼운 유지를 사용하여 긴 종잇조각(조각의 길이는 한 치 남짓이다)을 만들어 틈서리를 풀로 붙여 가린다.

· 『금화경독기』(서유구, 안대회 엮어옮김, 앞의 책, 324쪽)

 이 방법을 요즘 식으로 말하면 '종이 바닥재 현장 타설 공법'이라 할 수 있다. 우선 종이죽을 만들어 접착성 있는 재료와 잘 섞어서 방바닥에 미장하듯 곱게 바른다. 반죽이 마르면 표면을 말끔하게 마감하고 기름을 결이면서 장판지를 길들인다. 요약하면 이런 내용이다. 여기에 이어서, 첨가물을 넣어 기능성 바닥재를 만드는 방법도 설명하고 있다. 예를 들면, 소나무 껍질 분말을 섞어 내부의 향을 좋게 한다든지, 황벽피黃蘗皮나 은행잎 분말을 섞어 벼룩이나 빈대 등의 해충을 막는다는 등의 내용으로, 요즘 참숯 분말이나 옥 분말을 넣어 만들었다고 광고하는 장판과도 비슷하다. 몇 가지 다른 방법도 보인다. 생솔방울을 방바닥에 빽빽하게 깔고 불을 지펴서 송진이 바닥에 흘러 퍼지게 한 다음 그대로 말린다. 송진이 마르면 솔방울을 깎아내고 바닥면을 고르게 한 다음 기름을 먹여서 길들인다. 이 방법은 종이가 아닌 송진을 주 바닥재로 사용하는 것이다. 실제로 사용된 방법인지는 알 수 없지만, 송진이 깔린 투명한 바닥재는 상상만으로도 대단하다.

『임원경제지』만 훑어봐도, 옛날 사람들이 무조건 종이 장판지로만 바닥 마감을 하지는 않았고, 더 좋은 바닥 마감재를 찾기 위해 끊임없이 고민했던 것을 확인할 수 있다. 물론 종이 장판지 외에 적당한 바닥재가 없는 것은 사실이지만, 한옥을 지을 때 꼭 종이 장판지만 고집하는 것은 아쉬운 일이다. 그렇다고 모노륨 계열의 장판을 깔기도 적절하지 않고, 요즘 많이 하는 원목 마루 같은 것도 썩 내키지는 않는다. 이런 문제는 바로 지금 시대에 우리가 고민하고 해결해야 할 문제다.

맺음말
한옥을 유지 관리하기 위한
몇 가지 조언

'마감공사'로 책이 툭 끝나버리니 어딘가 마무리가 안 된 듯하고 섭섭한 느낌이 든다고 편집자가 의견을 보내왔다. 마지막 꼭지로 '한옥 유지 관리' 정도의 내용을 하나 더 넣자고 한다. 그래서 '한옥을 유지 관리하는 법'에 대해 곰곰 생각해보았다. 하지만 집을 가꾸고 관리하는 법을 정리한다는 게 좀 이상하다는 생각이 든다. 집을 짓는 것은 원래 규칙이 있는 법이지만, 집에 살면서 그 집을 가꾸고 관리하는 데는 반드시 무슨 규칙이 필요한 건 아니기 때문이다. 하지만 현재 우리의 대표적인 주거유형인 아파트에서 사는 것과 한옥에서 사는 것은 좀 다르니, 거기에 대해서는 생각해볼 필요가 있겠다. '한옥에서 살기'에 대해 개인적인 생각을 몇 가지 정리하는 것으로 책을 마칠까 한다.

비우고 살기
새로 한옥을 지었으니 살림살이를 들여놓아야 한다. 방에 침대 들이고, 책상·의자 놓고, 컴퓨터·텔레비전·오디오도 하나씩 장만하고, 벽에는 책장 세우고, 그래도 빈 벽이 있으면 액자도 걸고, 창에는 커튼 달고, 주방 가까운 데에 식탁과 의자도 갖춰놓는다. 다 필요한 물건들이고, 아파트에서 살 때 들여놓고 살던 물건들이니 이상할 것도 없다. 그런데 한옥에다 이런 걸 다 채워 넣고 보니 뭔가 답답해진다. 한옥의 단정한 맛은 어디 갔는지 모르겠고, 그냥 좁고 불편한 집만 남았다. 왜 그럴까?

우리가 알고 있는 (좁은 의미의) 한옥은 조선시대 양반가이다. 조선 사대부 선비들이 한옥에서 추구한 것은 '절제'와 '비움'이다. 한옥은 원래 단정함을 추구한다. 그리고 우리는 좌식생활을 해왔다. 좌식을 전제로 하는 한 한옥 공간에 입식가구를 들이면 집이 낮고 답답해 보인다. 한옥에서 각각의 방은 특정한 용도가 있는 것이 아니라 다양한 행위를 하는 가변적인 성격을 지니고 있다. 각 구성원들은 한 방에서 밥도 먹고, 놀기도 하고, 잠도 잔다. 가변적인 성격을 유지하기 위해서라도 한옥은 적당히 비어 있어야 한다. 한옥의 성격이 원래 이렇기 때문에 한옥에 '채우기'를 하면 (소위 말해서) '콘셉트'가 바뀐다. 콘셉트가 바뀌니 일관성도 없어지고 디자인 개념도 헝클어지는 것이다. 한옥에서는 좀 비우고 살아야 한다. 비우고 사는 걸 양보할 수 없으면 아파트에서 사는 것이 더 '현명'할 수도 있다.

이 글을 읽으면서 혹시라도 '한옥에서 사는 것은 고행이구나' 생각하는 사람들이 있을까 봐서 빨리 본론을 얘기해야겠다. 한옥은 원래 앉아서 생활하고 가변성을 추구하는 집이기 때문에 한옥에서 살 때에는 좀 비우고 사는 것을 염두에 두어야 하지만, 현대를 사는 사람이 아무것도 없이 살아갈 수는 없다. 가구나 가전제품 하나 없이 살아야 된다고 하면 한옥에서 살 사람은 없을 것이다. 이 문제의 해결책 중 하나는 한옥을 지을 때부터(또는 한옥을 설계할 때부터) 수납공간을 비중 있게 검토하는 것이다. 다시 말하면, 물건을 안 보이는 곳에 두고 살 수 있게끔 공간을 만드는 것이다. 한옥에는 벽장, 다락, 반침이 있어서 이런 공간을 잘 활용하면 된다. 이것으로 부족하면 긴 방을 둘로 나누어 미닫이문을 달고, 속방은 내밀하게 사용하고 곁방은 손님을 맞이하는 용도로 쓰는 방법도 있다. 해결책은 생각하기에 따라 여러 가지가 있을 수 있다. 그 방법이 무엇이든 간에, 한옥에서 살고 싶다는 생각이 들면 '비우고 살기'에 비중을 두고 집짓기를 고려하는 게 바람직하다는 생각이다.

기다려주기

한옥은 나무와 흙과 돌과 같은 천연의 재료로 짓는 집이다. 천연의 재료로 지어졌으니, 요즘 문제가 되는 '새집증후군' 따위의 걱정은 하지 않아도 된다. 하지만 한옥에도 문제는 있다. 바로, 집이 조금씩 뒤틀리고 변한다는 점이다. 진짜 목재는 자연스럽고 친근한 장점이 있는 반면에 단점도 있다. 목재는 수축하고 뒤틀리고 갈라지고, 청곰팡이도 피고, 썩기도 쉽다. 이런 단점을 극복하기 위해 만들어진 것이 합판, 신식 마감자재, 그리고 곰팡이 막는 약품 같은 것들이다. 그런데 이런 첨단 건축자재가 다시 새집증후군을 만들어낸다. 문제는 순환하는 법인가 보다.

한옥은 살아 있다. 살아 있는 생명에 손을 댈 때는 신중해야 하듯이, 한옥은 변형이 좀 생겨도 그냥 얼마간 지켜볼 필요가 있다. 아는 사람이 허리디스크가 있어 병원에 다니는데, 수술을 해야 할지 말아야 할지 고민이란다. 디스크수술은 해도 후회, 안 해도 후회라는데 몸은 불편하고 고민이 얼마나 많겠는가. 한옥이 조금 틀어졌다고 즉시 손을 보는 것이 좋은지 나쁜지는 꼭 디스크수술과 같다. 고쳐도 후회, 안 고쳐도 후회다.

이 땅의 기후는 여름에 더우면서 습하고, 겨울에 추우면서 건조하다. 물체는 더우면 늘어나고 추우면 줄어든다. 그리고 목재처럼 수분을 함유하는 물체는 습하면 늘어나고 건조하면 줄어든다. 이 땅의 기후가 더우면서 습하고 추우면서 건조하니 잘 말린 목재도 그 줄고 늚이 크다. 덥고 습한 여름에 문이 너무 꼭 끼는 것 같아서 대패로 끼는 만큼을 밀어버리면 겨울에는 밀어버린 만큼 모자라서 찬바람이 통한다. 그리고 후회한다. 거기에 문얼굴도 자리를 잡느라고 조금씩 움직이니 어떻게 하는 것이 좋은지 분명하게 알기가 어렵다. 이런 때는 조금 기다려주는 것이 필요하다. 몇 해 지켜보고 심사숙고해서 손을 보면 좀 더 나은 결과를 가져올 수 있을 것이다.

관심 가지기

우리가 자동차를 사서 운전을 하려면 이런저런 공부를 해야 한다. 운전하는 방법뿐만 아니라 자동차 내부의 기계적인 지식, 유지 관리, 교통법규까지 두루두루 알아야 한다. 안전운행을 위해 공부를 하는 것은 당연한 일이다. 하다못해 요즘은 스마트폰 하나를 사도 그걸 잘 쓰려면 공부를 한참 해야 하는가 보다. 빠르게 변하는 세상을 따라가려면 평생 공부를 해야 하는지도 모르겠다. 물건 값으로 치자면, 한옥은 개인의 일생에서 제일 비싼 물건 중 하나일 것이다. 그런 만큼 한옥에서 잘 살려면 공부를 해야 한다. 공부할 게 너무 많아 힘든 세상에 한옥 공부까지 하라면 부담스러울지도 모르겠다. 그럼 공부는 빼고 그냥 틈틈이 '관심'만 가져주어도 된다.

집이 조금씩 틀어지고, 지붕에 풀도 나고, 미장벽에 잔금이 가고 하는 이러저러한 현상들을 애정 어린 시선으로 찬찬히 지켜봐주면 된다. 그리고 한옥 마당에는 왜 잔디를 심으면 안 좋은지, 뒷마당에는 왜 화초를 심는지 하는 것들을 관심 가지고 생각해보면 좋다. 나무에는 니스를 바르지 않고 왜 기름칠을 하는지, 창호지는 어느 계절에 바르면 좋은지 조금만 관심을 가지고 인터넷을 찾아보거나 책을 들여다보면 쉽게 알 수 있는 것들이다. 단편적인 지식보다 더 중요한 것은 관심과 애정이다.

이상 한옥의 유지 관리에 대해 몇 가지를 적어보았다. 좀 싱거운 소리로 들릴 수도 있겠다. 하지만 비우고 살고, 기다려주고, 관심을 갖자는 소리는 한옥에서 살면서 아주 중요한 얘기이다.

 이 책의 저자로서, 그전에 한옥을 사랑하는 한 사람으로서 부디 여러 사람들이 아름다운 한옥 짓고 또 그곳에서 행복하게 살아가기를 바란다.

부록

한옥 이해에 도움이 되는 용어해설
참고문헌
찾아보기

한옥 이해에 도움이 되는 용어해설

01. 칸과 기둥

칸의 개념

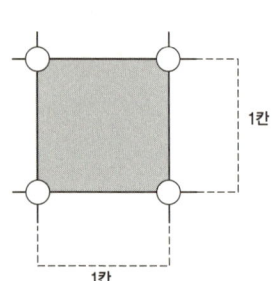
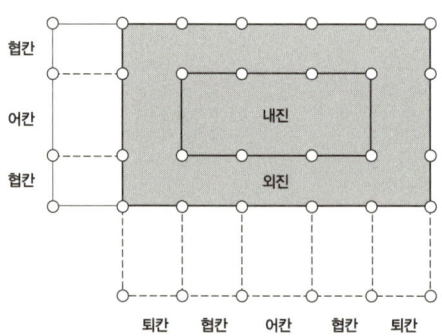

한국건축에서는 일반적으로 건물의 규모를 이야기할 때 '몇 칸(間) 집이다' 라는 말을 자주 사용한다. 이때 '한 칸' 은 기둥과 기둥 사이를 말한다. '칸' 은 건물의 평면구성을 파악하고, 건물의 길이와 면적을 측정하는 데 기본 단위가 된다. 건물의 칸은 보통 정중앙의 칸이 약간 넓고 그 양쪽 칸은 약간 좁은데, 그래서 정중앙의 칸을 어칸(御間), 그 양쪽의 칸을 협칸(夾間), 그리고 건물의 가장 모퉁이 칸을 퇴칸(退間)이라고 한다. 면적 개념으로 1칸은 가로 세로가 1칸으로 구성된 단위 면적을 가리키며, 따라서 정면 3칸 측면 2칸 집은 3×2=6칸 집이라 말한다.

외진평주 · 우주 · 내진고주 · 사천주

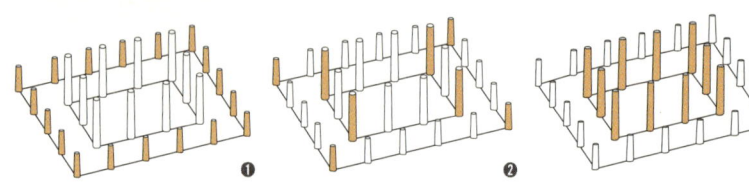

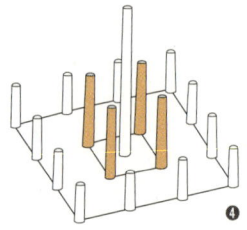

평주平柱는 건물 외곽을 감싸고 있는 기둥을 말하며, 외진外陣칸을 둘러싸고 있기 때문에 외진평주外陣平柱(❶)라고도 부른다. 또한 고주高柱는 건물 내부의 내진內陣칸을 둘러싸고 있는 기둥으로, 대개 외곽 기둥보다 높기 때문에 고주라 부른다. 또한 내진칸을 둘러싸고 있기 때문에 내진고주(❸)라고도 한다. 외진칸이건 내진칸이건, 모퉁이에 세워진 기둥은 특별히 우주隅柱(❷)라고 한다. 사천주四天柱(❹)는 심주心柱라 불리는 가운데 기둥을 중심으로 네 모서리에 배열된 기둥을 가리킨다.

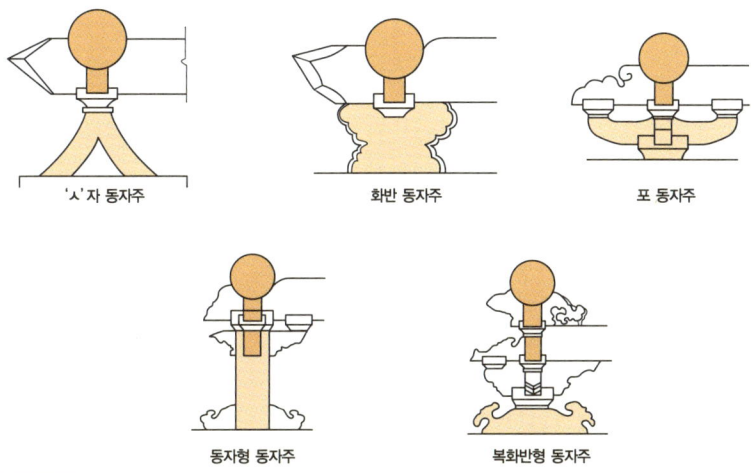

동자주

대들보나 중보 위에 올라가는 짧은 기둥. 모양은 방형으로 만드는 것이 일반적인데, 다른 동자주와 구별하기 위해 방형 동자주를 동자형 동자주라고 부른다. 그 외에 모양에 따라 'ㅅ'자형 동자주, 화반 동자주, 포 동자주, 복화반형 동자주 등 다양한 명칭으로 부른다. 한옥에서는 대개 전면에 퇴칸을 만드는 경우가 많은데 이 경우 내부의 고주는 전면 쪽에만 오게 된다. 그리고 전면 평주에서 고주 사이에는 퇴보가 올라가고 고주와 후면 기둥 사이에는 대들보가 걸린다. 대들보 위에 종보를 올릴 경우, 종보의 한 쪽은 고주의 머리에 얹고, 다른 한쪽에는 대들보 위에 짧은 기둥을 세워 얹게 되는데, 이를 동자주라 한다.

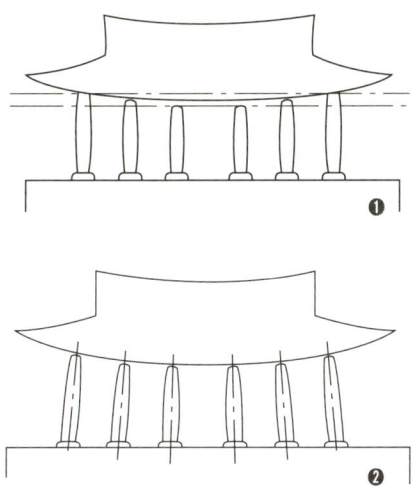

귀솟음과 안쏠림

귀솟음은(❶) 건물을 앞에서 바라볼 때, 가운데 기둥의 높이를 가장 낮게 그리고 양쪽 추녀 쪽으로 갈수록 기둥의 높이를 조금씩 높여주는 기법을 말한다. 안쏠림(❷)은 기둥머리를 건물 안쪽으로 약간씩 기울여주는 기법이다. 귀솟음과 안쏠림은 모두 건물에 시각적인 안정감을 주고, 동시에 하중을 가장 많이 받게 되는 퇴기둥을 높여 줌으로써 구조적 안정감을 주기 위한 방법이다.

02. 포작형식

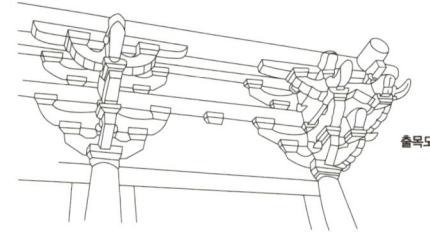

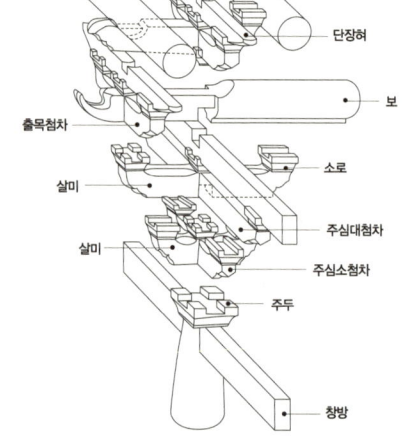

주심포형식

공포栱包는 기둥 위에 놓여 지붕의 하중을 기둥에 원활히 전달하는 역할을 하는 건축 구조물이다. 공포 위에는 보와 도리, 장혀 등의 부재가 올라가 이들을 타고 내려온 지붕의 하중이 합리적으로 기둥에 전달되도록 한다. 공포의 분류는 기둥 윗부분에서 주두와 소로, 첨차, 살미 등의 부재들이 어떻게 조합되었느냐에 따라 이루어진다. 주심포柱心包형식은 기둥 위에만 포가 놓인 공포형식이다.

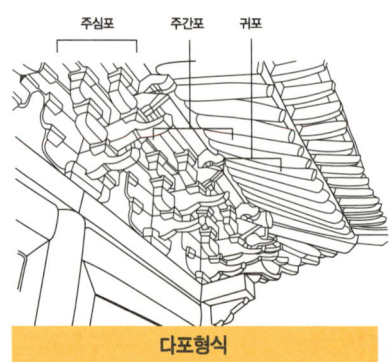

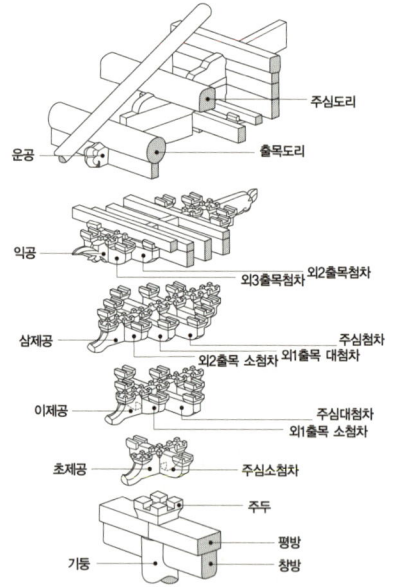

다포형식

다포多包형식은 기둥과 기둥 사이에도 포가 놓이는 공포 형식이다. 이때 기둥 위에 놓인 포를 주심포, 기둥 사이에 놓인 포를 주간포柱間包라 한다. 다포형식은 주심포형식에 비해 외관상 화려해 보이는 측면도 있지만, 부재의 규격화와 구조의 합리화에 따라 나타난 형식이라 할 수 있다. 고려시대부터 나타났으나 주로 조선시대에 와서 사용되었고, 익공형식에 비해 주로 격이 높은 건물이 사용되었다.

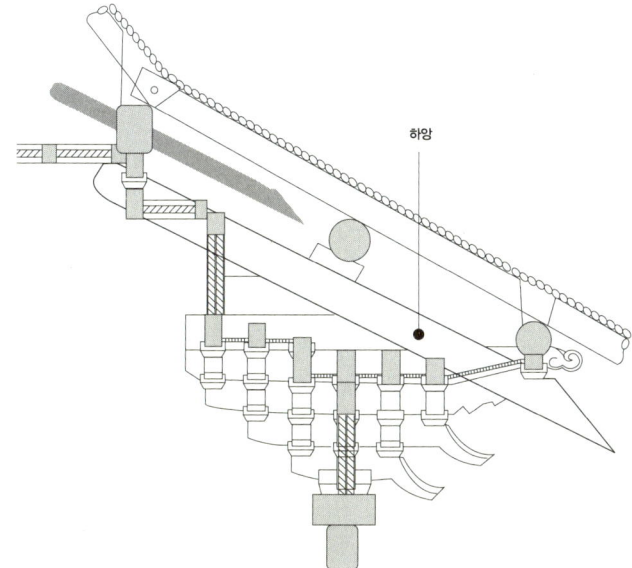

하앙식

포작형식 중에서 특수한 예로, 국내에서는 완주 화암사 극락전에 유일한 예가 남아 있다. 하앙식이란 하앙이라 부르는 살미 부재가 서까래와 같은 경사를 가지고 처마도리와 중도리를 지렛대 형식으로 받치고 있는 공포형식을 말한다. 우리나라에서는 화암사 극락전의 다포형식에서 보이지만, 중국에서는 주심포형식의 건물에서도 하앙식 공포 유형을 많이 볼 수 있다.

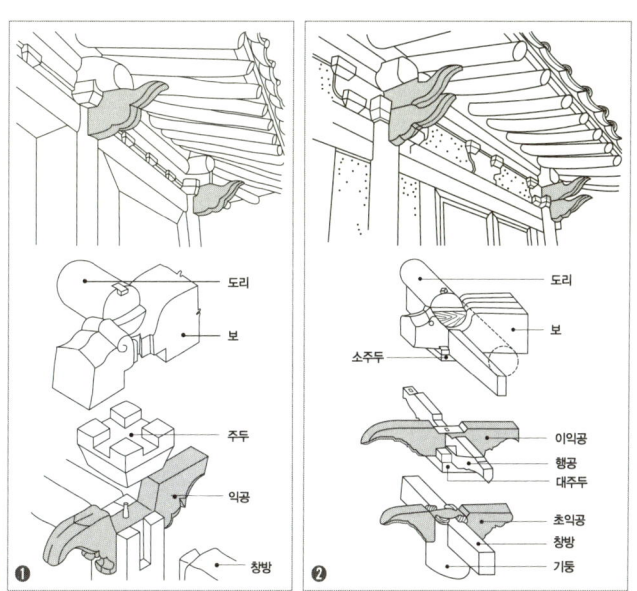

익공형식

살미 부재가 새 날개 모양의 익공翼工 형태로 만들어진 공포형식을 말한다. 이때 보 방향으로 놓인 익공의 개수와 모양에 따라 익공이라는 부재가 한 개면 초익공, 두 개면 이익공, 끝이 새 날개 모양처럼 뾰족하지 않고 둥그스름하면 물익공이라 한다. ❶은 초익공형식, ❷는 이익공형식이다.

03. 공포와 가구

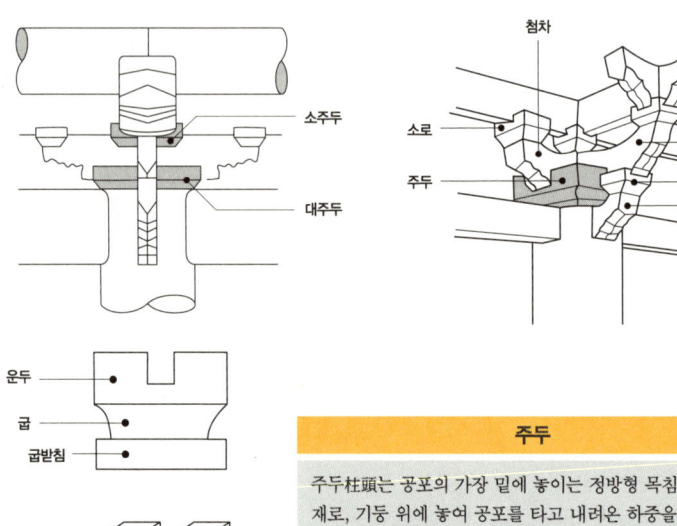

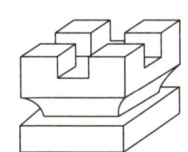

주두

주두柱頭는 공포의 가장 밑에 놓이는 정방형 목침 형태의 부재로, 기둥 위에 놓여 공포를 타고 내려온 하중을 기둥에 직접 전달하는 역할을 한다. 부재의 위에서 볼 때 십자형 홈이 파여 있어 여기에 첨차와 살미 부재가 끼워지게 된다. 주심포 형식에서는 기둥 위에 바로 놓이게 되고, 다포형식에서는 주간포의 아래에 평방이라는 넓적한 부재 위에 놓이게 된다.

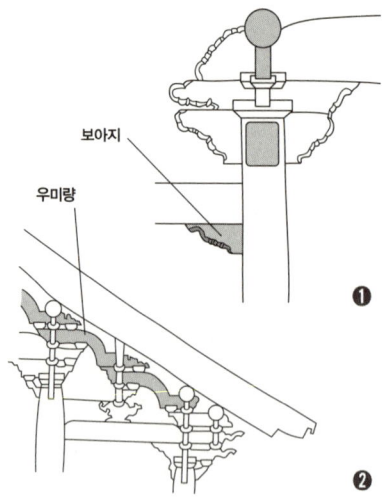

우미량과 보아지

우미량牛尾樑(❷)은 소꼬리처럼 생긴 곡선의 부재로, 조선 초기까지 주심포형식 건물에서 주로 보인다. 위에 있는 도리와 밑에 있는 도리를 연결하는 역할을 한다. 보아지(❶)는 대들보나 툇보 밑을 받치는 돌을새김의 부재를 말한다.

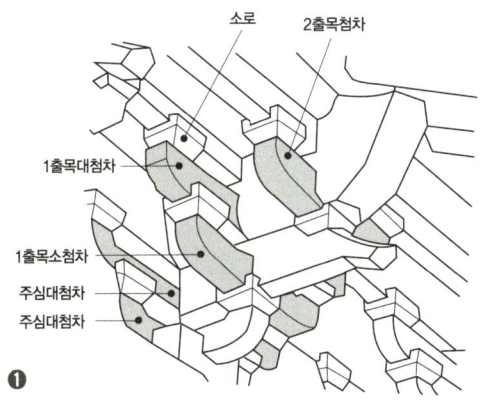

첨차와 소로

첨차檐遮(❶)는 살미와 십자로 짜여지는 도리 방향 공포부재를 말한다. 기둥을 중심으로 위치와 크기에 따라 명칭을 달리한다. 기둥 바로 위쪽에 있는 첨차 가운데 긴 것을 주심대첨차, 짧은 것을 주심소첨차라고 하고, 기둥열 밖으로 튀어나온 부분에 위치한 첨차 가운데 긴 것을 출목대첨차, 짧은 것을 출목소첨차라고 한다. 이때 주심에서 가까운 출목첨차로부터 순서를 매겨 1출목첨차, 2출목첨차 등의 순으로 부르게 된다. 소로(小櫨, ❷)는 주두와 유사한 모양으로 공포의 첨차와 첨차, 살미와 살미 사이에 놓여서 각 부재를 연결하고 각 부재를 타고 내려오는 하중을 밑으로 전달해준다.

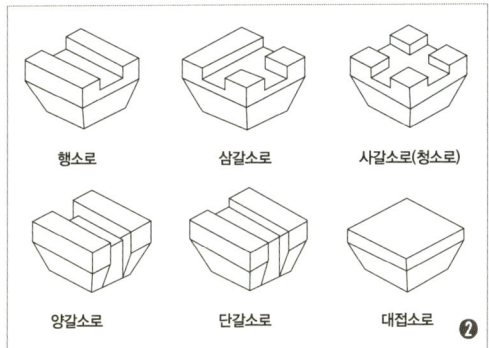

도리

도리道里는 구조부재 중에서 가장 위에 놓이는 부재로 서까래를 받친다. 가구의 구조를 표현하는 기준이 되며 도리의 높낮이에 따라 지붕의 물매가 결정된다. 지붕 하중이 최초로 전달되는 부재이며, 그 다음 보와 기둥으로 전달된다. 형태에 따라서 원형이면 굴도리, 방형이면 납도리라고 부른다. 외진주, 내진주, 대들보와 종보를 중심으로 놓인 도리의 명칭을 도면에서와 같이 각각 출목도리, 주심도리, 하중도리, 중중도리, 상중도리, 종도리 등으로 부른다.

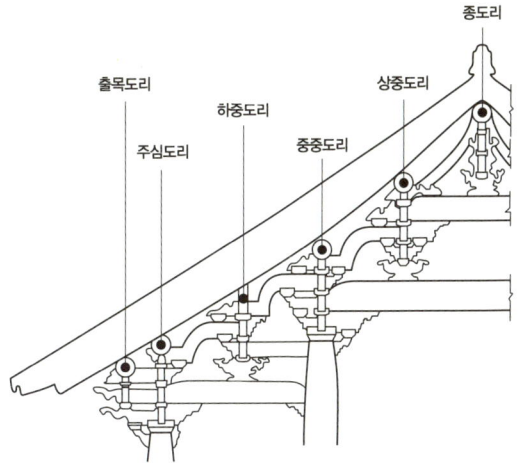

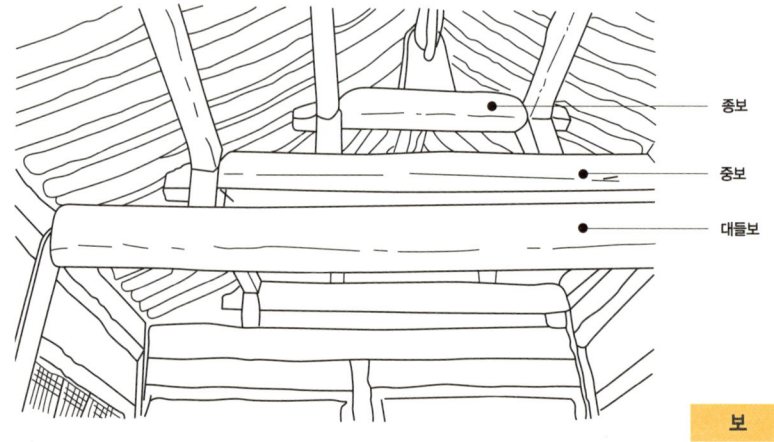

보

건물의 전면, 후면 기둥을 연결해주는 수평의 구조부재이다. 서까래와 도리를 타고 내려온 지붕의 하중은 보를 통해 기둥에 전달된다. 수직 구조재인 기둥과 수평 구조재인 보가 건물의 가장 기본적인 뼈대가 되는 것이다. 구조가 복잡해질수록 한 건물에도 다양한 보가 사용된다. 건물의 앞뒤 기둥을 연결하는 보를 대들보라 하고, 대들보 위의 양쪽 1/4 지점에 동자주를 세우고 이를 연결하는 보를 얹는데 이를 종보라고 한다.

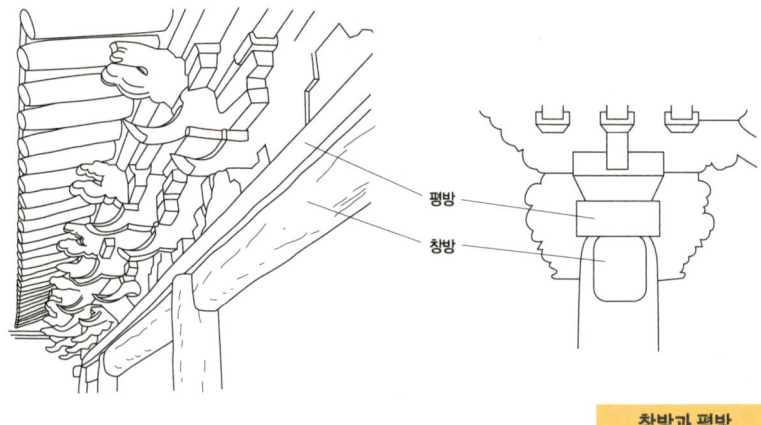

창방과 평방

창방昌防은 외진기둥을 한바퀴 돌아가면서 기둥머리를 연결하는 부재이다. 다포형식에서는 창방만으로 주간포의 하중을 받치기 어려우므로 창방 위에 평방平枋이 하나 더 올라가게 된다.

04. 지붕과 처마

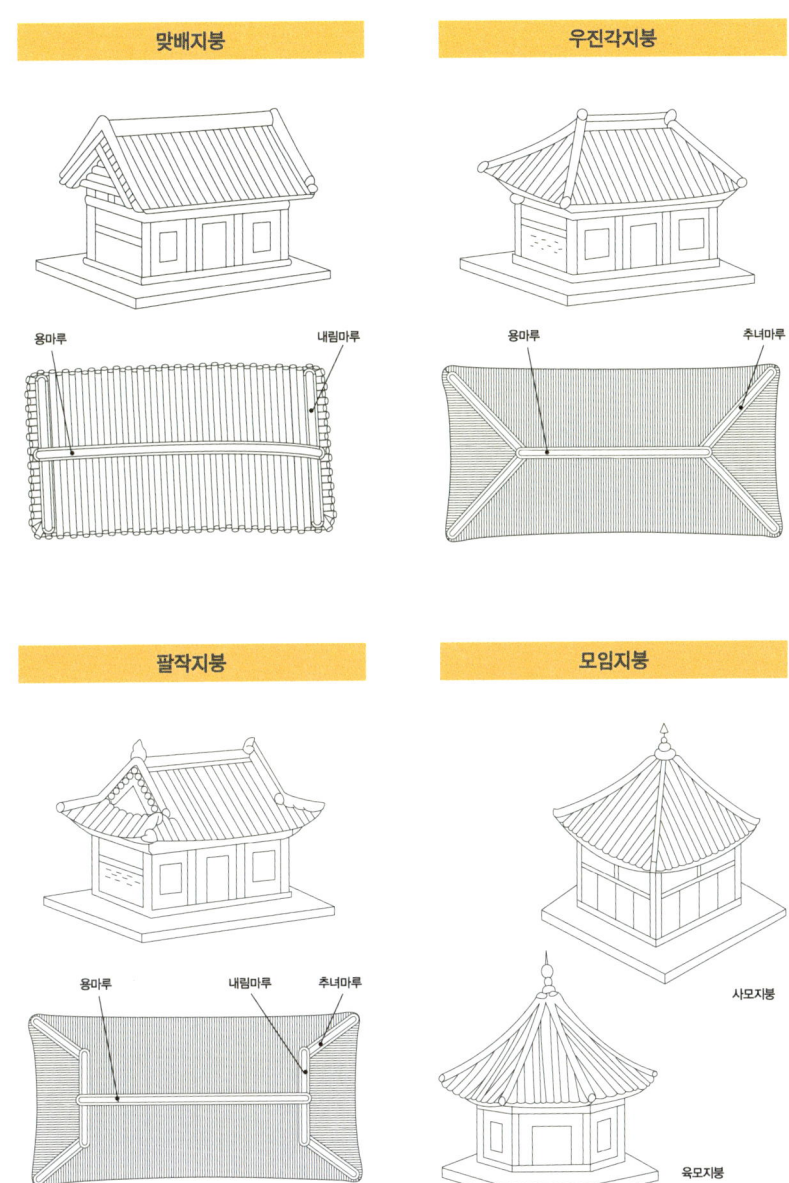

홑처마(왼쪽)와 겹처마(오른쪽)

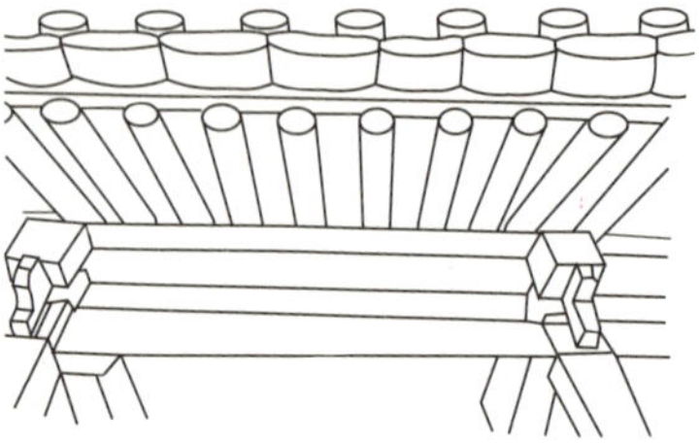

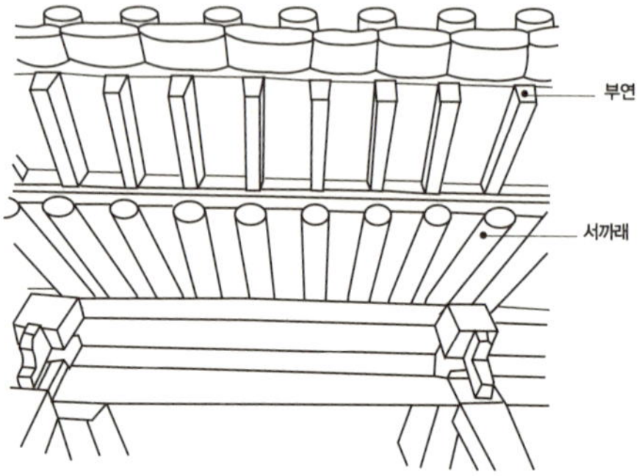

부연
서까래

추녀

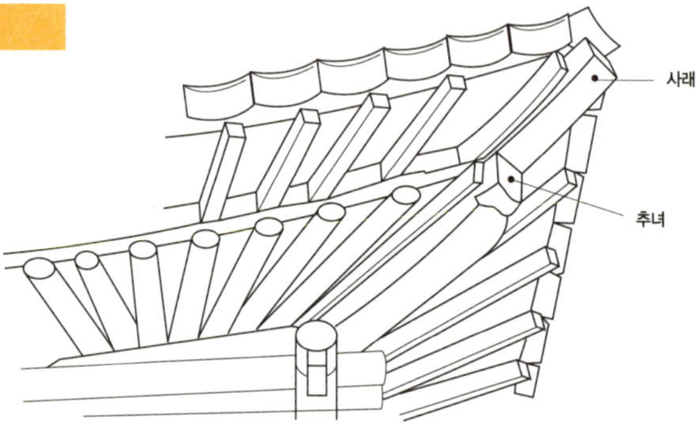

사래
추녀

서까래(왼쪽)와 부연(오른쪽)

짧은 서까래(단연)
긴 서까래(장연)
부연

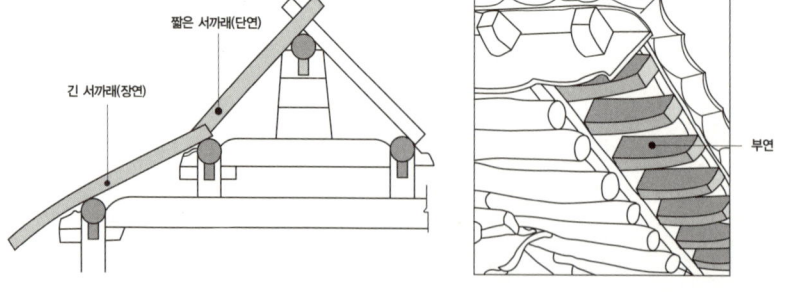

* '한옥 이해에 도움이 되는 용어해설'은 명지대학교 건축학부 김왕직 선생님의 『알기 쉬운 한국건축 용어사전』을 참조하여 재구성한 것으로, 『김봉렬의 한국건축 이야기』(돌베개, 2006)에 실려 있는 자료입니다. 자료 활용을 흔쾌히 허락해주신 김왕직 선생님께 진심으로 감사드립니다.

참고문헌

국가 간행물

경기도박물관·기전문화재연구원 공편,「회암사(檜巖寺) 7·8단지 발굴보고서」, 경기도박물관, 2003.
대한건축학회,『(건설교통부 지정) 건축공사표준시방서』, 기문당, 2006.
문화재관리국 편,『문화재수리 표준품셈 및 실무요약』, 문화재관리국, 1998.
문화재청 편,『문화재수리표준시방서』, 문화재청, 2005.
배병선·김덕문·홍석일·이세훈,『건축문화재 점검관리 매뉴얼』, 국립문화재연구소, 2008.
『근정전 수리공사 및 실측조사보고서』, 문화재청, 2003.
『숭례문 정밀실측조사보고서』, 서울특별시 중구청, 2006.
『운현궁 실측조사보고서』, 문화재관리국, 1990.
『종묘 정전 실측조사보고서』, 문화재관리국, 1989.
『창경궁 통명전 실측조사보고서』, 문화재청, 2001.
『창덕궁 구선원전 실측조사 보고서』, 문화재관리국, 1992.
『창덕궁 희정당 신관 실측수리보고서』, 문화재청, 2003.
『한국전통목조건축물 영조규범 조사보고서』, 문화재청, 2006.

단행본

경도대학 목질과학연구소 편, 엄영근 옮김,『목재의 비밀』, WIT컨설팅, 1999.
국립문화재연구소 기획, 김삼기·정선화 글, 최호식 사진,『한지장: 중요무형문화재 제117호』, 민속원, 2006.
_____, 이채원·서지민·박경식 글, 최호식 사진,『석장: 중요무형문화재 제120호』, 민속원, 2009.
김광만·현동명·김영춘,『튼튼하고 아름다운 건축시공 이야기: 건설현장의 체험적 기술정보 나누기 1』, 건설기술네트워크, 1999.
_____,『튼튼하고 아름다운 건축시공 이야기: 건설현장의 체험적 기술정보 나누기 2』, 건설기술네트워크, 2001.
김도경,『한옥살림집을 짓다』, 현암사, 2004.
김동욱,『18세기 건축사상과 실천: 수원성』, 발언, 1996.

_____,『조선시대 건축의 이해』, 서울대학교출판부, 1999.
김동현,『한국 목조건축의 기법』, 발언, 1995.
김상규,『토질역학』, 청문각, 1991.
김왕직,『알기 쉬운 한국건축 용어사전』, 동녘, 2007.
대우건설,『토질역학』, 공간예술사, 2006.
대한전문건설협회 미장방수공사업협의회,『미장공사 핸드북』, 동영사, 1997
박상진,『궁궐의 우리나무』, 눌와, 2001.
_____,『나무 살아서 천년을 말하다』, 랜덤하우스중앙, 2004.
_____,『역사가 새겨진 나무 이야기』, 김영사, 2004.
사단법인 한국지반공학회,『얕은 기초』, 도서출판 구미서관, 2007.
서유구, 안대회 엮어옮김,『산수간에 집을 짓고: 임원경제지에 담긴 옛사람의 집짓는 법』, 돌베개, 2005
서정호,『문화재를 위한 보존 방법론』, 경인문화사, 2008.
수잔나 파르취, 홍진경 옮김,『집들이 어떻게 하늘 높이 올라갔나: 움막집에서 밀레니엄 돔까지 서양건축사』, 현암사, 2000.
신영훈,『수원의 화성: 신영훈의 역사기행 3』, 조선일보사, 1998.
_____,『우리문화 이웃문화』, 문학수첩, 1997.
_____,『운현궁: 신영훈의 역사기행 4』, 조선일보사, 1998.
_____,『한국의 살림집: 한국전통민가의 원형연구』, 열화당, 1983.
_____,『한옥의 조형』, 대원사, 1989.
_____,『우리가 정말 알아야 할 우리 한옥』, 현암사, 2005.
신응수,『경복궁 근정전: 무형문화재 대목장 신응수의 근정전 중수기』, 현암사, 2005.
_____,『천년궁궐을 짓는다』, 김영사, 2002.
신현식 등,『건축시공학』, 문운당, 2001.
윤홍로,『전통건축의 수리와 정비: 한국전통공예건축학교 10』, 한국문화재보호재단, 2006.
임경빈,『소나무』, 대원사, 1995.
임석재,『한국전통건축과 동양사상』, 북하우스, 2005.
장기인,『기와』, 보성각, 1993.
_____,『목조: 한국건축대계 5』, 보성각, 1998.
_____,『석조: 한국건축대계 7』, 보성각, 1997.
_____,『한국건축사전』, 보성각, 1996.
장영훈,『생활풍수강론: 풍수지리와 전통건축』, 기문당. 2000.
전영우,『우리가 알아야 할 우리 소나무』, 현암사, 2004.

정민자, 『아름지기의 한옥 짓는 이야기: 전통미와 실용성을 조화시킨 우리 시대의 한옥 짓기』, 중앙M&B, 2003.
정연상, 『맞춤과 이음: 한국 전통 목조건축의 결구법』, 도서출판 고려, 2010.
정희석 외, 『최신 목재건조학』, 서울대학교출판부, 2005.
정희석, 『목재용어사전』, 서울대학교출판부, 2005.
주남철, 『한국건축의장』(3판), 일지사, 1997.
＿＿＿, 『한국의 문과 창호』, 대원사, 2001.
＿＿＿, 『한국의 전통 민가』, 도서출판 아르케, 1999.
최돈화, 『도배시공 이론과 실무』, 도서출판 건설도서, 2005.
최창조, 『한국의 풍수지리』, 민음사, 1993.
＿＿＿, 『땅의 눈물 땅의 희망』, 궁리, 2000.
한국산업인력관리공단, 『목재가공』, 2005.
＿＿＿＿＿＿＿＿＿＿, 『미장』, 1995.
＿＿＿＿＿＿＿＿＿＿, 『온수온돌』, 1997.
한옥공간연구회, 『한옥의 공간 문화: 한옥 인테리어』, 교문사, 2004.
황두진, 『한옥이 돌아왔다』, 공간사, 2006.

찾아보기

ㄱ

가공석공 21
가공석 기단基壇 65
가공 초석礎石 82, 83, 86
가구식架構式(집 구조) 171, 219
가구식 기단架構式基壇 67
가름장 306
가시새 379
가심질 167
각재角材 132
각주(각기둥) 175
갈모산방-帽散枋 292
감잡이쇠 408
갑석甲石 68, 105
갑창甲窓 411
강관비계鋼管飛階 205
강다리 274
강돌 65
강회剛灰 56
개구부開口部 417
개토제開土祭 35
개판蓋板 327, 336
거멀치기 338
건새지붕 334
건설업자 18
건축물의 생애주기 15
건축주 16
걸쇠 422
겉경첩 421
겉돌 67
겹비계 205
경계측량 43
경사傾斜 287

경첩 421
계자난간鷄子欄干 321
고름질 373
고리받이 414
고막이 93
고유제告由祭 35
고정문 396
곡曲 286
골개판 336
골쌓기 104
곰솔 145
공사원가계산서 27
곽쇠→국화쇠
괴목槐木→느티나무
구고현법句股弦法 97
구부재舊部材 340
구조계산서 27
국화쇠 423
굴도리 223
굴피지붕 323, 326
궁관 429
귀솟음 188
규준틀 96
그레발 99, 184~186
그레자 184
그레질 179, 183
그을림기와(燻瓦) 346
기건재氣乾材 151
기공식 35
기단基壇 59, 61
  간접조명 63
  습도 조절 61
  시선높이 차이 해결 62

기둥 173, 175, 177, 188, 190, 193
기둥뿌리 78
기둥 안목치수 413
기둥(의) 흘림 190
기름칠 437
기와 25, 26, 345, 357
    동파 25
    소성온도 26
    수키와 이기 360
    암키와 이기 358
    적산 352
    흡수율 25
기와공장 24
기와 나누기 357
기와지붕 323, 326
기즈리(木摺) 332, 379

ㄴ

나란히서까래 276
나이테 147
난간欄干 319
난척亂尺 138
날망치 118
납도리 223
내림마루 366
내림새 346
내목도리 223
내장內長 242, 283
너와지붕 323, 326
널개판 336
널판문 406
눈썹돌→미석
눌외 378
느릅나무 140
느릅나무즙 383
느티나무(괴목) 140

ㄷ

다짐 54
닥나무 454
닥풀 383
단가조사표 27
단혀 229
당골 329
당골막이 329
대공臺工 233
대들보(大樑) 210
대목大木 20
대와大瓦 346
대지정리 44
덧서까래 327, 341
덧창 409
덧홈대 420
도드락다듬 117
도드락망치 117
도듬문 403
도리 223, 226
도배 449
도배지 454
도편수 24
도포塗布 439
돌너와지붕 323, 326
돌림→회사
돌쩌귀 421
돌쩌귀형 경첩 421
동결선凍結線 49
동결융해 50
동귀틀(童耳機) 317
동자대공童子臺工 233
동판 깔기(회첨골) 365
되맞춤 306
둥근모 192
둥근턱 빗모 192
뒤채움 108

드잡이공 21
들기름 441
들문 396, 398
등(목재) 159
띠살 399
띠철 274

ㄹ

라디안법→호도법
린시드 오일linseed oil 443

ㅁ

마麻 390
마루 314, 317
마룻도리→종도리
마름질 166
마무리치수 162
마분 381
마족서까래(馬足椽) 276
막새 346, 360
만살(격자살) 399
말구末口 129, 161
망와望瓦 368
맞배지붕 323, 326
맞벽 373, 380
맞보 212
맹장지문盲障-門 396, 402, 403
머거불 368
머름 310
머름동자 311
머름중방 312
머름착고 312
머릿돌 37
메뚜기(산자받이재) 330
면석面石 67, 104
명장지문明障-門 396, 402
모서리돌 110~113

모임지붕 323
모접기 191
목재물목 22
목재 주문 22
몸체(옥신) 68
문경석 120
문고리 423
문받이턱 310, 418
문얼굴(문틀) 309
문화재보수단청업 19
문화재실측설계업 19
물갈기 119
물다짐 54
물매 225
물수평 97
미닫이문 396
미석楣石 106
미성숙재未成熟材 149
미장 마감선 374
민 빗모 192

ㅂ

바닥기와 345, 348
바래기기와→망와
바른층쌓기 104
바심질 167
반깎기 202
반담 386
반력反力 47
반사광 64
받침장 358
발수제 438
발주자 16
방부처리(목재) 154
방사放射 방향(목재) 149
방형 초석方形礎石 84, 86
배(목재) 159

배목　422, 423
백송白松　146
범살　399
변재邊材　148
보　208, 209, 213, 215
　　대들보(大樑)　210
　　맞보　212
　　저울대보　211
　　종보(宗樑)　210
　　툇보(退梁)　210
보강토옹벽補强土擁壁 공법　109
보양保養　57
보토補土　342
부고付高　366
부와夫瓦　345
부후균腐朽菌(목재)　152, 154
분무　439
분벽粉壁　385
불발기　403
붙임벽　451
비계飛階　205
비녀장　274, 422
빗모　192
빗살(교살)　399

ㅅ

사개맞춤　193
사다리형 초석　86
사벽砂壁　373, 383
사분변작四分變作　213
사창紗窓　409
사파수四把手　193
사포질　445
산석山石　65
산자散子　331
산자받이재　330
산화칼슘　56; '강회'와 '생석회' 참고

3겹 이기(기와)　349
삼량구조　220
삼배목三排目　422
삼분변작三分變作　213
삼여물　381, 390
상량문上樑文　38
상량식上樑式　38
상중도리　223
새우흙　359
생땅　49
생석회生石灰　56
생석회 잡석지정生石灰雜石地定　53
서까래　245, 248, 251, 255
서까래 내밀기　245
석재회사　24
석전 혼용 기단石塼-基壇　71
석조각공　21
선대(좌판)　257
선연재扇椽材　135
선자도扇子圖　277
선자서까래　276, 282~292
설계도면　27
설계도서設計圖書　17, 27
설계사무소　17
설계자　17
설외　378
섬유포화점fiber saturation point, FSP　151, 153
세장비細長比　176
소나무　140, 142
소목小木　20
소소기와(素燒瓦)　346
소와小瓦　346
송유松油　444
쇠메　115
수량산출서　27
수심樹心　148

481

수장修粧　301
수장재修粧材　301, 302, 306
수장폭修粧幅　302
수키와　345, 360
수톨쩌귀　421
숙석熟石　66
순간침지瞬間沈漬　439
숨은경첩　421
숫대살　399
숭어턱맞춤　196
스사すさ　390
시공자　18
시방서示方書　27
실마감표　435
실모　192
심석心石　104, 109
심재心材　148
십자형 그레자　184
쌍사모　192
쌍줄비계　205
쌓기석공　21
쐐기형 그레자　184

ㅇ

아마인유亞麻仁油　443
아자살　399
안고지기(문)　396, 398
안쏠림　189
안전기원제　36
안허리곡　239
알매흙　333
알추녀　270
암키와　345, 348, 358
암톨쩌귀　421
압밀壓密　54
앙곡昂曲　239
앙토仰土　327, 331

양면치기　131
양전척量田尺　125
어금필모살　399
언강　345, 348
얼개미　384
FSP→섬유포화점
여닫이문　396
여모귀틀(廉隅耳機)　317
여물　380
여와女瓦　345
연골벽　252
연립 기초　72
연봉蓮峰　360
연정椽釘　237
연침椽針　237
연함椽檻, 椽舍　356
영조척營造尺　125
영창映窓　411
5겹 도배　455
오량구조　220
오지기와　346
옥개屋蓋　68
옥신屋身　68
온담　386
옹이　157
와공　19, 22
　번와와공　22
　제작와공　22
와당瓦當　346
와장대석臥長臺石→장대석
와적 기단瓦積基壇　65
와정瓦釘　360
완자살　399
왕겨　381
왕찌맞춤　227
외　378
외기도리　224

외목도리   223
외사모   192
외새끼   379
외엮기   373, 377
외장外長   242, 283
외줄비계   205
요오드값   441
용마루   366
용자살   399
우물마루   315
우주隅柱   68
우진각지붕   323
운두雲頭   77, 81
운형대공雲形臺工   234
울판문-板門   405
원구元口   129, 161
원목原木   130, 131
원목圓木   131
원산遠山   425
원주(원기둥)   175
원형 유지   13
원형 초석   81, 83, 86
유약기와   346
육십분법   224
의궤儀軌   29
2겹 이기(기와)   349
인공 건조(목재)   150
인방引枋   302
일반재(목재)   133
일위대가표一位對價表   27
일체식   171
입주식立柱式   37

ㅈ

자→척
자연 건조(목재)   150
자연석   65

자연석 기단   65
자연석 초석   82, 83
자재업자   22
잔다듬   118
잣나무   144
장귀틀(長耳機)   317
장대석長臺石   70
장대석 기단長臺石基壇   70
장대석 지정長臺石地定   51
장마루   315
장지문障-門   396, 400
장척물長尺物   138
장초석長礎石   88
장판지   456
장혀(長舌, 장여)   229, 231
재才   127
재배再褙   455
재사벽再砂壁   383
저울대보   211
적새   366
적심   340
적심도리   224
적심석 지정積心石地定   52
전축 기단塼築基壇   65
접선接線 방향(목재)   149
정다듬   116
정배正褙   455
정척물定尺物   138
정초식定礎式   36
제비추리맞춤   312
제재목製材木   130, 132
제재소   23
제재정치수   162
제재치수   162
제형도치형梯形倒置形   223
조적식組積式   171
종도리   224

483

종보(宗樑)   210
종이여물   381
좌판坐板   255
좌향坐向   37, 247
주걱형 그레자   184
주먹장맞춤   198
주심도리   223
주좌柱座   77, 80
주척周尺   125
중깃   378
중도리   223
중도리 지점   241
중와中瓦   346
중중도리   224
지내력地耐力   48
지대석址臺石   67, 103
지붕 강회다짐   343
지붕 바탕 꾸미기   325
지붕(옥개)   68
지정地定   51
    생석회 잡석지정生石灰雜石地定   53
    장대석 지정長臺石地定   51
    적심석 지정積心石地定   52
직사광   64
진목眞木→참나무
진새   331, 333
진흙   380
짚여물   380, 381

ㅊ

차양구조   247, 248
착고着高   366
참나무(진목)   140
찹쌀풀   383
창방昌枋, 昌防   201, 204
창호지   396
창호窓戶   395, 413, 427

창호표   428
채석   114
채석장   66
처마   245
처마 곡선   239
처마도리 지점   241
척尺   125
척관법尺貫法   125
천장 반자틀   452
청변균靑變菌(목재)   152
초가지붕   323, 326
초반礎盤   77, 81, 92
초배初褙   455
초벌벽   380
초벽初壁   373, 380
초석礎石   75, 77, 82, 90, 96
    습기 차단   78
    하중 분석   80
총장總長   242, 283
추녀   260, 263, 267, 269, 273
추녀곡   261, 263, 269
추녀정   273
축軸 방향(목재)   149
축부재軸部材   135
춘재春材   147
충량衝樑→저울대보
측압   107~109
치마널   321
치목治木   24
치받이→앙토
7겹 도배   455

ㅋ

컴퍼스형 그레자   184
키대공   235

ㅌ

탱주撐柱　68
턱 둥근모　192
턱 빗모　192
털여물　381
털이개　115
테레빈유 turpentine oil　444
토수吐首기와　345
토축 기단土築基壇　65
통나무비계　205
통넣고주먹장맞춤　200
통通　285
툇보(退樑)　210
특대재(목재)　133
특수재(목재)　133

ㅍ

파고라→퍼걸러
파련대공波蓮臺工　234
판대공板臺工　233
판문板門　396, 404
판재板材　133
퍼걸러 pergola　78
평고대 지점　240
평난간平欄干　319
평연재平椽材　135
평坪　127
포백척布帛尺　125
포벽包壁　252
포부재包部材　135
포천석　120
포包가 없는 집　137
포包가 있는 집　137
표면탄화법表面炭化法　155
표토表土　48

ㅎ

하재夏材　147
하중도리　224
하중荷重　47
한식목공　19, 20
　대목大木　20
　소목小木　20
한식석공　19, 21
　가공석공　21
　쌓기석공　21
한옥도면　28~30
한지　454
할석割石　114
합지　455
해초풀　383, 391
허가연虛家椽　341
허튼층쌓기　104
형틀목공　20
호도법弧度法　224
혹두기　115
홍두깨흙　362
홍살문紅-門　78
화강석　120
화방벽火防壁　386
화통가지　193
환혼지還魂紙　457
황등석　120
황종척黃鐘尺　125
회벽灰壁　385
회사回斜　285
회사벽灰砂壁　384
회첨會檐　364
회첨골　364
흑송黑松　145
흑창 黑窓　411
힘살　329, 379

한옥 짓는 법